机 械 制 图

（第五版）

洪友伦　付　饶　主　编

段利君　唐丽君　张　黎　陈晓雲　副主编

清华大学出版社

北　京

内 容 简 介

本书根据教育部制定的高职高专工程制图课程教学基本要求，并依据最新的技术制图和机械制图国家标准编写而成。

全书共分12章，主要内容包括：制图的基本知识与技能，点、直线、平面的投影，基本体，轴测图，组合体，机件的表达方法，常用机件的规定画法与标记，零件图，装配图，表面展开图，焊接图和房屋建筑图。

本书既可作为高等院校机械类和近机类各专业的制图课程教材，也可供工程技术人员参考使用。

与本书配套的《机械制图习题集(第五版)》同时出版，读者可以通过访问http://www.tupwk.com.cn/downpage网站下载电子教案和电子课件，也可通过扫描前言中的二维码获取相关内容。

本书封面贴有清华大学出版社防伪标签，无标签者不得销售。

版权所有，侵权必究。举报：010-62782989，beiqinquan@tup.tsinghua.edu.cn。

图书在版编目（CIP）数据

机械制图 / 洪友伦，付饶主编. -- 5 版. -- 北京：
清华大学出版社，2025.4. -- ISBN 978-7-302-68760-3

Ⅰ. TH126

中国国家版本馆 CIP 数据核字第 2025T8P379 号

责任编辑：胡辰浩
封面设计：高娟妮
版式设计：恒复文化
责任校对：成凤进
责任印制：曹婉颖

出版发行：清华大学出版社

  网 址：https://www.tup.com.cn，https://www.wqxuetang.com
  地 址：北京清华大学学研大厦 A 座   邮 编：100084
  社 总 机：010-83470000   邮 购：010-62786544
  投稿与读者服务：010-62776969，c-service@tup.tsinghua.edu.cn
  质 量 反 馈：010-62772015，zhiliang@tup.tsinghua.edu.cn

印 装 者：三河市人民印务有限公司
经 销：全国新华书店
开 本：185mm×260mm 印 张：20 字 数：438 千字
版 次：2011 年 12 月第 1 版 2025 年 5 月第 5 版 印 次：2025 年 5 月第 1 次印刷
定 价：79.00 元

产品编号：107577-01

前　言

本书以"着重职业技术技能训练，基础理论够用为度"为编写原则。在编写过程中，力求贯彻"少而精""理论与实践相结合"的指导思想，使用现代绘图技术绘制精美的二维图形及三维图形，使读者在接受工程制图知识教育的同时得到美的享受。

学生CAD作品赏析

书中内容集编者几十年的教学经验与当前我国工程制图课程教学改革的实践于一体，根据最新公布的《机械制图》和《技术制图》国家标准编写而成。2019年，以本书为主讲教材的《识图与制图》在线开放课程在中国大学慕课网（www.icourse163.org)上开课，至今已完成10轮开课，选课人数达17 000人，社会反响强烈。读者在学习过程中可以登录中国大学慕课网，搜索"识图与制图"课程并加入在线学习。

2017年，中共中央、国务院提出了"三全育人"的要求。本书编写组深刻领会文件精神，精心制作了学生CAD作品赏析、标准件和常用件画法赏析、零件图技术要求标注赏析等视频。在本书相应章节中，读者扫描二维码即可观看视频。

本书具有以下特点。

（1）为突出画图、读图等实践能力的培养，书中融入较多的立体图形。通过空间与平面的相互比较，使读者掌握其中内在的关系和规律，顺利实现空间与平面的转换，降低学习的难度。

（2）本书按照循序渐进的教学规律设置教学内容。本书注重培养读者建立空间想象力，从投影方法和投影体系开始，再到基本几何元素点、直线、平面及基本体的投影。

（3）为使读者在学习中感受到工程技术中的美，书中的所有插图均采用计算机软件绘制并加以润饰，这些图形也可作为读者学习计算机绘图的示例。

（4）本书是在出版15年后的第五次改版。在改版过程中保留了前版的特色，增加了16个精美三维动画和3个作品赏析视频，并对前版的遗漏做了增补。

（5）本书是数字化教材，读者使用手机扫描书中的二维码即可观看相应慕课视频、作品赏析视频和三维动画视频。

本书由洪友伦、付饶任主编，段利君、唐丽君 、张黎、 陈晓雲任副主编，刘英蝶参与编写。为方便读者使用本书，书中对应的电子教案和电子课件可以到http://www.tupwk.com.cn/downpage网站下载，也可以扫描下方的二维码获取。由于编者水平有限，书中难免存在不足之处，恳请广大专家、读者批评指正。我们的电话是010-62796045，邮箱是992116@qq.com。

编　者

2025年1月

目　　录

第1章

制图的基本知识与技能

 学习目标

本章将重点介绍有关技术制图的国家标准，以及几何作图方法、绘制平面图形的步骤和方法。

学习要求

了解：技术制图的国家标准。

掌握：几何作图的方法和绘制平面图形的步骤与方法。

1.1 制图的基本规格

为了规范各项技术工作，我国颁布了一系列的国家标准，制图方面也是如此。国家标准是绘制图样的依据和准则。国家标准简称"国标"，代号为GB，推荐性标准代号加/T，如GB/T 14689—2008中T为推荐性标准，14689是标准的序号，2008为标准颁布的年号。

1.1.1 图纸幅面和格式（GB/T 14689—2008）

1. 图纸幅面

绘制图样时推荐选用表1-1所规定的基本幅面。

幅面尺寸中，B表示短边，L表示长边，各种幅面的长边是短边的$\sqrt{2}$倍。标准规定A0幅面的面积为$1m^2$，相邻幅面的面积均相差一倍，即A1幅面的面积为A0的一半，以此类推，如图1-1所示。

表1-1　基本幅面的代号及尺寸（第一选择）　　　　　（单位：mm）

幅面代号		A0	A1	A2	A3	A4
尺寸$B \times L$		841×1189	594×841	420×594	297×420	210×297
图框 尺寸	a	25				
	c	10			5	
	e	20		10		

当基本幅面不能满足绘图要求时，允许选用表1-2和表1-3中规定的加长幅面，加长的图纸幅面效果如图1-2所示。

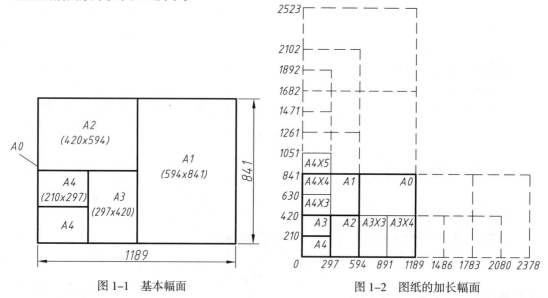

图 1-1　基本幅面　　　　　　　图 1-2　图纸的加长幅面

表1-2　加长幅面的代号及尺寸（第二选择）　　　　　（单位：mm）

幅面代号	A3×3	A3×4	A4×3	A4×4	A4×5
尺寸$B \times L$	420×891	420×1189	297×630	297×841	297×1051

注：图 1-2 所示的细实线部分即为第二选择加长幅面。

表1-3　加长幅面的代号及尺寸（第三选择）　　　　　（单位：mm）

幅面代号	A0×2	A0×3	A1×3	A1×4	A2×3	A2×4	A2×5
尺寸$B \times L$	1189×1682	1189×2523	841×1783	841×2378	594×1261	594×1682	594×2102
幅面代号	A3×5	A3×6	A3×7	A4×6	A4×7	A4×8	A4×9
尺寸$B \times L$	420×1486	420×1783	420×2080	297×1261	297×1471	297×1682	297×1892

注：图 1-2 所示的虚线部分即为第三选择加长幅面。

2. 图框格式

图纸上必须用粗实线绘出图框，其格式分为留装订边和不留装订边两种，如图1-3所示。同一产品的图样应采用同一种格式，图框的尺寸如表1-1所示。

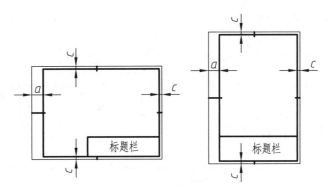

（a）留装订边的图框格式

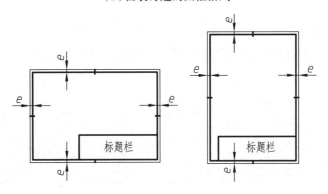

（b）不留装订边的图框格式

图1-3　图框格式

当图样需要装订时，一般采用A3幅面横装或A4幅面竖装。

3. 标题栏

为了注明相关内容以及便于图样的管理和查阅，每张图样都应画出标题栏。国家标准GB/T 10609.1—2008所列举的标题栏格式和尺寸如图1-4所示。

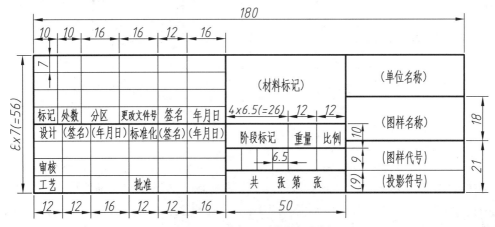

图1-4　国家标准列举的标题栏

学习时可以采用图1-5所示的简化标题栏。

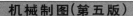

图 1-5　简化的标题栏

标题栏位于图纸的右下角，如图1-3所示。图纸中标题栏处在图纸长边上时被称为X型图纸，处在短边上时被称为Y型图纸，看图的方向一般与标题栏的方向一致。

 注意

◆ 如果看图方向与标题栏方向不一致（如图1-6所示），则应在图纸下方的对中符号处画出看图的方向符号。看图方向符号为细实线绘制的等边三角形，其尺寸及效果如图1-7所示。

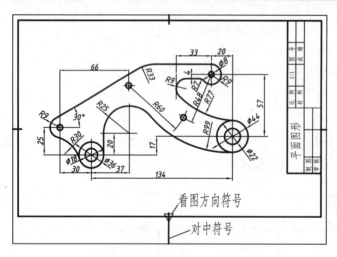

图 1-6　看图方向与标题栏方向不一致

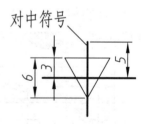

图 1-7　看图方向符号

1.1.2　字体（GB/T 14691—1993）

图样中书写的文字必须做到字体工整、笔画清楚、间隔均匀、排列整齐。字体的号数即是字的高度，字高（h）的尺寸系列为1.8mm、2.5mm、3.5mm、5mm、7mm、10mm、14mm和20mm。

1. 汉字

标准规定，图样上的汉字应写成长仿宋体并应采用国家正式公布的简化字。汉字的高度不能小于3.5mm，字宽一般为$h/\sqrt{2}$。

长仿宋体的书写要领是横平竖直、起落有锋、结构匀称、填满方格。写字时应注意把握字的笔画和结构。汉字字体、笔画和排列示例如图1-8所示。

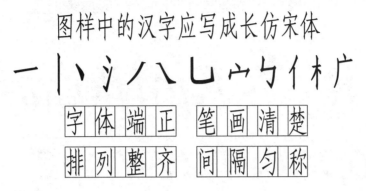

图1-8　汉字字体、笔画和排列示例

2. 字母和数字

图样中的字母和数字可写成斜体或直体。斜体字的字头向右倾斜，与水平基准线成75°角。字母和数字分A型和B型，A型字体的笔画宽度为字高的1/14，B型字体为1/10。在同一图样上只能使用一种形式的字体，字母和数字的写法如图1-9所示。

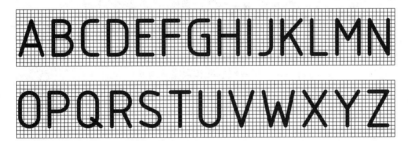

（a）大写直体

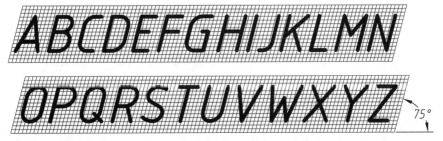

（b）大写斜体

图1-9　字母和数字

abcdefghijklmn

opqrstuvwxyz

（c）小写直体

abcdefghijklmn

opqrstuvwxyz 75°

（d）小写斜体

0123456789

0123456789 75°

（e）直体与斜体数字

图1-9　字母和数字（续）

用作极限偏差、指数、分数、注脚等的数字和字母的字号一般采用小一号的，数字的注写如图1-10所示。

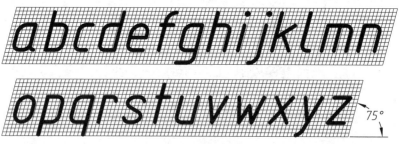

图1-10　数字的注写

1.1.3　比例（GB/T 14690—1993）

比例是指图样中图形与实物相应要素的线性尺寸之比。比例分为原值、缩小和放大3种。绘制技术图样时，应首先选用表1-4列出的各种比例，必要时也可选取表1-5所列的比例。在实际工作中，应尽量采用1:1的原值比例。

表1-4 比例（第一系列）

种类	比例		
原值比例	1:1		
放大比例	5:1 $5 \times 10^n:1$	2:1 $2 \times 10^n:1$	$1 \times 10^n:1$
缩小比例	1:2 $1:2 \times 10^n$	1:5 $1:5 \times 10^n$	1:10 $1:1 \times 10^n$

表1-5 比例（第二系列）

种类	比例				
放大比例	4:1 $4 \times 10^n:1$	2.5:1 $2.5 \times 10^n:1$			
缩小比例	1:1.5 $1:1.5 \times 10^n$	1:2.5 $1:2.5 \times 10^n$	1:3 $1:3 \times 10^n$	1:4 $1:4 \times 10^n$	1:6 $1:6 \times 10^n$

比例一般注写在标题栏中的比例一栏内，必要时可在视图名称的下方或右侧标注出该图形所采用的比例，如图1-11所示。

$$\frac{I}{2:1} \qquad \frac{A}{5:1} \qquad \frac{B-B}{2.5:1} \qquad 平面图\ 1:100$$

图1-11 比例的标注

注意

◆ 图形不论是被放大还是缩小，在标注尺寸时均应标注其实际尺寸，如图1-12所示。

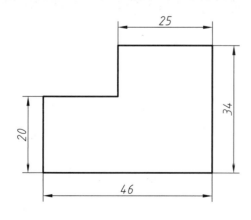

1:1

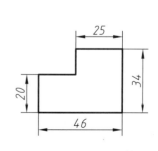

1:2

图1-12 图形的比例与尺寸

1.1.4　图线（GB/T 4457.4—2002）

国家标准规定了15种基本线型，表1-6列出了其中较为常用的9种。所有线型的图线宽度（d）应在下列数字中选择。

例如，0.13mm；0.18mm；0.25mm；0.35mm；0.5mm；0.7mm；1mm；1.4mm；2mm。
粗实线的宽度为0.5～2mm，默认为0.7mm。

表1-6　常用线型及其应用

图线名称	图线型式	图线宽度	主要应用
粗实线	——————————	d	（1）可见轮廓线 （2）剖切符号线
细实线	——————————	$d/2$	（1）尺寸线 （2）尺寸界线 （3）过渡线 （4）剖面线 （5）指引线 （6）重合断面图的轮廓线 （7）基准线 （8）表示平面的对角线 （9）范围线及分界线
波浪线	～～～～～～	$d/2$	（1）断裂边界线 （2）视图与剖视图的分界线
双折线	—／—／—	$d/2$	（1）断裂边界线 （2）视图与剖视图的分界线
细虚线	⟵3~6⟶　⟵1⟶	$d/2$	不可见轮廓线
粗虚线	— — — — —	d	允许表面处理的表示线
细点画线	⟵10~25⟶　⟵3⟶	$d/2$	（1）轴线 （2）对称线 （3）中心线 （4）剖切线
粗点画线	— · — · — · —	d	限定范围线
细双点画线	⟵15~25⟶　⟵3~5⟶	$d/2$	（1）相邻辅助零件的轮廓线 （2）轨迹线 （3）可动零件的极限位置轮廓线 （4）中断线 （5）毛坯图中制成品的轮廓线 （6）特定区域线

绘制图样时应注意以下几点。

● 同一图样中同类线型的宽度应一致，虚线、点画线及双点画线的线段长度和间隔应各自大致相同。

- 点画线、双点画线首尾两端不能为点，且点画线应超出轮廓线3～5mm。
- 当不方便在较小图形中绘制点画线、双点画线时，可用细实线代替。
- 两条平行线之间的最小间隙不得小于0.7mm。
- 当图线相交时，均应以画线相交，而不得以间隙相交，如图1-13所示。
- 虚线作为实线的延长线时，应留有间隙，如图1-13所示。
- 当各种图线重合时，应按粗实线、虚线、点画线的先后顺序作图。

图1-14所示为常用图线的应用示例。

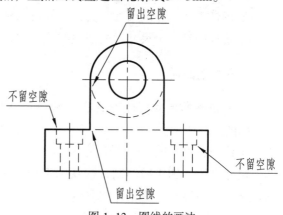

图 1-13 图线的画法

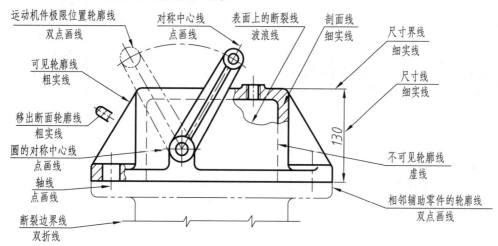

图 1-14 图线应用示例

1.1.5 尺寸注法（GB/T 4458.4—2003）

图样上的尺寸是加工和检测零件的依据。因此，国家标准对尺寸标注的形式做了详细的规定。

1. 基本规则

① 机件的真实大小应以图样上所标注的尺寸数值为依据，与图形大小及绘图的准确度无关。

② 图样中（包括技术要求和其他说明）的尺寸以毫米为单位时，不需标注单位符号

（或名称），如果采用其他单位，则应注明相应的单位符号。

③ 图样中所标注的尺寸，为该图样所示机件的最后完工尺寸，否则应另加说明。

④ 机件的每一个尺寸，一般只标注一次，并应标注在反映该结构最清晰的图形上。

2. 尺寸的组成

一个完整的尺寸标注形式，一般由尺寸界线、尺寸线、尺寸线终端和尺寸数字组成，如图1-15所示。

（1）尺寸界线

尺寸界线用细实线绘制，应从图形中的轮廓线、轴线或对称中心线处引出，也可利用轮廓线、轴线或对称中心线作为尺寸界线。尺寸界线一般与尺寸线垂直并超过尺寸线约2mm，必要时尺寸界线也可倾斜于尺寸线，如图1-16所示。

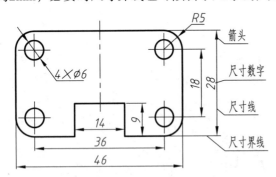

图1-15　尺寸的组成

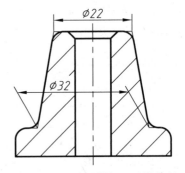

图1-16　尺寸界线与尺寸线倾斜

（2）尺寸线

尺寸线用细实线绘制。尺寸线不能用其他图线代替，一般也不能与其他图线重合或画在其他图线的延长线上。尺寸线应与所标注的线段平行，如图1-15所示。

（3）尺寸线终端

尺寸线终端有箭头和斜线两种形式，画法如图1-17所示（图中尺寸 d 为粗实线的线宽，h 为字高）。机械图样一般使用箭头作为尺寸线的终端。

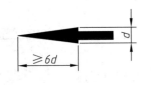

（a）箭头的画法

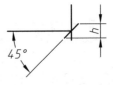

（b）45° 斜线的画法

图1-17　尺寸线的终端形式

◆ ① 只有当尺寸线与尺寸界线互相垂直时，才可使用45°斜线；

② 斜线用细实线绘制，其方向为将尺寸界线顺时针旋转45°后的方向。

若图中的尺寸较小而不便于画箭头时，可用圆点或45°斜线代替箭头，画法如图1-18所示。

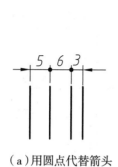

（a）用圆点代替箭头

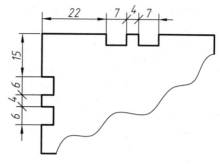

（b）用45°斜线代替箭头

图1-18 小尺寸的标注方法

（4）尺寸数字

水平方向的尺寸数字一般注写在尺寸线上方，垂直方向的尺寸数字则注写在尺寸线左方，如图1-18所示，也可将尺寸数字水平注写在尺寸线的中断处，如图1-19所示，但在一张图样中，应尽可能采用同一种标注方法。

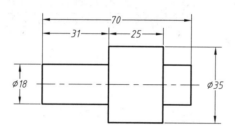

图1-19 尺寸数字注写在尺寸线中断处

尺寸数字不得被任何图线穿过。当不可避免时，应将图线断开。

为避免引起看图的误会，尽量不要在图1-20（a）所示的30°范围内标注尺寸。若无法避免，则应按图1-20（b）所示的形式标注。

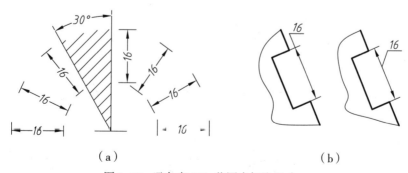

（a）　　　　　　　　　　　　　　（b）

图1-20 避免在30°范围内标注尺寸

GB/T 4458.4—2003规定了标注尺寸的符号和缩写词，如表1-7所示。

表1-7　标注尺寸的符号和缩写词

含义	符号或缩写词	含义	符号或缩写词
直径	ϕ	45°倒角	C
半径	R	正方形	□
球直径	$S\phi$	深度	▽
球半径	SR	沉孔或锪平	⊔
厚度	t	埋头孔	∨
均布	EQS	弧长	⌒

注：符号的线宽为字高的 1/10。

各种符号的画法如图1-21所示（图中 h 为字高）。

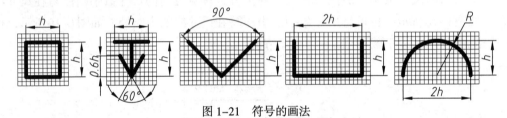

图 1-21　符号的画法

表1-8列出了常用尺寸的标注示例。

表1-8　常用尺寸的标注示例

直径的标注	(图示)
半径的标注	(图示)

（续表）

角度的标注	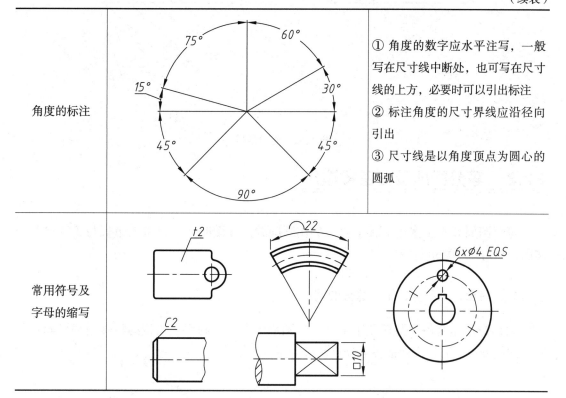	① 角度的数字应水平注写，一般写在尺寸线中断处，也可写在尺寸线的上方，必要时可以引出标注 ② 标注角度的尺寸界线应沿径向引出 ③ 尺寸线是以角度顶点为圆心的圆弧
常用符号及字母的缩写		

3. 标注尺寸应注意的事项

● 在同一张图样上，尺寸数字的高度、箭头的大小应一致。

● 将尺寸排列整齐，尺寸线的间距应相同。

● 为避免尺寸线与尺寸界线相交，应使小尺寸靠内，大尺寸靠外。

1.2 几何作图

本节将重点介绍绘制平面图形的各种操作方法，包括等分线段、等分圆周及正多边形、斜度和锥度、圆弧连接和椭圆的作图。

1.2.1 等分线段

五等分已知线段*AB*，如图1-22（a）所示，作图步骤如下。

① 过线段端点*A*作辅助线*AC*，并确定适当的单位长度，在*AC*线上截得各等分点。

② 连接5*B*，且过各等分点作5*B*连线的平行线并与*AB*相交，即得等分点，如图1-22（b）所示。

本例作图方法称为辅助线法。

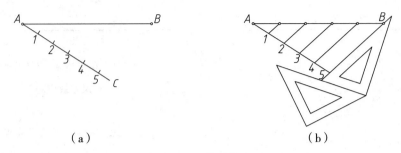

（a）　　　　　　　　　　　　　　　　　（b）

图1-22　等分线段

1.2.2　等分圆周及作正多边形

等分圆周和作正多边形属于同一类作图问题。作图时，可以将三角板与丁字尺配合作图，也可用圆规进行等分。

1. 三等分、六等分、十二等分圆周

图1-23所示为用三角板和丁字尺等分圆周的方法。利用三角板的特殊角便可确定圆周上的等分点，若依次连接各等分点便可得正多边形。

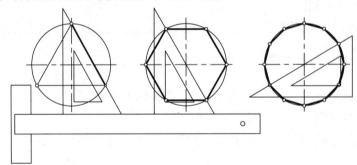

图1-23　用三角板和丁字尺等分圆周

图1-24所示为用圆规等分的方法。以已知圆半径R为半径画弧并与圆周相交，即可得等分点。

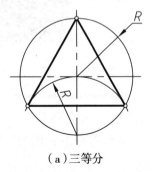

（a）三等分　　　　　　　　　（b）六等分　　　　　　　　　（c）十二等分

图1-24　用圆规等分圆周

2. 五等分圆周

五等分圆周的作图方法如下。

① 通过画弧求得半径oa的中点p，如图1-25（a）所示。

② 以p为圆心，pd长为半径画弧交于中心线上点e，如图1-25（b）所示。

③ 以de为弦长在圆周上依次截取即得等分点，如图1-25（c）所示。

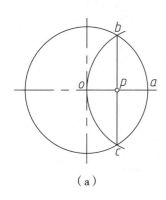
（a）

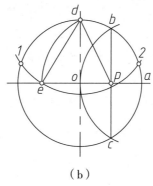
（b）

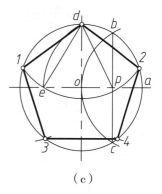
（c）

图 1-25　五等分圆周

1.2.3　斜度和锥度

1. 斜度

斜度是指一条直线（或平面）相对另一条直线（或平面）的倾斜程度。斜度的大小为直角三角形两条直角边的比值，如图1-26所示，即

$$斜度= \tan\alpha = BC/AB$$

通常将比例前项化为1，即1∶n的形式。斜度符号的画法如图1-27所示，图中h为字高。标注时应使用与图形斜线方向一致的符号。

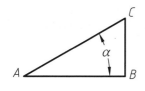

图 1-26　斜度

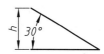

图 1-27　斜度符号

（1）斜度的作图方法

图1-28（a）所示为已知图形，其作图步骤如图1-28（b）所示。在底边上以a为起始点取6个单位长度得到d点，并在左侧ac上取1个单位长度得到e点，连接de得到1∶6斜度线，然后按照图中尺寸16和8得到K点位置，再过K点作de连线的平行线。

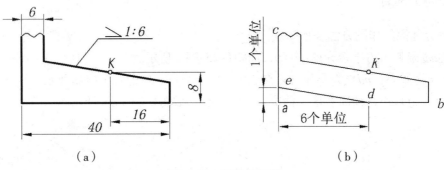

（a） （b）

图1-28　斜度的作图

（2）斜度的应用

图1-29所示为一槽钢，在其右侧的端面图形中即有1:10的斜度线。

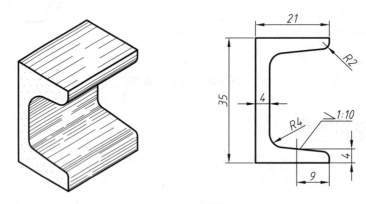

图1-29　槽钢

2. 锥度

锥度是指正圆锥的底圆直径与其高度之比。对于圆台而言，锥度则为两个底圆的直径之差与其高度之比，如图1-30所示，即

$$锥度 = D/L = (D - d)/L_1$$

通常将锥度的比例前项化为1，即1:n的形式。锥度符号的画法如图1-31所示，图中h为字高。标注时，应使用与图形倾斜方向一致的符号。

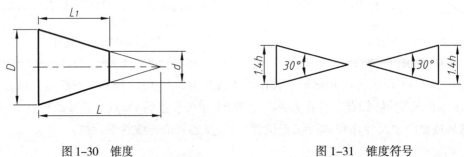

图1-30　锥度　　　　　　　　　　　　　　　图1-31　锥度符号

（1）锥度的作图方法

图1-32（a）为已知图形，其作图步骤如图1-32（b）所示。取适当单位长度，在中心线上量取3个单位长度得s点，并在左侧的cd线上，以中心线为基准分别量取0.5个单位长度，得a、b两点。连接as、bs点，便得1∶3的锥度线，再分别过c、d点作锥度线的平行线。

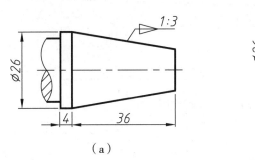

（a）

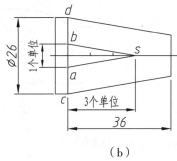

（b）

图 1-32 锥度的作图

（2）锥度的应用

图1-33所示为用于检测加工零件的塞规，其右侧的图形中即有1∶3的锥度线。

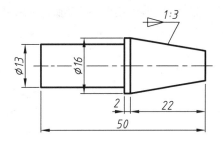

图 1-33 塞规

1.2.4 圆弧连接

用圆弧光滑地连接已知直线或圆弧的作图方法，称为圆弧连接。机件轮廓图中的圆弧连接极为普遍，图1-34所示即为扳手的轮廓图。

圆弧连接的实质是图线间相切的几何关系。连接的形式有以下3种。

● 连接两条线段。
● 连接两条圆弧。
● 连接一条线段和一条圆弧。

通过作图，需要解决的两个问题如下。

● 确定连接圆弧圆心的位置。
● 确定连接点（切点）的位置。

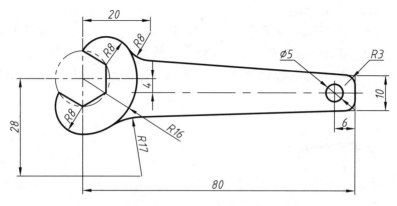

图1-34　扳手的轮廓图

1. 用圆弧连接两已知线段

图 1-35（a）所示为待连接的两条线段，线段 L_1 和 L_2 的位置确定且连接圆弧半径为 R。图 1-35（b）所示为过点 a、b 作的已知圆的切线，而图 1-35（c）所示则为完成连接的图形。

比较图 1-35（a）和图 1-35（b）所示，可分析出连接作图的原理。图 1-35（a）中的两条线段可被视为圆的切线，需要画出的是与两条线段相切的圆中起连接作用的圆弧。

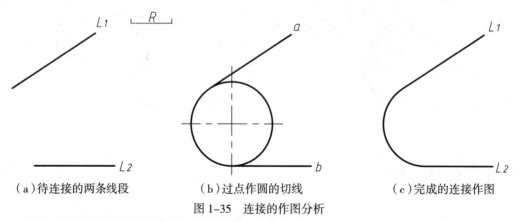

（a）待连接的两条线段　　　　（b）过点作圆的切线　　　　（c）完成的连接作图

图 1-35　连接的作图分析

因此，根据以下两种几何关系便可作出连接。

● 圆心到两条切线的距离相等，即等于圆的半径。

● 过圆心作切线的垂线，垂足即为切点（连接点）。

作图步骤如下。

① 过线段 L_1、L_2 上任意点分别作两条线段的垂线，在垂线上截取连接圆弧半径 R 后，作两条线段的平行线（其交点即为连接圆弧的圆心）。

② 过两条平行线的交点作 L_1、L_2 线段的垂线，垂足即为切点（连接点）。

③ 以两条平行线的交点为圆心，R 为半径画弧连接两个切点，如图 1-36（a）、（b）所示。

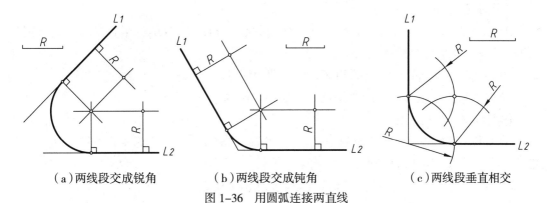

（a）两线段交成锐角　　　　（b）两线段交成钝角　　　　（c）两线段垂直相交

图1-36　用圆弧连接两直线

图1-36（c）所示为两条线段垂直相交的连接作图方法。

2. 用圆弧连接两已知圆弧

图1-37所示为圆与圆相切的两种情况。从图中可知，当两个圆外切时，两个圆的中心距等于半径之和。当两个圆内切时，两个圆的中心距等于半径之差。依此几何关系便可作出连接。

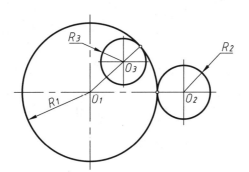

图1-37　圆的外切与内切

作图方法如下。

图1-38为作图的已知条件，即已知两个圆的位置及大小。分别以R为半径作圆弧与两个已知圆外切，以R'为半径作圆弧与两个已知圆内切。

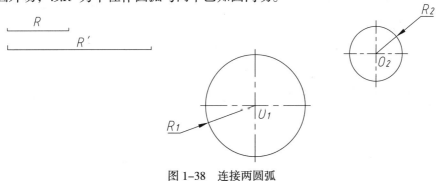

图1-38　连接两圆弧

作图步骤（外切）如下。

① 如图1-39（a）所示，分别以O_1、O_2为圆心，$R+R_1$、$R+R_2$为半径画弧，两条圆弧交于一点O_3，O_3为连接圆弧圆心。

② 将O_1O_3、O_2O_3的连线与圆相交，交点即为切点。

③ 以O_3为圆心画弧连接两个切点，完成外切连接。

作图步骤（内切）如下。

① 如图1-39（b）所示，分别以O_1、O_2为圆心，$R'-R_1$、$R'-R_2$为半径画弧，两个圆弧交于一点O_4，O_4为连接圆弧圆心。

② 将O_1O_4、O_2O_4的连线延长与圆相交，交点即为切点。

③ 以O_4为圆心画弧连接两个切点，完成内切连接。

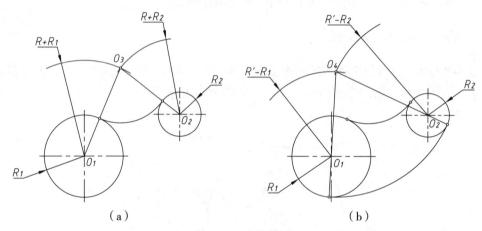

图 1-39　连接作图

3. 用圆弧连接一条线段和一条圆弧

图1-40（a）为连接的已知条件。按前面介绍的两种连接作图方法，即可求得连接圆弧的圆心及切点的位置。

作图步骤如下。

① 以O点为圆心，$R+R_1$为半径画弧；另作距L为R_1的平行线与所画圆弧交于O_1点，O_1即为连接圆弧的圆心。

② 连接O、O_1点，此连线与圆的交点即为切点；另过O_1作直线L的垂线，垂足为一切点。

③ 以O_1为圆心，R_1为半径画弧连接两个切点，如图1-40（b）所示。

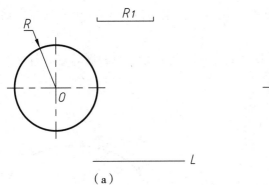
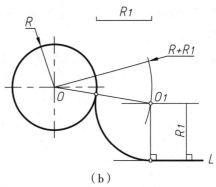

（a）　　　　　　　　　　　　　（b）

图1-40　用圆弧连接一条线段和一条圆弧

1.2.5　椭圆画法

绘制椭圆的方法有多种，常用的有同心圆法和四心近似法。

1. 同心圆法

同心圆法是通过作图求得椭圆上的一系列点后再光滑连接各点的作图方法。

已知椭圆长、短轴，用同心圆法绘制椭圆的作图步骤如下。

① 以椭圆中心为圆心，分别以椭圆长半轴长和短半轴长为半径画圆。

② 为使求得的椭圆上的点分布均匀，通常将两个圆作12等分，如图1-41（a）所示。

③ 过小圆上的各等分点作水平线，过相应的大圆上的等分点作垂线，其交点即为椭圆上的点，如图1-41（b）所示。

④ 光滑连接各点得到椭圆曲线，如图1-41（c）所示。

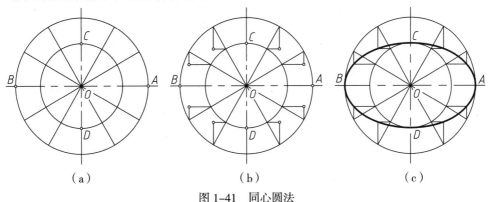

（a）　　　　　　　　　　（b）　　　　　　　　　　（c）

图1-41　同心圆法

2. 四心近似法

四心近似法是采用四条圆弧来代替椭圆曲线的作图方法。

已知椭圆长轴（AB）、短轴（CD）长，四心近似法的作图步骤如下。

① 以椭圆中心点O为圆心，长半轴OB长为半径画弧交纵轴于点E。以短轴顶点C为圆心，CE长为半径画弧交BC连线于F点，如图1-42（a）所示。

② 作BF的中垂线并延长与横轴、纵轴交于1、2点，再按对称关系求得3、4点。此四

点即为四条圆弧的圆心。为确定各圆弧的作图范围，应按图1-42（b）所示连接各圆心并作适当延长。

③ 分别以1、2、3、4点为圆心，以1*B*、2*C*、3*A*、4*D*长为半径画弧，如图1-42（c）所示。

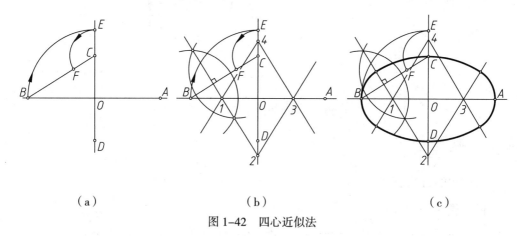

（a）　　　　　　　　　（b）　　　　　　　　　（c）

图1-42　四心近似法

1.2.6　圆的切线

根据直线与圆相切的几何关系，可直接利用三角板的两条直角边作圆的切线。

1. 过点作圆的切线

过点作圆的切线的作图方法如图1-43（a）～（c）所示。

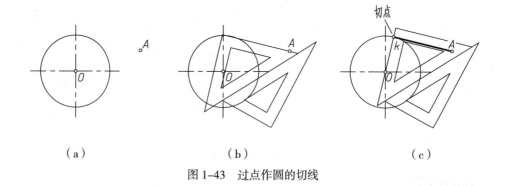

（a）　　　　　　　　　（b）　　　　　　　　　（c）

图1-43　过点作圆的切线

2. 作两个已知圆的切线

作两个已知圆的切线的作图方法如图1-44（a）～（c）所示。

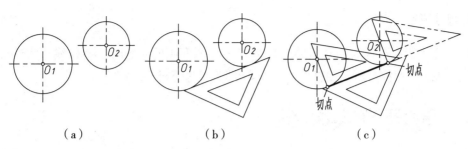

（a） （b） （c）

图 1-44 作两个已知圆的切线

1.3 平面图形的尺寸分析及画法

平面图形由若干线段组成，图形中的尺寸确定了各条线段之间的相对位置和连接关系。绘制平面图形时，需要对图形中的尺寸和线段进行分析，以明确绘图的步骤。

1.3.1 平面图形的尺寸分析

平面图形中的尺寸按作用不同分为定形尺寸和定位尺寸两类。

1. 定形尺寸

定形尺寸是指图形中确定几何元素形状大小的尺寸，如图1-45中所示的$\phi 5$、$\phi 18$、$R14$、$R54$、$R45$、$R7$、13等即为定形尺寸。

2. 定位尺寸

定位尺寸是用于确定几何元素相对位置的尺寸，如图 1-45 中所示的6、103 和 $\phi 27$ 等。确定平面图形中几何元素的位置，通常需要两个方向的定位尺寸，即长方向和宽方向。

有的尺寸可以兼有定形尺寸和定位尺寸两种作用。图1-45中所示的13既是直径$\phi 18$圆柱的定形尺寸，又是$R14$圆弧的圆心在长方向的定位尺寸。

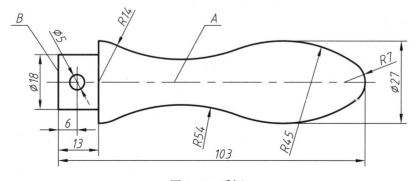

图 1-45 手柄

3. 尺寸基准

定位尺寸的起点称为尺寸基准。通常以平面图形中的中心线、对称线、底线或端线作为尺寸基准。图1-45所示的轴线A及端线B即为尺寸基准。

1.3.2 平面图形的线段分析

根据线段的定位尺寸完整与否，可将平面图形中的线段分为已知线段、中间线段和连接线段三类。

- 已知线段：此类线段具有确定的位置，即有两个方向的定位尺寸，或为当图形位置确定后可以直接画出的线段，如图1-45中所示的R14、R7。
- 中间线段：中间线段只有一个方向的定位尺寸，如图1-45中所示的R45。作图时应根据中间线段与相邻线段相切的几何关系确定其位置。
- 连接线段：连接线段没有定位尺寸，作图时完全依据相切的几何关系确定其位置，如图1-45中所示的R54。

1.3.3 平面图形的作图步骤

根据对平面图形的尺寸和线段的分析，平面图形的作图步骤如下所示。
① 按图形（以图1-45所示手柄为例）尺寸作出基准线和已知线段，如图1-46（a）所示。
② 作中间线段，如图1-46（b）所示。
③ 作连接线段，如图1-46（c）所示。
④ 整理图形，如图1-46（d）所示。

1.3.4 绘制工程图样的步骤与方法

1. 画图前的准备工作

画图前的准备工作如下。
① 削好各种铅笔。
② 擦净手和绘图工具。
③ 用胶带纸将绘图纸固定在图板的适当位置。

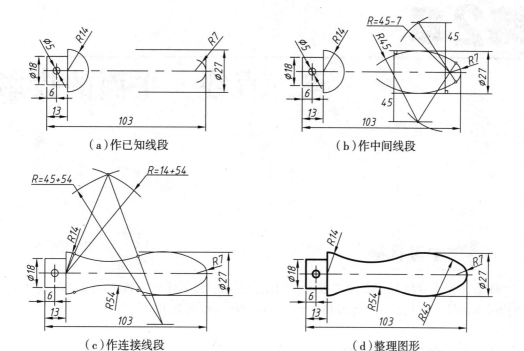

（a）作已知线段
（b）作中间线段
（c）作连接线段
（d）整理图形

图 1-46 平面图形的作图步骤

2. 画底图

用 H 或 2H 铅笔画底图（作图时应注意，图线要细且用力要尽量轻），具体步骤如下。

① 按标准规定画出图框和标题栏。

② 布置图形。

③ 画底图（包括尺寸界线、尺寸线）。

④ 检查图样。

3. 描深图线

描深图线的具体作图步骤如下。

① 按先粗后细，先圆弧后直线的顺序描深图中的粗实线和其他细线。

② 画箭头、注写尺寸数字。

③ 填写标题栏。

④ 修饰图样。

第2章

点、直线、平面的投影

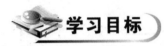
学习目标

本章将重点介绍用于绘制工程图样的正投影法，三视图的形成方法和投影规律，以及构成立体的几何元素点、直线和平面的正投影图的绘制方法。

学习要求

了解： 正投影法以及三投影面体系的建立和三视图的形成方法。
掌握： 点、直线和平面的投影规律和作图方法。

2.1 投影法及三视图

日常生活中，当光线照射物体后就会在地面上产生影子，这便是投影现象。人们受到自然现象的启发并经过科学的归纳和总结，研究出工程上用于表达物体形状的投影法。所谓投影法，是指投射线通过物体向选定的面投射，并在该面上得到图形的方法。

2.1.1 投影法的分类

1. 中心投影法

投射线从一点发出的投影法称为中心投影法。发出投射线的点称为投射中心，如图2-1所示。采用中心投影法绘制的图形立体感强，多用于表达建筑物的造型，如图2-2所示。但用此方法绘制的图形度量性差，即不能准确反映物体的真实形状和大小，因而在机械制图中较少使用。

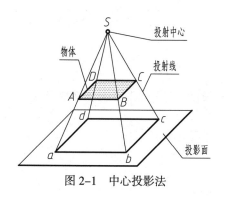

图2-1 中心投影法

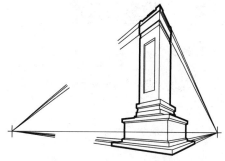

图2-2 用中心投影法绘制的图形

2. 平行投影法

投射线相互平行的投影法称为平行投影法。根据投射线与投影面的相对位置不同，平行投影法又分为斜投影法和正投影法。

（1）斜投影法

斜投影法是指平行的投射线倾斜于投影面的投影方法。斜投影法主要用于绘制物体的斜轴测图，如图2-3所示。

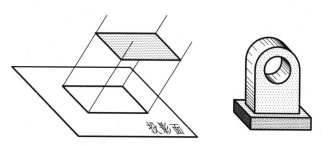

图2-3 斜投影法和斜轴测图

（2）正投影法

正投影法是平行的投射线垂直于投影面的投影方法。正投影法可用于绘制物体的正轴测图和多面正投影图，如图2-4所示。

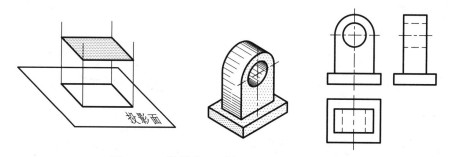

图2-4 正投影法、正轴测图和多面正投影图

由于用正投影法绘制的多面正投影图能够准确表达物体的空间形状，因此在工程上得到广泛应用。

2.1.2　正投影的特性

1. 真实性

当直线(或平面)平行于投影面时,其投影反映实际长度(或实际形状),如图 2-5 所示。

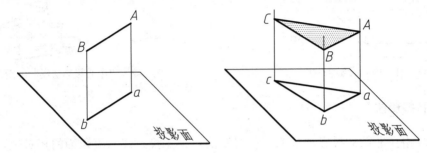

图 2-5　正投影的真实性

2. 积聚性

当直线(或平面)垂直于投影面时,其投影积聚为一个点(或一条直线),如图 2-6 所示。

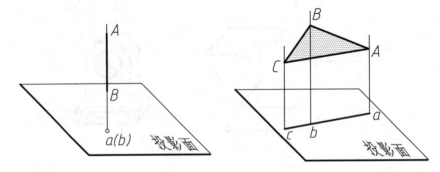

图 2-6　正投影的积聚性

3. 类似性

当直线（或平面）倾斜于投影面时，其投影为缩短（或缩小）的类似图形，如图 2-7 所示。

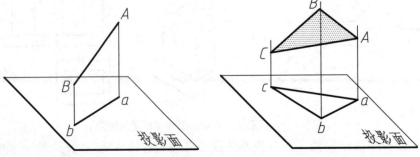

图 2-7　正投影的类似性

2.1.3　三视图的形成

用正投影法将物体向投影面投射，所获得的投影称为视图。

1. 三投影面体系

三个互相垂直的平面将空间分为八个部分，称为八个分角，如图2-8所示。我国主要采用第一分角画法绘制物体的视图，第一分角三投影面体系如图2-9所示。

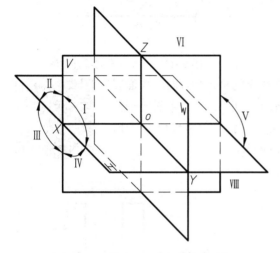

图 2-8　八个分角

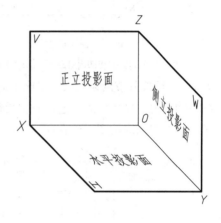

图 2-9　三投影面体系

三个投影面分别如下。

- 正立投影面（简称正面），用*V*表示，物体在*V*面上的投影称为主视图。
- 水平投影面（简称水平面），用*H*表示，物体在*H*面上的投影称为俯视图。
- 侧立投影面（简称侧面），用*W*表示，物体在*W*面上的投影称为左视图。

投影面的交线称为投影轴，三条投影轴如下。

- *V*面与*H*面的交线称为*OX*轴，*OX*轴方向的尺寸为物体的长。
- *H*面与*W*面的交线称为*OY*轴，*OY*轴方向的尺寸为物体的宽。
- *V*面与*W*面的交线称为*OZ*轴，*OZ*轴方向的尺寸为物体的高。

三个投影轴交于一点*O*，称为投影原点。

2. 三视图的形成

如图2-10所示，将物体放在三投影面体系中用正投影方法将其向各个投影面投射，即可得到物体的三面视图。

画图时，需将相互垂直的三个投影面展平在同一平面上，规定：*V*面保持不动，将*H*面绕*OX*轴向下旋转90°，*W*面绕*OZ*轴向后旋转90°，如图2-11所示。

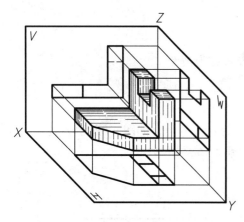

图 2-10　三视图的形成

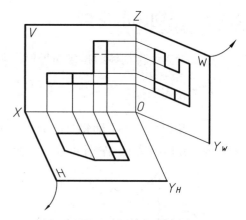

图 2-11　三投影面的展开方法

展开后的投影面如图2-12（a）所示。需要注意的是，当H面和W面展开后OY轴被分成两条轴线，H面上的轴线记作OY_H轴、W面上的轴线记作OY_W轴。为了简化作图，通常省去投影面边框及投影轴，如图2-12（b）所示。三个视图应按图示位置摆放，且不需标注视图的名称。

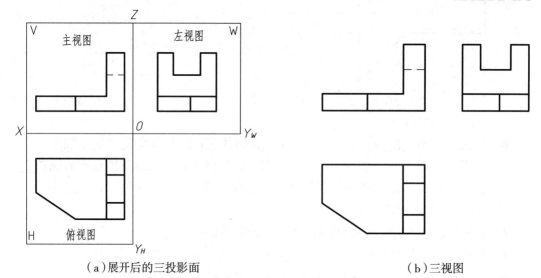

（a）展开后的三投影面　　　　　　　　　　　　（b）三视图

图 2-12　展开后的三投影面及物体的三视图

3. 视图间的度量对应关系

根据三视图的形成可以分析出如下几点。

● 主视图反映物体长方向（OX）和高方向（OZ）的尺寸。

● 俯视图反映物体长方向（OX）和宽方向（OY）的尺寸。

● 左视图反映物体高方向（OZ）和宽方向（OY）的尺寸。

因此视图之间的度量关系如下。

● 主视图、俯视图——长对正。

- 主视图、左视图——高平齐。
- 俯视图、左视图——宽相等。

上面所介绍的关系统称为"三等关系"。不论是整体还是局部，物体的三视图都应符合三等关系，如图2-13所示。

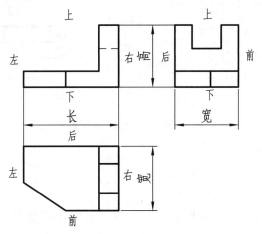

图 2-13　三视图的对应关系

在三等关系中，应注意理解俯视图和左视图"宽相等"的对应关系。

4. 视图间的方位对应关系

物体有上、下、前、后、左、右六个方位。主视图反映了物体的上、下和左、右方位，俯视图反映了左、右和前、后方位，左视图则反映了上、下和前、后方位，如图2-13所示。

【例2-1】　根据立体的主视图和俯视图画出该立体的左视图，如图2-14所示。

作图步骤如下。

① 根据给出的两面视图分析立体的空间形状，效果如图2-15所示。

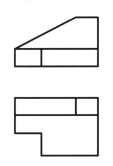

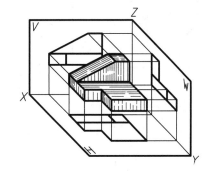

图 2-14　补画立体的左视图　　图 2-15　立体的空间形状与投影分析

② 按主视图与左视图高平齐，俯视图与左视图宽相等的投影对应关系作图，效果如图2-16（a）所示。

③ 整理图形,效果如图 2-16(b)所示。

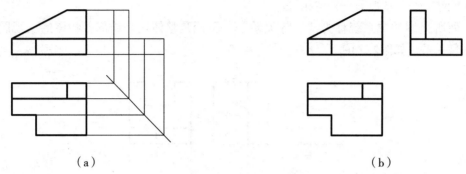

（a）

（b）

图 2-16　画出立体的左视图

2.2　点的投影

点是最基本的几何元素。掌握点的投影规律和作图方法是绘制直线、平面和立体投影图的重要基础。

1. 点的三面投影

如图 2-17（a）所示,空间有一 A 点,将其分别向三个投影面投射(由点 A 分别向三个投影面作垂线),即得 A 点的三面投影。

点的各投影的表示方法为：V 面投影记为 a',H 面投影记为 a,W 面投影记为 a''。将三个投影面展开后便得到 A 点的三面投影图,效果如图 2-17（b）所示。

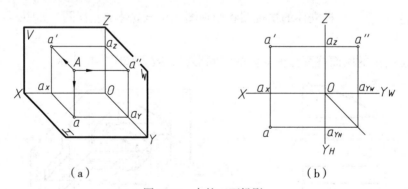

（a）

（b）

图 2-17　点的三面投影

2. 点的投影与直角坐标的关系

为研究方便,可将三投影面体系视为一个空间直角坐标系。因此,可用点的三个有序的坐标（X,Y,Z）表明其空间位置,如 B（10,15,20）。点的坐标实际上就是点到投影面的距离，即：

- X坐标为点到W面的距离；
- Y坐标为点到V面的距离；
- Z坐标为点到H面的距离。

图2-18表明，点的任一投影均反映了该点的两个坐标，即：V面投影反映了点的X、Z坐标，H面投影反映了点的X、Y坐标，W面投影反映了点的Y、Z坐标。

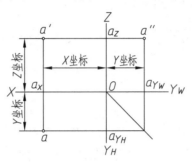

图 2-18　点的投影与直角坐标

3. 点的投影规律

根据点的投影与直角坐标的关系，可得点的三面投影规律如下。

① 点的正面投影与水平投影的连线垂直于OX轴。

② 点的正面投影与侧面投影的连线垂直于OZ轴。

③ 点的水平投影与侧面投影具有相同的Y坐标，即点的水平投影到OX轴的距离等于点的侧面投影到OZ轴的距离。

4. 各种位置点的投影

在三投影面体系中，点可位于以下不同的位置。

① 在空间中，如图2-19中所示的A点。

② 在投影面上，如图2-19中所示的B、C点。

③ 在投影轴上，如图2-19中所示的D点。

④ 在投影原点上。

当点在投影面上时，该点的三个坐标中有一个坐标为0；当点在投影轴上时，有两个坐标为0；投影原点上的点，其三个坐标均为0。

注意

◆ 作图时应注意特殊位置点的三面投影，尤其当点的投影在Y轴上时，要注意分析应该是在Y_H轴上，还是在Y_W轴上。

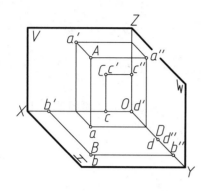

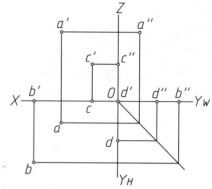

图 2-19　各种位置点及其投影

5. 两个点的相对位置

两个点的相对位置有上下、左右和前后之分。在投影图中可用两个点的坐标判断其相对位置，即 Z 坐标大的点在上方，X 坐标大的点在左方，Y 坐标大的点在前方。

根据以上所述规律可分析出图2-20中所示的 C 点在 D 点的上方、右方和后方。

若两个点在某一投影面上的投影重合为一点，则该点称为重影点，如图2-21所示。重影点的坐标中有两个是相同的，作图时应注意判断重影点的可见性（点的不可见投影应加括号表示）。

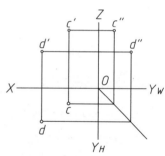

图2-20　两个点的相对位置

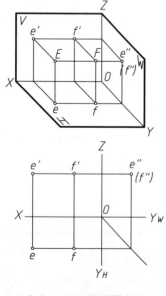

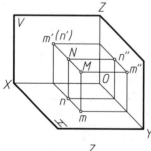

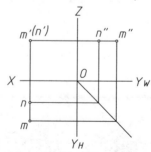

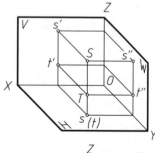

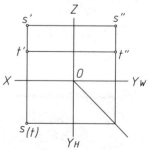

（a）W 面上的重影点　　　　（b）V 面上的重影点　　　　（c）H 面上的重影点

图 2-21　重影点及其可见性

根据重影点的坐标判别可见性的方法：若两个点在W面上重影，则X坐标大的点挡住X坐标小的点；若两个点在V面上重影，则Y坐标大的点挡住Y坐标小的点；若两个点在H面上重影，则Z坐标大的点挡住Z坐标小的点。

【例2-2】 如图2-22（a）所示，根据K点的V、W面投影，补画出其水平投影。

作图分析：可按点的三面投影规律，求出K点的水平投影。作图过程如图2-22（b）所示。

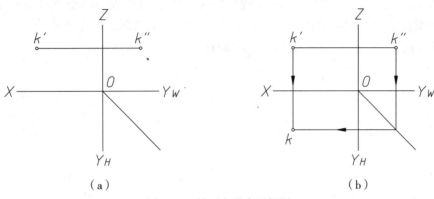

（a）   （b）

图2-22 补画点的水平投影

【例2-3】 已知A点（25，20，16），画出A点的直观图。

作图步骤如图2-23（a）～（d）所示。

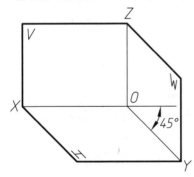

（a）画出三个投影面

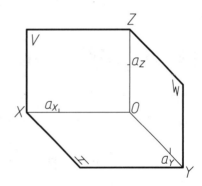

（b）在三坐标轴上分别量取A点的坐标

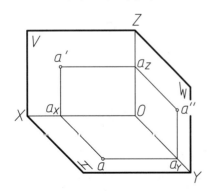

（c）画出A点的三面投影

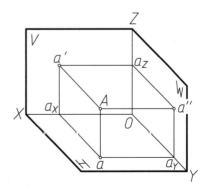

（d）画出空间的A点

图2-23 作点的直观图

2.3　直线的投影

2.3.1　直线投影概述

　　直线（实为直线段）的投影一般情况仍为直线。由于根据两个点可以确定一条直线，因此作直线投影的实质是作出直线上两个点的投影图后，再连接此两点的各同面投影，即可得到直线的三面投影图，如图2-24所示。

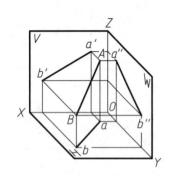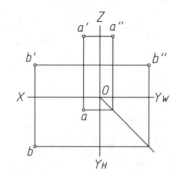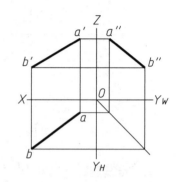

图 2-24　直线的投影

2.3.2　各种位置直线的投影

　　按直线与投影面的相对位置不同，可将直线分为一般位置直线、投影面平行线和投影面垂直线三类。其中，投影面平行线和投影面垂直线这两种类型的直线又统称为特殊位置直线。

　　直线与 H、V、W 三个投影面的倾角，分别用 α、β、γ 表示，如图2-25 所示。

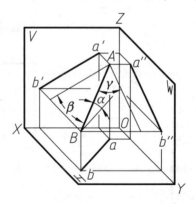

图 2-25　直线与投影面的倾角

1. 一般位置直线

与三个投影面均倾斜的直线，称为一般位置直线。图2-25中的AB直线即为一般位置直线。其投影特点如下。

- 三个投影均不能反映直线的实长，也不能反映α、β、γ角的实际大小。
- 三个投影都倾斜于投影轴。

2. 投影面平行线

平行于某一个投影面，而倾斜于另两个投影面的直线，称为投影面平行线。根据定义，投影面平行线又分为以下三种类型。

- 正面平行线：简称正平线，即平行于V面，与H、W面倾斜的直线。
- 水平面平行线：简称水平线，即平行于H面，与V、W面倾斜的直线。
- 侧面平行线：简称侧平线，即平行于W面，与V、H面倾斜的直线。

投影面平行线的投影特点如下。

- 在直线所平行的投影面上的投影，反映直线的实长。
- 反映直线实长的投影与投影轴所夹的角度，等于空间直线对相应投影面的倾角。
- 直线的另外两个投影平行于相应的投影轴，且投影的长度缩短，如表2-1所示。

表2-1 投影面平行线的投影

名称	正平线（∥V，倾斜H、W）	水平线（∥H，倾斜V、W）	侧平线（∥W，倾斜V、H）
直观图			
投影图			

3. 投影面垂直线

垂直于某一个投影面而与另两个投影面平行的直线，称为投影面垂直线。投影面垂直线又分为以下三种类型。

- 正面垂直线：简称正垂线，即垂直于V面，与H、W面平行的直线。

- 水平面垂直线：简称铅垂线，即垂直于H面，与V、W面平行的直线。
- 侧面垂直线：简称侧垂线，即垂直于W面，与V、H面平行的直线。

投影面垂直线的投影特点如下。

- 在直线所垂直的投影面上的投影积聚为一点。
- 直线的另外两个投影平行于相应的投影轴，且投影反映实长，如表2-2所示。

表2-2 投影面垂直线的投影

名称	铅垂线（$\perp H$，平行V、W）	正垂线（$\perp V$，平行H、W）	侧垂线（$\perp W$，平行V、H）
直观图			
投影图			

【例2-4】 如图2-26（a）所示，试过C点作正平线CD，且CD长为12mm，$\alpha=30°$，求CD直线的三面投影。

作图过程如图2-26（b）、（c）所示。

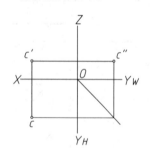 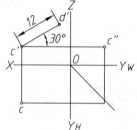 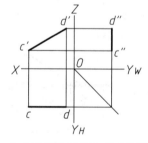

（a）C点的三面投影　（b）按给定条件求得d'　（c）根据投影规律完成作图

图2-26 作正平线的投影图

◆ 例2-4还有其他的作图方式，请读者自行分析。

2.3.3 点与直线

1. 从属性

点与直线的从属关系分为点从属于直线和不从属于直线两种情况。若点从属于直线，则点的各个投影必在直线的各同面投影上。如图2-27所示，C点从属于AB直线，其水平投影c从属于ab，正面投影c'从属于$a'b'$，侧面投影c''从属于$a''b''$。

反之，在投影图中，如点的各个投影从属于直线的同面投影，则该点必定从属于此直线。

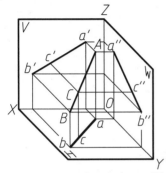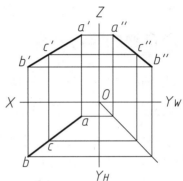

图 2-27 从属于直线的点的投影

2. 定比性

从属于直线的点分割线段的长度比，等于其投影分割线段投影长度之比。

如图2-27所示，点C将线段AB分为AC和CB两段，则有

$$AC : BC = ac : bc = a'c' : b'c' = a''c'' : b''c''$$

上面所示的比值关系称为定比性。

根据定比性，可在直线的投影图中作出满足比值关系的点的投影。

【例2-5】 如图2-28（a）所示，已知侧平线MN的正面投影和水平面投影，以及从属于MN直线的S点的正面投影，求S点的水平投影。

作图步骤如下。

① 过N点水平投影n作一条辅助线，在辅助线上截取$m'n'$、$s'n'$长，如图 2-28（b）所示。

② 在水平投影图中，连接$m'm$，并过s'作$m'm$连线的平行线，使其交于mn上的s点，s即为所求，如图 2-28（c）所示。

此题也可在作出MN直线的侧面投影图后，先求得S点的侧面投影，然后求其水平投影。显然，定比性的作图方法更为简便。

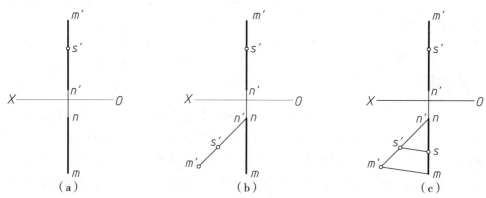

图 2-28　利用定比性求直线上点的投影

2.3.4　两直线的相对位置

两条直线的相对位置有平行、相交和交叉三种情况。

1. 两直线平行

两条直线平行，其同面投影必定平行。

如图2-29所示，$AB /\!/ CD$，则$ab /\!/ cd$，$a'b' /\!/ c'd'$，$a''b'' /\!/ c''d''$。

反之，如果两条直线的各同面投影都相互平行，则此两直线在空间一定平行。

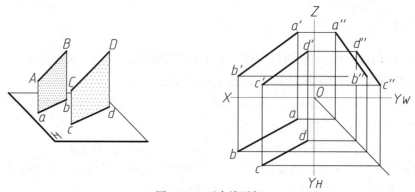

图 2-29　两直线平行

根据上述结论，可以在投影图中作已知线段平行线的投影，也可用于判断投影图中给定的两条直线是否平行。

2. 两直线相交

两条直线相交，其同面投影必定相交且交点符合点的投影规律。

如图2-30所示，直线AB与CD相交，交点K为AB、CD这两条直线的共有点。因此，K点的各个投影必在直线AB和CD的同面投影上。

反之，若两条直线的同面投影均相交，且交点符合点的投影规律，则这两条直线在空间必定相交。

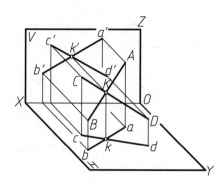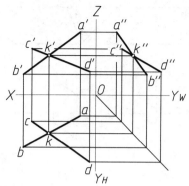

图 2-30 两直线相交

根据上述结论，可在投影图中作相交直线的投影，也可判断投影图中给定的两条直线是否相交。

3. 两直线交叉

若空间两条直线既不平行也不相交，便是交叉的，即异面直线。如图2-31（a）所示，尽管 *AB*、*CD* 两直线的水平投影相交，也可从图2-31（b）看出，交叉两直线投影图中的交点，实际上是直线上重影点的投影。对于交叉的两条直线上的重影点，可根据点的投影规律和坐标判别其可见性，如图2-31（c）所示。

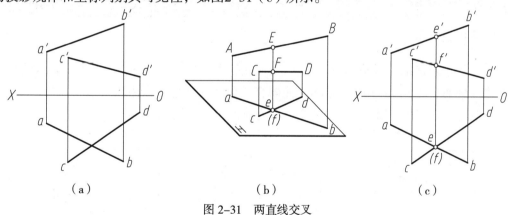

|（a）|（b）|（c）|

图 2-31 两直线交叉

2.4 平面的投影

2.4.1 平面的表示法

在投影图中可用多种方法表示平面（实为有限的部分）的存在和位置。

1. 用几何元素表示

用几何元素表示平面，即用通常意义上的点、线表示平面，如图2-32所示。

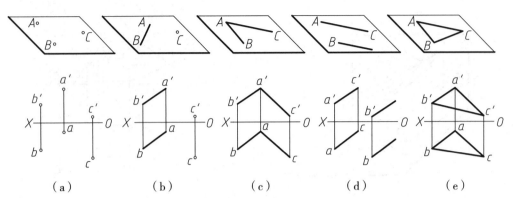

图2-32 用几何元素表示平面

◆ 图2-32中的五种表示方法分别如下。
① 不在同一条直线上的三点。
② 一条直线和线外一点。
③ 相交的两条直线。
④ 平行的两条直线。
⑤ 平面图形。

2. 用迹线表示

平面与投影面的交线称为平面的迹线。平面也可以用迹线表示，用迹线表示的平面称为迹线平面。图2-33中的P平面与H面的交线称为水平迹线，用P_H表示；与V面的交线称为正面迹线，用P_V表示；与W面的交线称为侧面迹线，用P_W表示。

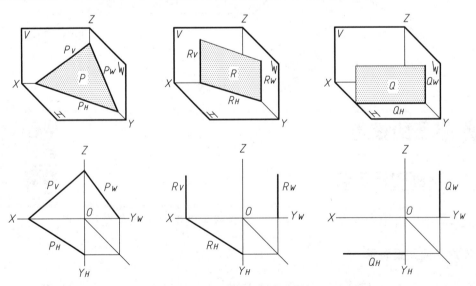

图2-33 用迹线表示平面

2.4.2 各种位置平面的投影

与直线的分析情况类似，根据平面与投影面的相对位置不同，将平面分为一般位置平面、投影面平行面、投影面垂直面三种类型。其中，投影面平行面和投影面垂直面又统称为特殊位置平面。

平面与H、V、W三个投影面的倾角，分别用α、β和γ表示。

1. 一般位置平面

与三个投影面均倾斜的平面称为一般位置平面，如图2-34所示。

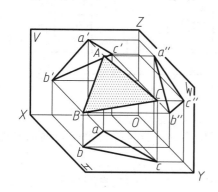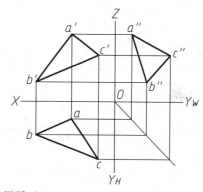

图2-34 一般位置平面

注意

◆ 一般位置平面的投影特性是，三个投影均为缩小的类似图形，且三个投影均不能反映α、β和γ角的实际大小。

2. 投影面垂直面

垂直于某一个投影面，而倾斜于另两个投影面的平面称为投影面垂直面。

投影面垂直面分为以下三种类型。

● 正面垂直面：简称正垂面，即垂直于V面，与H、W面倾斜的平面。

● 水平面垂直面：简称铅垂面，即垂直于H面，与V、W面倾斜的平面。

● 侧面垂直面：简称侧垂面，即垂直于W面，与V、H面倾斜的平面。

投影面垂直面的投影特点如下。

● 在平面所垂直的投影面上的投影，积聚为一条直线，并可反映该平面与另两个投影面倾角的实际大小。

● 平面的另两个投影为缩小的类似图形，如表2-3所示。

机械制图(第五版)

表2-3　投影面垂直面

名称	铅垂面（$\perp H$，倾斜 V、W）	正垂面（$\perp V$，倾斜 H、W）	侧垂面（$\perp W$，倾斜 V、H）
直观图			
投影图			

3. 投影面平行面

平行于某一个投影面而与另两个投影面垂直的平面，称为投影面平行面。投影面平行面可分为以下三种类型。

- 正面平行面：简称正平面，即平行于 V 面，与 H、W 面垂直的平面。
- 水平面平行面：简称水平面，即平行于 H 面，与 V、W 面垂直的平面。
- 侧面平行面：简称侧平面，即平行于 W 面，与 V、H 面垂直的平面。

投影面平行面的投影特点如下。

- 在平面所平行的投影面上的投影反映实际形状。
- 平面的另两个投影积聚为直线，其投影平行于相应的投影轴，如表2-4所示。

表2-4　投影面平行面

名称	正平面（$//V$，垂直 H、W）	水平面（$//H$，垂直 V、W）	侧平面（$//W$，垂直 V、H）
直观图			
投影图			

【例2-6】　根据平面的两面投影，补画其第三投影，如图2-35（a）所示。

作图分析：该平面为一正垂面。补画平面的投影，实际上还是利用点的求作方法，即求得平面上各点的投影后，再依次连接各投影。作图过程如图2-35（b）、（c）、（d）所示。

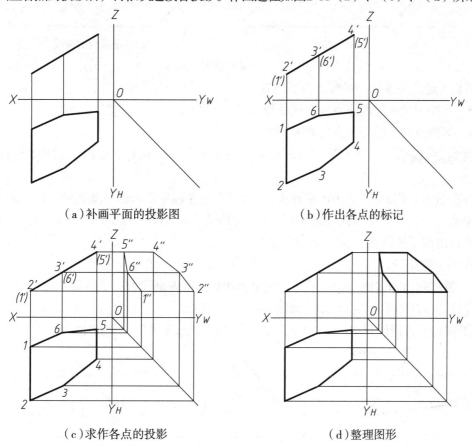

（a）补画平面的投影图　　　　　　　　（b）作出各点的标记

（c）求作各点的投影　　　　　　　　（d）整理图形

图2-35　补画平面的第三投影

2.4.3　平面内的点和直线

1. 点在平面内的几何条件

若点属于平面内的一条直线，则该点必在此平面内，如图2-36（a）中所示的K点。

2. 直线在平面内的几何条件

直线在平面内的几何条件如下。

● 直线经过平面内的两点，如图2-36（b）中所示，直线经过了平面内的E、F点。

● 直线经过平面内的一个点，且平行于平面内的另一条直线，如图2-36（b）中所示的AD直线。

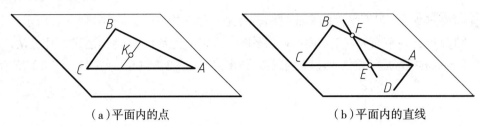

（a）平面内的点　　　　　　　　（b）平面内的直线

图 2-36　平面内的点和直线

根据上述几何条件，可解决以下问题。

● 在给定的平面内作点和直线的投影。

● 判别点和直线是否在已知平面内。

【例2-7】　　如图2-37（a）所示，已知S点在△ABC平面内，求作S点的水平投影。

作图分析：因S点在△ABC平面内，所以S点必在该平面内的一条直线上。为求得S点的水平投影，可先在平面内通过S点作一条辅助线，在求得辅助线的水平投影后，再按投影规律求出属于辅助线上的S点的水平投影。

作图步骤如下。

① 通过S点的正面投影s′，在△ABC平面内作一条辅助线AD（D点属于BC线）。

② 作出AD线的水平投影ad，如图2-37（b）所示。

③ 按点的投影规律将s′对应到ad线上求得S点的水平投影s，如图2-37（c）所示。

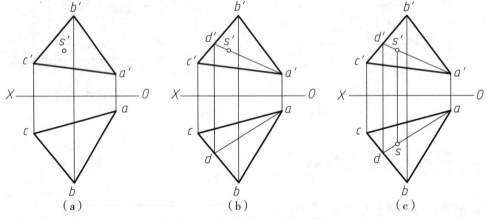

（a）　　　　　　　　（b）　　　　　　　　（c）

图 2-37　求作平面内点的投影

3. 平面内的投影面平行线

平面内的投影面平行线应满足以下两个条件。

● 该直线应满足直线从属于平面的几何条件。

● 该直线的投影应具有投影面平行线的投影特点。

【例2-8】　　在△ABC平面内作一条距H面10mm的水平线MN，求作MN的两面投影，如图2-38（a）所示。

作图分析：由于水平线的正面投影平行于X轴，且与X轴的距离即为水平线与H面的距离。因此，应先作出直线的正面投影，再按投影规律作出其水平投影。作图步骤如图2-38（b）、（c）所示。

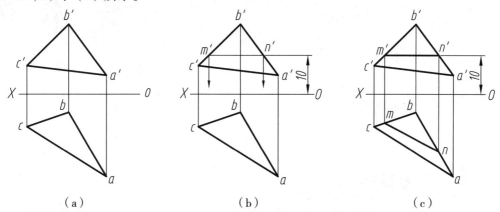

（a）　　　　　　　　　　（b）　　　　　　　　　　（c）

图2-38　求作平面内的投影面平行线

【例2-9】　如图2-39（a）所示，补全五边形平面ABCDE的水平投影。

作图分析如下。

该题的作图要点是求得平面内D、E两点的水平投影。根据点在平面内的几何条件，并借助于平面内的辅助线便可作出该平面的水平投影。作图步骤如图2-39（b）、（c）、（d）所示。

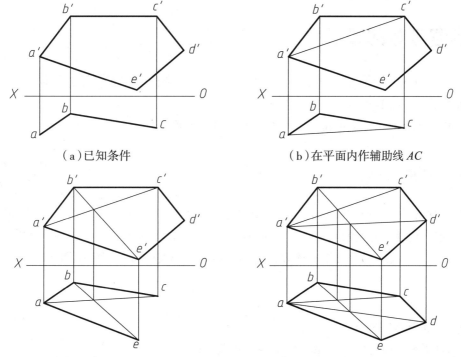

（a）已知条件　　　　　　　　　　　（b）在平面内作辅助线AC

（c）利用辅助线求得E点的水平投影　　　　（d）利用辅助线求得D点的水平投影

图2-39　补全平面的水平投影

第3章

基 本 体

 学习目标

本章将重点介绍各种常见基本体的三视图画法，以及立体表面上点和交线的作图方法。

学习要求

掌握：各种基本体三视图的画法，以及立体表面上点的求作方法，能够正确分析立体表面上各种交线的形状，并熟练掌握交线的作图方法。

3.1 基本体的投影

立体按构成不同可分为基本体和组合体。通常将棱柱、棱锥、圆柱、圆锥、球体等简单几何体称为基本体。

按表面性质不同，又可将立体分为平面立体和曲面立体。

3.1.1 平面立体

由平面围成的立体称为平面立体。立体上相邻侧表面的交线称为棱线。绘制平面立体的三视图，实际上就是按照投影的方法画出立体上所有平面和棱线的投影。而对于立体表面上的不可见轮廓线应该在视图中用虚线表示。

1. 棱柱

（1）棱柱的三视图

图3-1所示为放置在三投影面体系中的正六棱柱。

正六棱柱的表面分析如下。

按图中的摆放位置，正六棱柱的上下底面为水平面，其水平投影反映实形，正面投

影和侧面投影积聚为直线。六棱柱的6个侧表面中前后两侧面为正平面，其正面投影反映实形，水平投影和侧面投影积聚为直线。其余4个侧表面都是铅垂面，它们的水平投影积聚为直线，正面投影和侧面投影为缩小的类似图形。

正六棱柱表面上的轮廓线分析如下。

在上底的正六边形中，前后两条直线AB、DE为侧垂线，其侧面投影积聚为一点，正面投影和水平投影反映实长。其余4条线均为水平线，水平投影反映实长，正面投影、侧面投影为缩短的直线。6条竖直的棱线均为铅垂线，其水平投影积聚为点，另两个投影平行于轴线并反映实长。

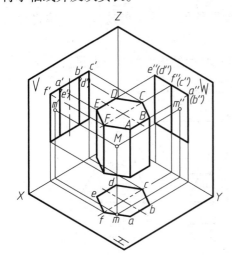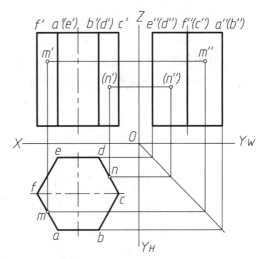

图 3-1 六棱柱的三视图

注意

◆ 作图时，一般先画出正六棱柱的水平投影，然后按高度尺寸和投影对应关系作出另外两个投影图。

（2）棱柱表面上点的投影

立体表面上点的投影求作方法，是绘制截断体和相贯体投影图的重要基础。

棱柱表面上点的投影求作要点如下。

● 利用棱柱表面的积聚性投影。

● 利用点的投影规律，即立体表面上点的各投影仍应符合点的投影规律。

● 正确判断立体表面上点的投影的可见性。

2. 棱锥

（1）棱锥的三视图

图3-2所示为一个正三棱锥，其表面分析如下。

底面△ABC为一个水平面，该平面的水平投影反映实形，另两个投影积聚为直线。三棱锥左右两个侧面，即△SAB、△SBC为一般位置平面，它们的三面投影均为类似图形。而后侧面△SAC为一侧垂面，其侧面投影积聚为一条直线，正面和水平面投影为类似图形。

三棱锥表面上的轮廓线分析如下。

SA、SC棱线为一般位置直线，SB则为侧平线，AC线为侧垂线，AB和BC线均为水平线。作图时先画出三棱锥底面△ABC和锥顶S点的各个投影，再连接各顶点的同面投影即可。

（2）棱锥表面上点的投影

棱锥表面上点的投影求作要点如下。

- 过点在棱锥表面上作一条辅助线，求得辅助线投影后，再按投影规律将点对应其上。

- 对于特殊位置平面上的点，其投影可直接利用平面的积聚性投影求得。

- 注意判别立体表面上点的投影的可见性。

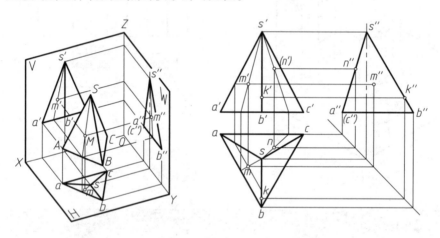

图3-2　三棱锥的三视图

3.1.2　曲面立体

曲面立体的表面由曲面或曲面和平面组成。常见的曲面立体有圆柱、圆锥和球体。由于组成立体的曲面为回转面，故上述曲面立体也称为回转体。

有关回转面的几个概念如下。

- 回转面：一条线绕另一条直线旋转所形成的运动轨迹。

- 回转面的轴线：不动的直线。

- 母线：运动的线，回转面的母线可以是直线也可以为任意曲线。

- 素线：母线位于回转面上任一位置时的线。

回转体的特点是，当用一个与回转体轴线垂直的平面截切回转体时，其切口的形状均为圆（或圆弧）。

1. 圆柱

圆柱体的表面由圆柱面和上、下底面组成。圆柱面是由一条与轴线平行的直母线回转而成。

（1）圆柱的三视图

如图3-3所示，圆柱的上、下底面为水平面，其水平投影反映实形，正面投影和侧面投影积聚为直线。由于该圆柱轴线为铅垂线，因此圆柱面上的所有素线均为铅垂线。

按图3-3所示摆放位置，圆柱的主视图和左视图为全等的矩形线框。其中主视图左右两侧的轮廓线为圆柱面上最左和最右两条素线的投影，而左视图中的两侧轮廓线则是圆柱面上最前和最后两条素线的投影，上述4条线统称为轮廓素线。

画圆柱的三视图时，一般先画投影为积聚性的圆，再按其高度和投影规律完成另两视图。

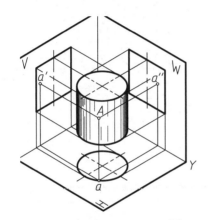
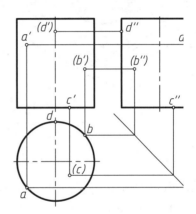

图 3-3　圆柱的三视图

（2）圆柱表面上点的投影

圆柱表面上点的投影求作方法与棱柱的类似，即利用圆柱表面的积聚性投影以及点的投影规律。作图时应注意分析点在圆柱表面上的位置，正确判断投影的可见性。

2. 圆锥

圆锥的表面由圆锥面和下底面组成。圆锥面是由一条与轴线相交的直母线回转而成。

（1）圆锥的三视图

由于图3-4所示圆锥的底圆为水平面，因此圆锥的俯视图为一个圆，而主视图和左视图为全等三角形。主视图两侧轮廓线是圆锥面上最左和最右两条轮廓素线的投影。左视图中两侧的轮廓线为最前和最后两条轮廓素线的投影。

需要注意的是圆锥的三个视图均没有积聚性。作图时，一般先画出圆锥底圆和锥顶的各个投影，再画出各轮廓素线的投影。

（2）圆锥表面上点的投影

由于圆锥三个视图没有积聚性，因此求作锥面上点的投影需借助于辅助线，具体方法如下。

● 辅助素线法：过锥顶和A点在锥面上作一条素线，求出该素线的各投影后再按投影规律求出点的投影。

● 辅助圆法：在圆锥面上过点A作一个圆，该圆的正面投影为过a'的直线，水平投影为反映实形的圆且a必在此圆上，由a和a'便可求得a''，如图3-4所示。

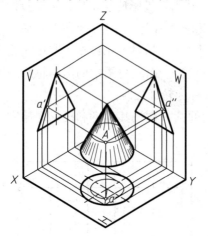
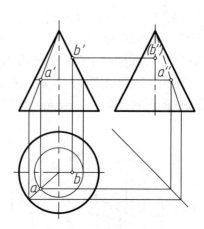

图3-4　圆锥的三视图

3. 球体

球体的表面为一球面。当圆母线绕通过圆心的轴线回转便形成球面。

（1）球体的三视图

图3-5所示为球体的三视图。球体的三个投影为等直径的三个圆。其中，主视图是球面上平行于V面的最大素线圆的投影，俯视图是平行于H面的最大素线圆的投影，左视图则是平行于W面的最大素线圆的投影。

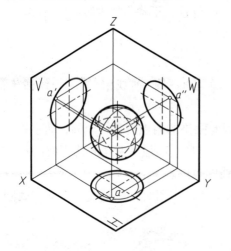
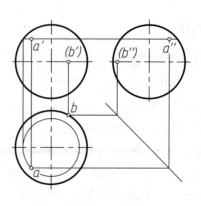

图3-5　球体的三视图

（2）球体表面上点的投影

由于球体的三个投影没有积聚性且球面上也不能作出直线，因此求作球体上点的投影只能采用辅助圆法，即在球面上过点作一个平行于某投影面的圆，画出该圆的各投影后再按投影规律求得点的投影。

作图时应注意分析点在球体表面上的位置，正确判别其投影的可见性。

3.2　截断体

一些机件的形状可以看成是基本体被平面截切后所形成的，如图3-6所示。

被平面截断的立体，称为截断体；截切立体的平面，称为截平面；立体被截切后，在其表面上产生的交线，称为截交线。如需绘制截断体的投影图，则应掌握截交线的画法。

截交线的性质如下。

- 截交线是截平面与立体表面的共有线，即截交线上的点为截平面和立体表面所共有。
- 截交线为封闭的平面图形。

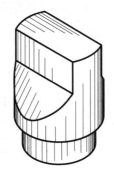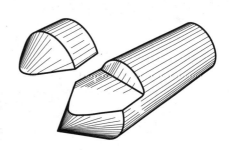

图3-6　截断体

　◆　作截交线投影，要利用在立体表面上求作点的方法，即作出截交线上的若干点后再连接各点。

3.2.1　平面立体的截交线

为作出平面立体的截交线，应正确分析立体表面上两种类型的点。

- 棱线上的断点，如图3-7中所示的*A*、*B*、*C*、*F*、*G*点。
- 立体表面上两相交平面交线的两个端点，如图3-7中所示的*D*、*E*点。

作图时尤其要注意对后一种点的分析。此外，在连线时应注意判别交线的可见性。

【例3－1】 画出被截切正六棱柱的左视图，如图3-7所示。

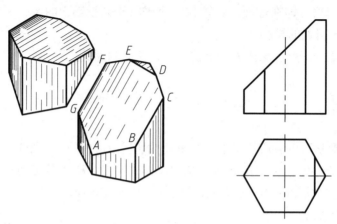

图 3-7 截切的正六棱柱

作图分析：该六棱柱被一个正垂面斜切，其中有5条棱线被切断产生5个断点，即A、B、C、F、G点。正垂面与六棱柱上底相交产生一条交线，此交线的两个端点为D、E。按立体表面上点的求作方法，作出各点的投影后再连接各点便可绘出六棱柱的左视图。作图步骤如图3-8（a）、（b）所示。

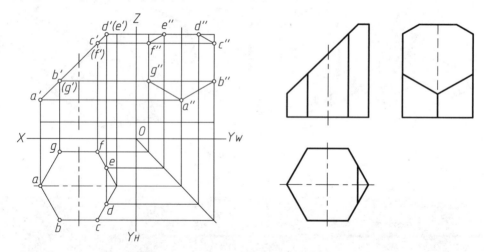

（a）求作各点的投影并连线　　　　　　　　（b）整理图形

图 3-8 画出截切正六棱柱的左视图

【例3－2】 绘制被截切正三棱锥的三视图，如图3-9所示。

作图分析：该三棱锥被两个相交的截平面切出一槽，其中SA棱线上有D、I两个断点，SB棱线上有E、H两个断点。两截平面交线的端点为F、G点。具体作图步骤如图3-10（a）、（b）所示。

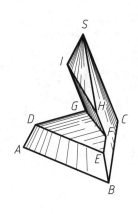
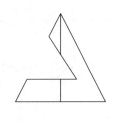
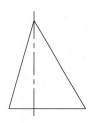

图 3-9　截切的正三棱锥

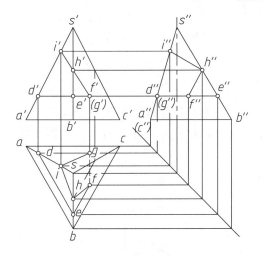
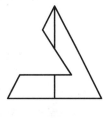

（a）求作各点的投影并连线　　　　　　　　　（b）整理图形

图 3-10　完成截切正三棱锥的三视图

由于交线 FG 在三棱锥内侧表面上，因此其水平投影为不可见，应以虚线表示。

注意

◆　以上两道例题的作图过程表明，为绘制截断体的投影图，一定要熟练掌握立体表面上点的投影求作方法。

3.2.2　曲面立体的截交线

1. 圆柱的截交线

由于截平面截切圆柱的位置不同，故所产生的截交线的形状也不相同，可分为三种情况，如表 3-1 所示。

表3-1　圆柱的截交线

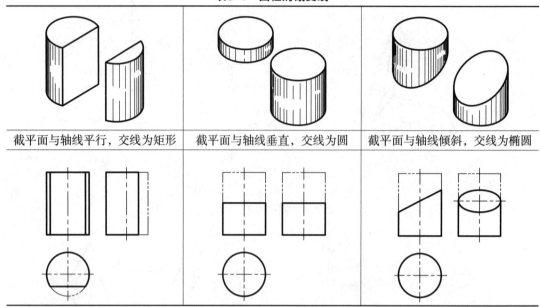

截平面与轴线平行，交线为矩形	截平面与轴线垂直，交线为圆	截平面与轴线倾斜，交线为椭圆

圆柱截交线的作图分析：当截交线的形状为圆时，作图较为简便；如是矩形，即是在圆柱面上切出两条平行线，其作图要点在于确定圆柱面上两条平行线的位置；如是椭圆，一般要借助于点的求作方法。

【例3-3】　画出被截切圆柱的左视图，如图3-11所示。

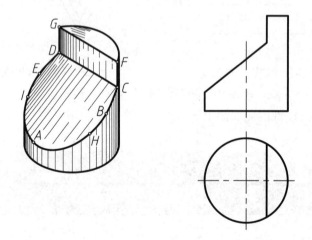

图3-11　截切的圆柱

作图分析：此圆柱被一个正垂面和一个侧平面截切。从轴测图可看出，正垂面在圆柱表面上切得一条椭圆曲线。而侧平面则切出一个矩形。两个截平面的交线为CD直线。

作椭圆曲线时，通常先求得确定椭圆范围的特殊点，如图中的最低点A，最高点C、D，最前点B和最后点E，然后求出若干中间点，如H、I点，求得各点后再将它们光滑连接。作图步骤如图3-12所示。

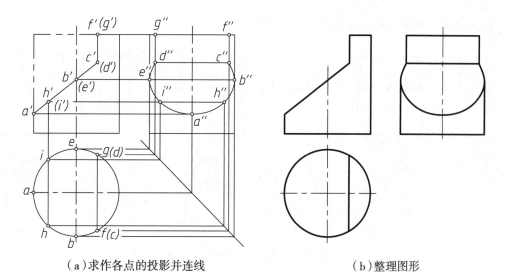

（a）求作各点的投影并连线 　　　　　　（b）整理图形

图 3-12　画出截切圆柱的三视图

圆柱形的机件在生产实际中应用较多，图3-13列出了常见的圆柱截切和开槽的三种类型。

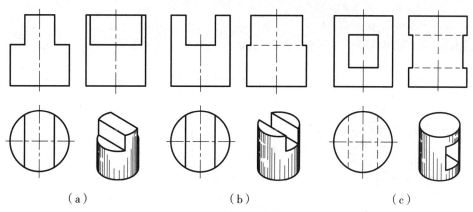

（a）　　　　　　　　　　（b）　　　　　　　　　　（c）

图 3-13　常见截切和开槽圆柱的三视图

若是沿圆柱轴线开一个通孔，便称为圆筒。圆筒有内、外两个表面。当截平面截切圆筒时，会在内外表面上产生形状相同的截交线，如图3-14所示。

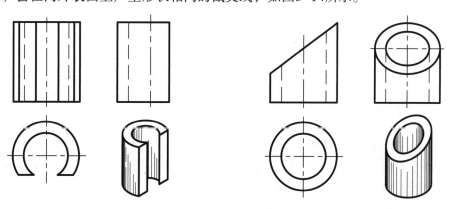

图 3-14　圆筒的截交线

圆筒被截切和开槽的情况如图3-15所示。

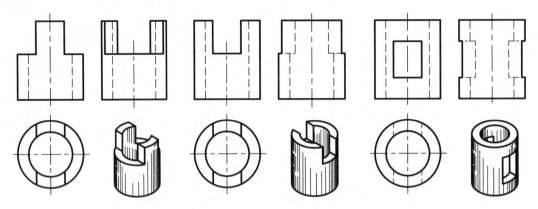

图 3-15　圆筒的截切和开槽

◆ 当圆柱内连续开有两个直径不相等的孔时，应注意两孔结合处的图线画法，如图3-16所示。

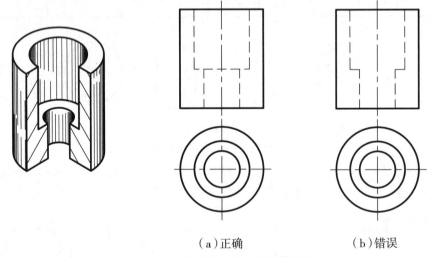

（a）正确　　　　　　（b）错误

图 3-16　不等径孔结合处的图线画法

2. 圆锥的截交线

截平面截切圆锥可产生5种不同形状的截交线，如表3-2所示。

圆锥截交线的作图分析：当截交线的形状为圆形或三角形时，作图较为简便，而双曲线、抛物线和椭圆的作图方法相同，即通过找点的方法求得曲线上若干点的投影后，再光滑连接各点。

表3-2 圆锥的截交线

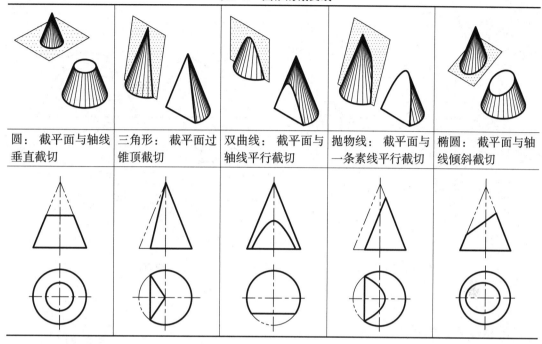

圆：截平面与轴线垂直截切	三角形：截平面过锥顶截切	双曲线：截平面与轴线平行截切	抛物线：截平面与一条素线平行截切	椭圆：截平面与轴线倾斜截切

【例3-4】 绘制被截切圆锥的视图，如图3-17所示。

作图分析：从图3-17（a）可看出，三个截平面分别在圆锥表面上切出三种形状的交线，即水平的截平面切出一段圆弧，过锥顶的正垂面切出两条直线，另一正垂面则切出一条椭圆曲线。作图步骤如图3-18（a）、（b）所示。

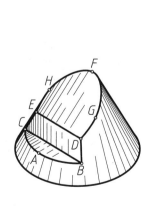

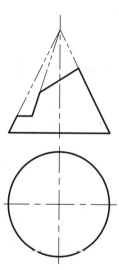

（a）截切的圆锥 　　　　　　　　　（b）截切圆锥的视图

图3-17 截切的圆锥

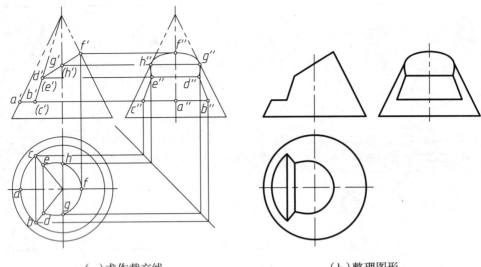

（a）求作截交线　　　　　　　　　　　（b）整理图形

图 3-18　完成截切圆锥的视图

3. 球体的截交线

球体的截交线为圆，如图3-19所示。由于截切的位置关系，球体截交线圆的投影可能为圆、直线或椭圆。

球体截交线的作图分析：当截交线的投影为圆或直线时，作图较为简便，如果是椭圆，则要利用找点的方法求得椭圆上若干点的投影后再光滑连接各点。

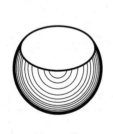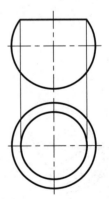

图 3-19　球体的截交线

【例3-5】　画出被斜切球体的三视图，如图3-20所示。

作图分析：由于截平面为一个正垂面，因此截交线圆的水平投影和侧面投影均为椭圆。通常先求得椭圆上的特殊点，如图 3-20（b）所示，再求得若干中间点，如图 3-20（c）所示。

（a）斜切的球体

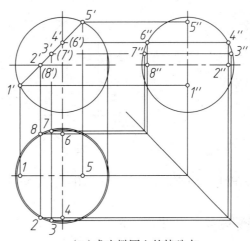

（b）求出椭圆上的特殊点

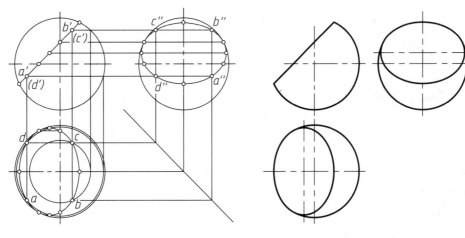

（c）求出椭圆上的中间点　　　　　　　（d）整理图形

图 3-20　画出斜切球体的三视图

作出椭圆后，还应注意分析球体轮廓素线圆的变化，应将轮廓素线圆上被切去的圆弧擦除。

【例3－6】　画出如图3-21所示开槽半球的三视图。

图 3-21　开槽半球

作图分析：球体中间的凹槽分别由一个水平面和两个侧平面截切而成。水平面截得前后两段平行于H面的圆弧，两个侧平面则各截得平行于W面的圆弧。作图步骤如图3-22所示。

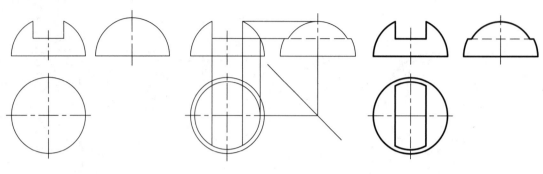

（a）开槽半球的视图　　　　　（b）作出截交线的投影　　　　　（c）整理图形

图 3-22　画出开槽半球的三视图

【例3-7】　画出顶尖的俯视图，如图3-23所示。

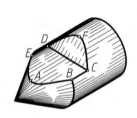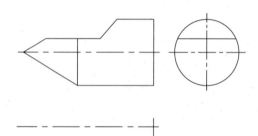

图 3-23　顶尖

作图分析：该顶尖是由圆锥和圆柱组成，故可称为组合回转体。绘制被截切组合回转体投影图的要点如下。

● 分析各组成部分的形状。

● 分析每一部分被截平面截切后，所产生的截交线的形状。

图3-23中所示水平的截平面截切圆锥后，在其上截得一条双曲线。该截平面又截切圆柱，在其表面上截得两条平行线。另一个截平面为正垂面，该面在圆柱表面上截得一段椭圆曲线。作图步骤如图3-24（a）、（b）所示。

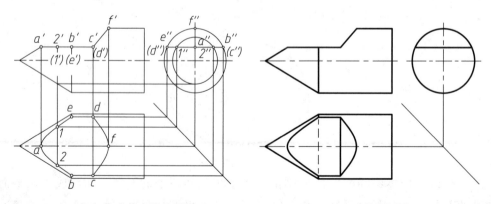

（a）作出截交线的投影　　　　　　　（b）整理图形

图 3-24　画出顶尖的俯视图

◆ 在作图时，还应注意分析两个形体结合处的图线，例如，图3-24(b)所示俯视图中的虚线。

3.3 相贯体

两个相交的立体称为相贯体，相交立体表面的交线称为相贯线，如图3-25所示。

 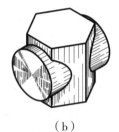 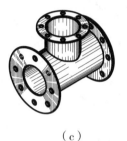 

（a）　　　　　　（b）　　　　　　（c）　　　　　　（d）

图3-25　相贯体

相贯的形式有以下几种。

● 两平面立体相贯，如图3-25（a）所示。

● 一平面立体和一回转体相贯，如图3-25（b）所示。

● 两回转体相贯，如图3-25（c）、（d）所示。

◆ 在机械工程中，第三种形式应用较多。本节主要介绍此类相贯线的性质和求作方法。

两回转体相贯线的性质如下。

● 相贯线是两相交立体表面上的共有线，也是立体表面的分界线。

● 一般情况下，相贯线为封闭的空间曲线，特殊情况则为平面曲线或直线。

求作相贯线的操作方法：对于一般情况，利用在立体表面上求作点的方法，求出两相交立体表面上的一系列共有点后，再依次光滑连接各点。

◆ 由于两相交立体的形状、大小和相对位置不同，因此为求得相贯线上的点，通常采用表面取点法和辅助平面法这两种方法。

3.3.1 表面取点法

表面取点法是利用相交立体表面的积聚性投影求作相贯线的方法。

【例3−8】 求作两相交圆柱的相贯线，如图3−26所示。

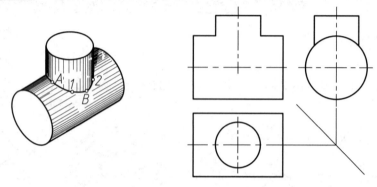

图 3−26 求作两相交圆柱的相贯线

作图分析：由于小圆柱轴线垂直于H面，其水平投影积聚为一个圆，相贯线的水平投影积聚在该圆上。而大圆柱轴线垂直于W面，其侧面投影积聚为一个圆，相贯线的侧面投影被积聚在该圆上（在两圆柱公共部分的圆弧上）。因此，相贯线的两面投影已确定，只需求出其正面投影。作图步骤如图3−27（a）～（c）所示。

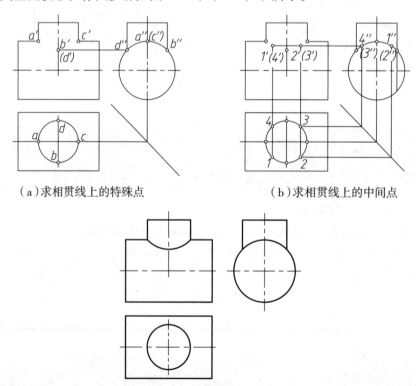

（a）求相贯线上的特殊点　　　　　　（b）求相贯线上的中间点

（c）完成作图

图 3−27 用表面取点法求作相贯线

对于图3-27所示的相贯情况，若是两圆柱的直径差别较大，也可采用近似画法绘制相贯线，即用一段圆弧代替相贯线。圆弧的圆心位于轴线上且半径等于大的圆柱半径，如图3-28中$R=D/2$。

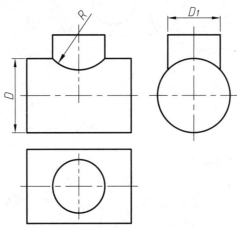

图 3-28　相贯线的近似画法

图3-29所示为两圆柱相交的另外两种常见形式。尽管形式不同，但相贯线的形状和画法都是相同的。

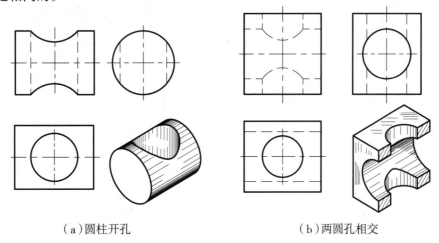

（a）圆柱开孔　　　　　　　　　（b）两圆孔相交

图 3-29　圆柱相交的不同形式

3.3.2　辅助平面法

为求得相贯线上的点，可作一个辅助平面与相贯的两立体相交，并分别作出辅助平面与两立体的截交线。由于这两组截交线均在辅助平面内，故所产生的交点即为相贯线上的点。在作出若干辅助平面后，便可求得相贯线上的一系列点。依次连接各点，就得到相贯线。

为方便作图，所选用的辅助平面应是特殊位置，并且辅助平面与两相贯立体产生的交线应为圆或直线。

【例3-9】　求作圆柱与圆锥的相贯线，如图3-30所示。

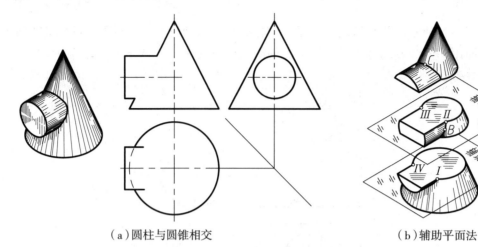

（a）圆柱与圆锥相交　　　　　　　　　（b）辅助平面法

图 3-30　圆柱与圆锥相交

作图分析：由于圆柱的侧面投影积聚为圆，所以相贯线的侧面投影被积聚在该圆上，需要作出的是相贯线的正面投影和水平投影。图3-30（b）采用水平面作为辅助平面，此辅助平面与圆锥的截交线为圆，与圆柱的截交线为两条平行线。截交线圆和两平行线的交点，即为相贯线上的点。具体作图步骤如图3-31（a）～（c）所示。

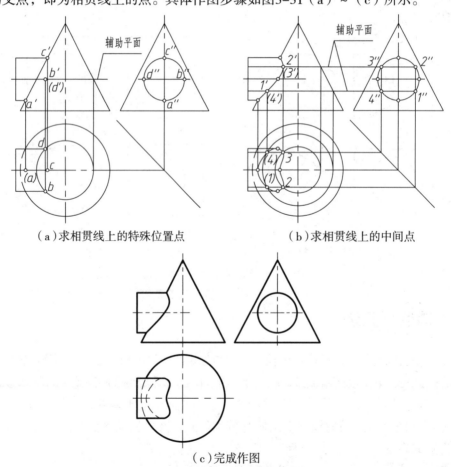

（a）求相贯线上的特殊位置点　　　　　　　　（b）求相贯线上的中间点

（c）完成作图

图 3-31　圆柱与圆锥相交

3.3.3　相贯线的特殊情况

特殊情况下，相贯线为平面曲线或直线。以下几种相贯的形式较为常见。

● 两回转体轴线相交且平行于同一投影面，若两者公切于一个圆球时，相贯线为垂直于该投影面的椭圆，如图3-32所示。

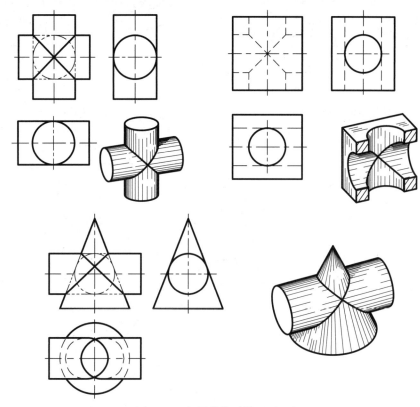

图 3-32　相贯线特殊情况（一）

● 轴线平行的两相交圆柱的相贯线为两条平行线，如图3-33所示。

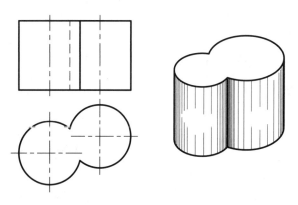

图 3-33　相贯线特殊情况（二）

● 两同轴相交回转体的相贯线为垂直于轴线的圆，如图3-34所示。

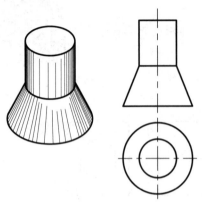

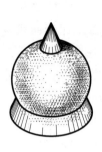

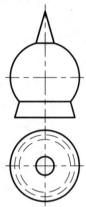

（a）圆柱与圆锥同轴相交　　　　　　　　　（b）圆锥与圆球同轴相交

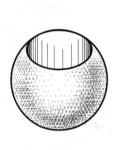

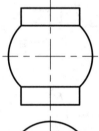

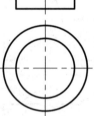

（c）圆球开孔及圆球与圆柱同轴相交

图 3-34　相贯线特殊情况（三）

【例3-10】 如图3-35所示，画出开孔圆柱的左视图。

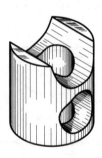

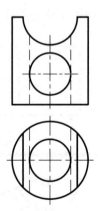

（a）开孔圆柱　　　　　　　　　（b）两面视图

图 3-35　求作开孔圆柱的左视图

作图分析：从图3-35（a）可看出，圆柱的上方开有半圆槽，下部有一个圆孔。槽、孔所形成的相贯线正面投影和水平投影均积聚为圆弧和圆。在圆柱中间有一个铅垂位置孔，此孔所形成的相贯线的正面投影和水平投影同样积聚为圆弧和圆。

◆ 绘制时需要注意铅垂位置孔与圆柱半圆槽的相贯线形状及求作方法。此外，因为铅垂位置孔与圆柱下部孔的直径相等，所以形成了特殊情况的相贯线。

具体作图步骤如图3-36（a）~（c）所示。

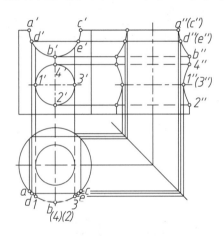

（a）求圆柱外表面的相贯线

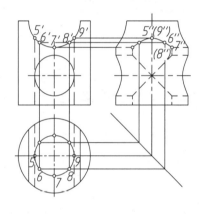

（b）求圆柱内孔的相贯线

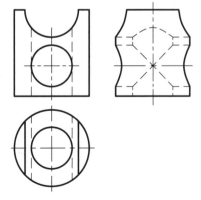

（c）完成作图

图 3-36 画出开孔圆柱的左视图

第4章

轴 测 图

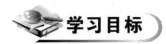 学习目标

本章主要介绍轴测图的基本知识及两种常用轴测图，以及正等测和斜二测的作图方法。

学习要求

了解：轴测图的基本知识。
掌握：正等测轴测图和斜二测轴测图的画法。

4.1 轴测图的基本知识（GB/T 4458.3—2013）

由于轴测图具有一定的立体感，能够表达物体的空间形状，因此通常作为工程上的辅助图样。

4.1.1 轴测图的形成

轴测投影图是将物体连同其参考直角坐标系，沿不平行于任一坐标面的投射线方向，用平行投影法将其投射到单一投影面（轴测投影面）上所得到的具有立体感的图形。

具有立体感是因为轴测图能够同时反映物体三个坐标面的形状，可以通过以下两种方法得到轴测图。

- 将物体与投影面调整至适当位置，仍旧采用正投影方法，将物体向单一投影面投射，用此方法画出的轴测图称为正轴测图，如图4-1所示。
- 使物体与投影面保持特殊的位置，调整投射线与投影面之间的相对位置，即采用平行斜投影方法，将物体向单一投影面投射，用此方法画出的轴测图称为斜轴测图，如图4-2所示。

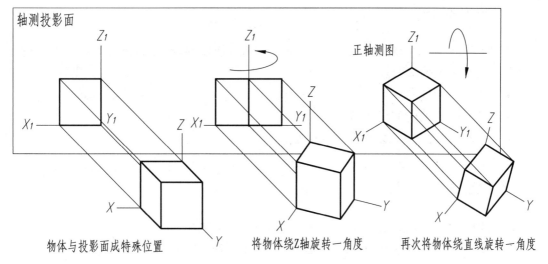

图 4-1 正轴测图的形成方法

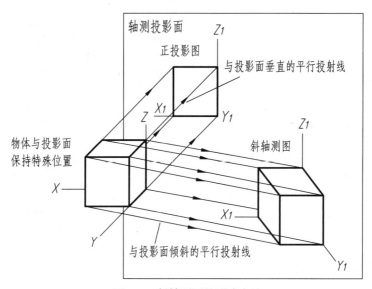

图 4-2 斜轴测图的形成方法

4.1.2 轴测图的基本概念

1. 轴测投影轴

确立物体的三个坐标轴OX、OY和OZ的轴测投影，称为轴测投影轴，简称轴测轴，记作O_1X_1、O_1Y_1和O_1Z_1，如图4-1、图4-2所示。

2. 轴间角

轴间角指两条轴测轴之间的夹角。

3. 轴向伸缩系数

轴测轴上的单位长度（分别用e_x、e_y和e_z表示）与相应坐标轴上单位长度（用e表示）的比值，称为轴向伸缩系数。

- O_1X_1轴的轴向伸缩系数为 $p_1=e_x/e$。
- O_1Y_1轴的轴向伸缩系数为 $q_1=e_y/e$。
- O_1Z_1轴的轴向伸缩系数为 $r_1=e_z/e$。

4.1.3　轴测图的种类

如按轴测图的形成方法不同，可分为正轴测图与斜轴测图。

按轴测图的轴向伸缩系数不同，又可分为以下几种。

- 若$p_1=q_1=r_1$，称为等测轴测图，根据轴测图的形成方法，又有正等测和斜等测之分。
- 若$p_1=r_1\neq q_1$，称为二测轴测图，分为正二测图和斜二测图两类。
- 若$p_1\neq q_1\neq r_1$，称为三测轴测图，分为正三测和斜三测轴测图。

在上述各种轴测图中，应用较多的是正等测和斜二测。

4.1.4　轴测图的性质

各种轴测图均有以下两点性质。

- 物体上相互平行的线段，其轴测投影仍平行。
- 物体上平行某坐标轴的线段，其轴向伸缩系数与该轴的轴向伸缩系数相同。

4.2　正等测轴测图

4.2.1　轴间角和轴向伸缩系数

使直角坐标系的三条坐标轴OX、OY和OZ对轴测投影面的倾角相等，并用正投影法将物体向轴测投影面投射，所得到的图形称为正等轴测图，简称正等测。

由于坐标轴与轴测投影面的三个倾角相等，因此正等轴测图的轴间角等于120°。各轴的轴向伸缩系数相同，即$p_1=q_1=r_1=0.82$。

为方便作图，可按简化的轴向伸缩系数$p=q=r=1$绘制正等测图。相比较，用简化系数画出的正等测图放大了1.22倍，但两者的立体效果是一样的。

在作正等测图时，通常将O_1Z_1轴摆放成竖直位置，如图4-3所示。

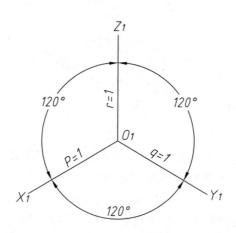

图4-3 正等测图的轴间角和轴向伸缩系数

4.2.2 平面立体的正等测画法

通过量取各点的坐标，绘制物体正等测图的方法称为坐标法。另外还有切割法、堆叠法等，但坐标法是画轴测图的基本方法。

【例4-1】 已知正六棱柱的投影图，如图4-4（a）所示，画出其正等测图。

作图分析：根据正六棱柱的形状特点，将轴测图坐标原点与其上底中心相对应。为了减少作图线，一般按从上往下、从前往后的顺序绘制轴测图。具体作图步骤如图4-4（b）~（e）所示。

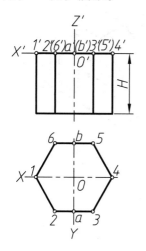

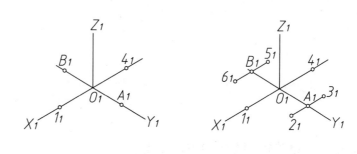

（a）投影图 　　　　　　　（b）根据坐标确定上底各点在轴测图中的位置

图4-4 画出六棱柱的正等测图

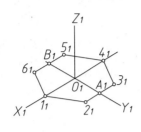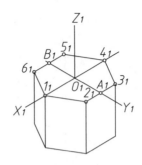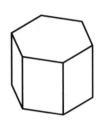

（c）画出上底的正等测图　　（d）根据六棱柱高度画出各棱线及下底　　（e）完成作图

图 4-4　画出六棱柱的正等测图（续）

【例4-2】　　根据立体的三视图，如图4-5（a）所示，画出其正等测图。

作图分析：视图所表达的为一个切割型立体，其原形可视为一个长方体。绘制此类立体的轴测图一般采用切割法，即先作出其原形长方体的轴测图，然后按视图中的位置切去各部分，具体作图步骤如图4-5（b）～（f）所示。

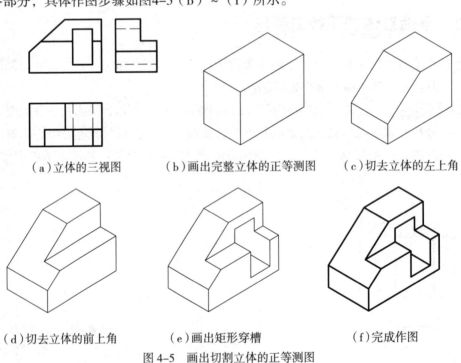

（a）立体的三视图　　　（b）画出完整立体的正等测图　　（c）切去立体的左上角

（d）切去立体的前上角　　（e）画出矩形穿槽　　　（f）完成作图

图 4-5　画出切割立体的正等测图

4.2.3　曲面立体的正等测画法

1. 圆的正等测画法

由于三个坐标轴都与轴测投影面倾斜，因此平行于坐标面圆的正等测图均为椭圆，如图4-6所示。

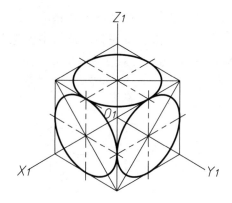

（a）平行于坐标面圆的正等测图

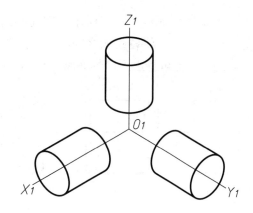

（b）三种位置圆柱的正等测图

图4-6　圆的正等测图

由图4-6（a）可见，$X_1O_1Y_1$坐标面上的椭圆长轴垂直于O_1Z_1轴，$X_1O_1Z_1$坐标面上的椭圆长轴垂直于O_1Y_1轴，$Y_1O_1Z_1$坐标面上的椭圆长轴垂直于O_1X_1轴。

一般采用如图4-7（b）～（e）所示的近似画法绘制正等测图中的椭圆。

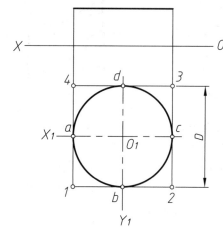

（a）圆的投影图

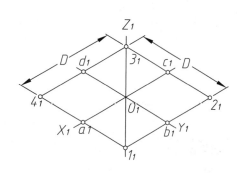

（b）作出圆的外切正方形的正等测图（为菱形）

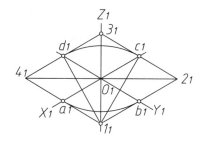

（c）画出两条圆弧

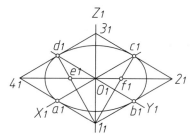

（d）画出另两条圆弧

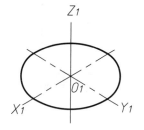

（e）完成作图

图 4-7　圆的正等测图画法

【例4－3】　画出切槽圆柱的正等测图，如图4-8所示。

作图分析：绘制切槽圆柱的正等测图，通常先画出完整的圆柱，再作出切槽。圆柱的正等测画法如图4-8（b）所示，即先画出上底的椭圆，再按圆柱高度尺寸移动各圆心。为作图准确，应将各圆弧之间的连接点随圆心一同移动。由于下底各圆弧的半径与上底的相同，因此可绘出下底的椭圆，具体作图步骤如图4-8（b）～（f）所示。

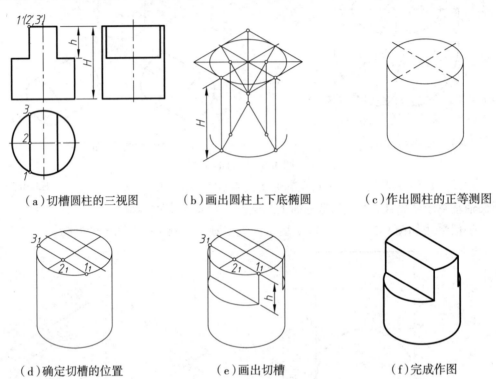

（a）切槽圆柱的三视图　　　　（b）画出圆柱上下底椭圆　　　　（c）作出圆柱的正等测图

（d）确定切槽的位置　　　　（e）画出切槽　　　　（f）完成作图

图 4-8　画出切槽圆柱的正等测图

【例4-4】　　根据立体的投影图，如图4-9（a）所示，画出其正等测图。

作图分析：由于立体上部为半个圆柱面，因此在轴测图上要绘出此半圆图形。半圆的正等测画法与整圆相同，作图步骤如图4-9（b）～（f）所示。

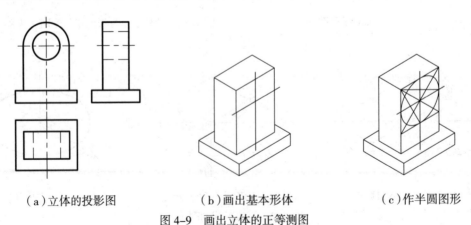

（a）立体的投影图　　　　（b）画出基本形体　　　　（c）作半圆图形

图 4-9　画出立体的正等测图

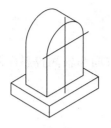

（d）作出半圆柱面

（e）画出小孔圆

（f）完成作图

图4-9 画出立体的正等测图（续）

2. 圆角的正等测画法

常见的圆角为1/4圆周，其正等测图恰好为圆的近似画法中的一段圆弧，如图4-10所示。

【例4-5】 绘制带圆角长方体的正等测图，如图4-10所示。

作图分析：先绘制长方体的正等测图，然后再画圆角。圆角的画法如图4-10（b）所示，以两条棱线的交点 a_1 为圆心，以圆角半径 R 为半径画弧与两条棱线交于 b_1、c_1 点，再过 b_1、c_1 点作相应棱线的垂线，并使所作的垂线交于 O_1 点，O_1 点即为绘制圆角轴测图圆弧的圆心。作出上底的圆角后，再移动圆心和切点至下底位置，即可作出下底的圆角。具体作图步骤如图4-10（b）~（d）所示。

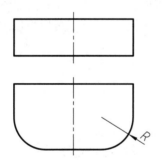

（a）立体的投影图

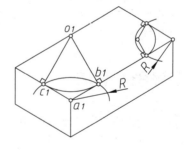

（b）画出上底两圆角

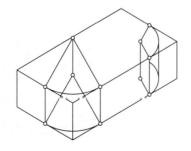

（c）移动圆心并画出下底圆角

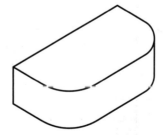

（d）完成作图

图4-10 画出带圆角长方体的正等测图

4.3　斜二测轴测图

当物体上的两条坐标轴OX和OZ与轴测投影面平行，而投射方向与轴测投影面倾斜时，所得到的轴测图为斜轴测图。

4.3.1　轴间角和轴向伸缩系数

由于XOZ坐标面与轴测投影面平行，故斜二测的O_1X_1和O_1Z_1轴间的夹角仍为$90°$，且两条轴的轴向伸缩系数相同，即$p_1=r_1=1$。

为了画图方便，标准规定$\angle X_1O_1Y_1=\angle Y_1O_1Z_1=135°$，$O_1Y_1$轴的轴向伸缩系数$q_1=0.5$，如图4-11所示。

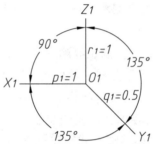

图4-11　斜二测图的轴间角和轴向伸缩系数

根据斜二测图的轴间角和轴向伸缩系数，可分析出斜二测图的特点，即物体上凡平行于XOZ坐标面的平面图形，其斜二测图均反映实形。利用这一特点可以方便地绘制单方向形状较为复杂物体的轴测图。

4.3.2　斜二测图的画法

【例4-6】　作出带孔半圆板的斜二测图，如图4-12所示。

作图分析：画斜二测图通常从最前的面开始，并沿Y轴方向分层次定位、作图。具体作图步骤如图4-12（b）~（c）所示。

（a）投影图　　　　　　（b）画出前端面图形　　　　　（c）完成作图

图4-12　作出带孔半圆板的斜二测图

【例4－7】 作出压盖的斜二测图，如图4-13所示。

作图分析：由于图形中的圆、圆弧均与XOZ坐标面平行，所以它们的斜二测图可反映实形。压盖沿Y轴方向可分为三个作图层面，各层面的中心分别为O、O_a和O_b。作图时应注意分析各层面图形的形状，并应按$q_1=0.5$的轴向伸缩系数确定各层面中心点在轴测图上的位置。具体作图步骤如图4-13（b）~（e）所示。

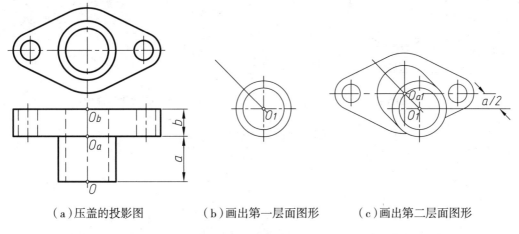

（a）压盖的投影图　　　　（b）画出第一层面图形　　　　（c）画出第二层面图形

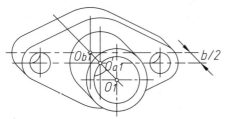

（d）画出第三层面图形

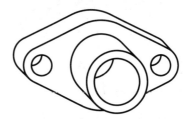

（e）完成作图

图 4-13　作出压盖的斜二测图

当圆在XOY坐标面或YOZ坐标面上时，其斜二测图均为椭圆，如图4-14所示。

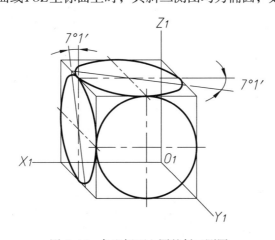

图 4-14　各坐标面上圆的斜二测图

两种位置的椭圆画法相同，图4-15为平行XOY坐标面圆的斜二测画法。

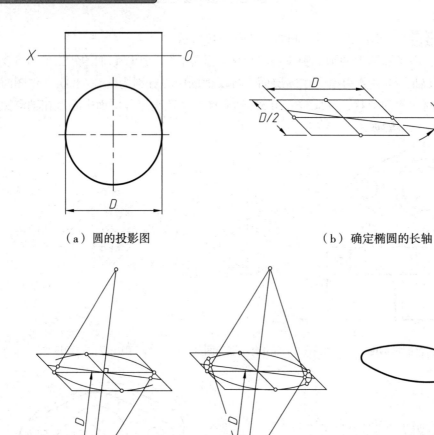

（a）圆的投影图　　　　　　　　　　（b）确定椭圆的长轴

（c）确定圆心位置并画出两圆弧　　　（d）画出另两圆弧　　　（e）完成作图

图 4-15　平行 *XOY* 坐标面圆的斜二测画法

第5章

组 合 体

学习目标

本章将主要介绍组合体的基本知识，以及组合体的画图、看图和尺寸标注方法。

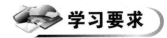

学习要求

掌握： 组合体的形体分析方法，以及组合体的画图、看图和尺寸标注的操作步骤与方法。

5.1 组合体的形体分析

任何复杂的形体都可以看成是由一些基本体通过一定的组合方式构成的，由若干基本体组成的复杂形体称为组合体。

5.1.1 组合体的组合方式

组合体的组合方式可分为叠加、切割和综合三种类型。

1. 叠加型

各基本体通过表面相接触所构成的立体称为叠加型组合体，如图5-1所示。

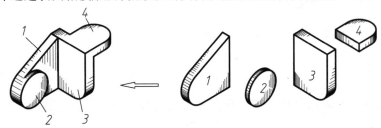

图 5-1 叠加型组合体

2. 切割型

在基本体上切去一些部分后所形成的立体称为切割型组合体，如图5-2所示。

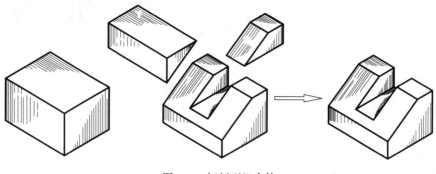

图 5-2 切割型组合体

3. 综合型

综合型组合体是指通过叠加和切割两种方式组成的立体，如图5-3所示。

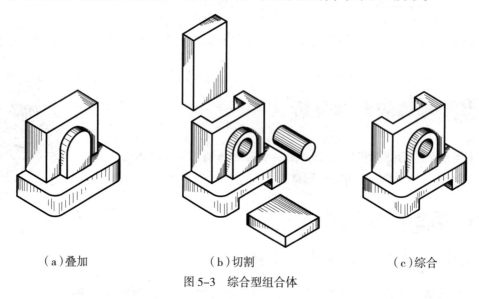

（a）叠加　　　　　　　（b）切割　　　　　　　（c）综合

图 5-3 综合型组合体

5.1.2 组合体的表面连接关系

组合体的表面连接关系有表面平齐、表面不平齐、表面相切和表面相交四种类型。

1. 表面平齐

若形体间的相邻表面是平齐的，则在平齐的表面结合处没有分界线，如图5-4（a）所示。

2. 表面不平齐

若形体间的相邻表面是不平齐的，则在形体表面结合处必有一条分界线，如图5-4（b）所示。

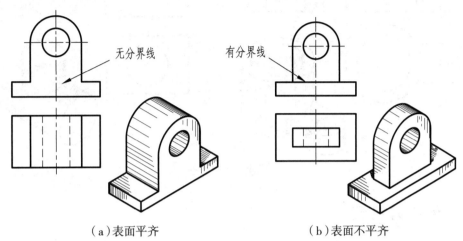

（a）表面平齐　　　　　　　　　　（b）表面不平齐

图 5-4　表面的平齐与不平齐

3. 表面相切

相切的表面虽有一条切线，但应注意的是，相切部位属于光滑过渡，不应在视图中画出切线的投影，如图5-5所示。

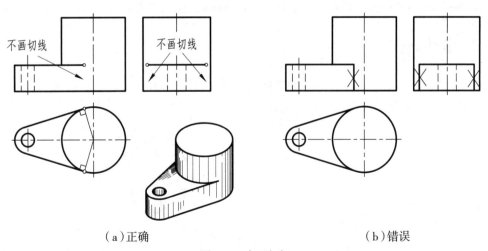

（a）正确　　　　　　　　　　　（b）错误

图 5-5　表面相切

4. 表面相交

当两个形体表面相交时，在相交处会产生交线，应画出交线的投影，如图5-6所示。

机械制图(第五版)

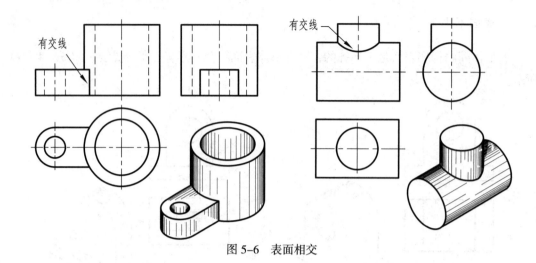

图5-6 表面相交

5.1.3 形体分析法

形体分析法是指对组合体的组合方式、各组成部分的形状和位置，以及表面连接关系等进行综合分析的方法。形体分析法是绘制组合体视图、读图和进行尺寸标注的基本操作方法。

5.2 组合体视图的画法

本节将以图5-7所示轴承座为例，介绍画组合体三视图的方法和步骤。

5.2.1 形体分析

在画图之前，首先应对组合体进行形体分析，即分析其组合方式，各组成部分的形状和位置，以及相邻部分之间的表面连接关系。

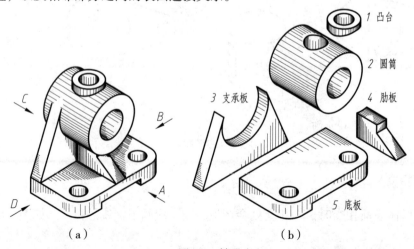

（a） （b）

图5-7 轴承座

如图5-7（a）所示的轴承座为一个综合型的组合体。该形体由凸台1、圆筒2、支承板3、肋板4和底板5组成，如图5-7（b）所示。其中凸台与圆筒相交，产生相贯线。支承板与圆筒为相切的表面连接关系，肋板两侧分别与圆筒表面相交。

5.2.2　选择主视图

通过视图选择，应使主视图能够反映组合体的形状特征，同时还要考虑到尽量减少视图中的虚线。比较如图5-7（a）所示的A、B、C、D 4个不同方向，选取A向观察所得视图作为轴承座的主视图。主视图的投射方向确定后，另两个视图也随之确定。

5.2.3　确定绘图比例和图幅

应根据物体大小和复杂程度，选择国家标准规定的比例和图幅。在确定图幅时，应留出一定的位置用于标注尺寸和画标题栏。

5.2.4　绘制底图

绘图前先计算各视图的尺寸，再通过定位基准线将各视图布置在适当位置。一般以物体的中心线、轴线、对称线、底面或端面等作为视图的定位基准线。

1. 画叠加类组合体

一般是按先主要形体，后次要形体的作图顺序，依次画出组合体的各组成部分。轴承座三视图的画图步骤如图5-8（a）～（d）所示。

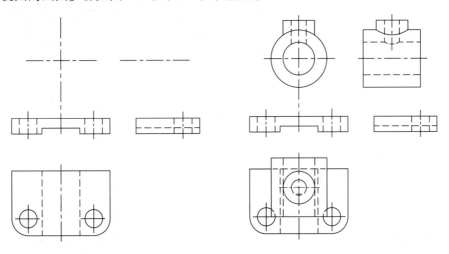

（a）定位并画出主要形体　　　　　　　（b）画出圆筒及凸台

图5-8　叠加类组合体的画图步骤

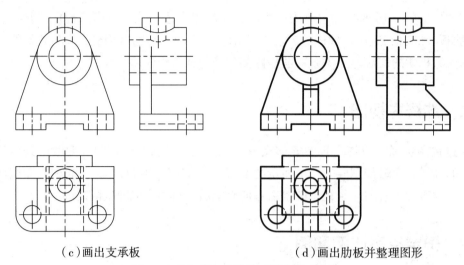

（c）画出支承板　　　　　　　　　（d）画出肋板并整理图形

图5-8　叠加类组合体的画图步骤（续）

2. 画切割类组合体

图5-9所示为一个切割类组合体。作图时，一般先画出未切割的原形，然后在组合体原形的基础上切去各部分，画图步骤如图5-10（a）～（d）所示。

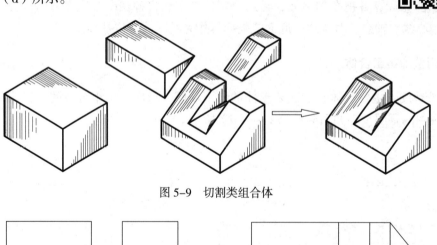

图5-9　切割类组合体

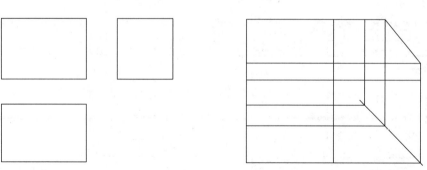

（a）画出原形　　　　　　　　　　　（b）切去上前角

图5-10　切割类组合体的画图步骤

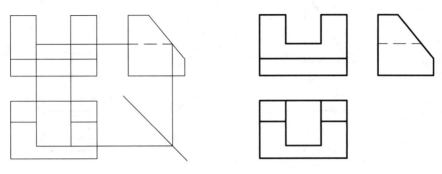

（c）切去中间槽　　　　　　　　　　　（d）完成作图

图 5-10　切割类组合体的画图步骤（续）

5.2.5　检查、描深

底稿完成后应细心检查，尤其要注意视图间的投影对应关系及各部分的表面连接情况。将作图线擦除后，再加深图线。

5.3　组合体视图的尺寸标注

视图只能表达物体的形状，而物体的大小及物体上各部分的相对位置，则由视图中的尺寸决定。标注组合体视图的尺寸应注意以下几点。

- 尺寸标注的形式应符合国家标准的规定。
- 标注的尺寸应完整。
- 尺寸排列要整齐、尺寸数字应标注清楚。

5.3.1　基本体的尺寸标注

基本体的尺寸标注方法是标注组合体尺寸的基础。常见基本体尺寸的标注如图5-11所示。

5.3.2　截断体和相贯体的尺寸标注

对于截断体，除了要标注确定其大小的定形尺寸，还应标注确定截平面位置的定位尺寸。由于截交线是平面截切立体后，在立体表面上自然形成的交线，因此不标注截交线的尺寸，如图5-12所示。

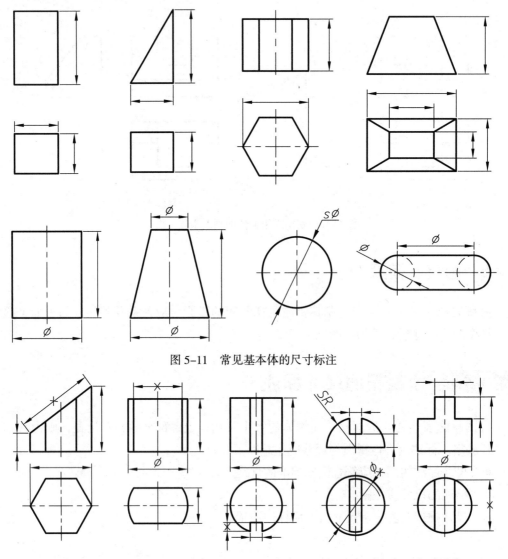

图 5-11　常见基本体的尺寸标注

图 5-12　截断体的尺寸标注

若是相贯体，则应标注出两个相交立体的定形尺寸和确定两个相交立体相对位置的定位尺寸，不应标注相贯线的尺寸，如图5-13所示。

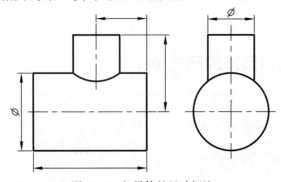

图 5-13　相贯体的尺寸标注

5.3.3　组合体的尺寸标注

1.尺寸种类

在组合体视图中，一般应标注下列类型的尺寸。

- 定形尺寸：确定组合体各部分形状大小的尺寸。
- 定位尺寸：确定各组成部分相对位置的尺寸。
- 总体尺寸：组合体的总长、总宽和总高。但通过所标注的前面两种类型的尺寸，可以计算出总体尺寸的，一般不再另行标注总体尺寸。

2.尺寸基准

标注定位尺寸的起点，称为尺寸基准。由于组合体各部分的相对位置需要在长、宽、高三个方向定位，因此，组合体在长、宽、高三个方向至少各有一个尺寸基准。

◆ 通常选取组合体的对称面、底面、端面以及回转体轴线等作为尺寸基准。

3.组合体尺寸标注的方法与步骤

在标注尺寸时，先将组合体分解为若干基本体，然后逐个标注出尺寸，如图5-14所示。

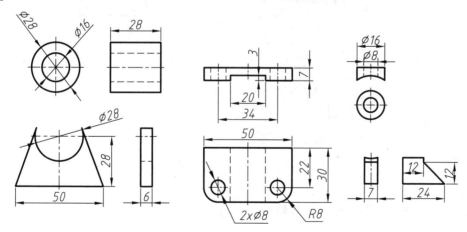

图 5-14　标注各部分的尺寸

完成组合体的分解和各基本体的尺寸标注后，则要选择尺寸基准，标注确定各部分相对位置的定位尺寸，如图5-15所示。

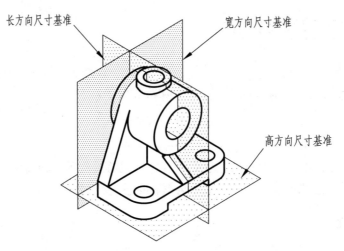

图 5-15　选择尺寸基准

　　最后分析尚需标注的总体尺寸。在图5-16中，组合体的总长即为底板长方向的定形尺寸，其总的宽度可通过图中所标注的尺寸计算出，便不再另行标注。需要标注的是轴承座的总高，即图中以底面为高方向的尺寸基准，标注总高54。

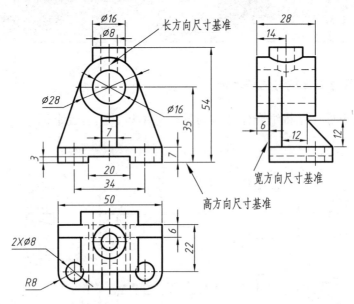

图 5-16　标注定位尺寸和总体尺寸

在标注组合体尺寸时，应注意以下几点。

● 尽量将尺寸标注在反映形体特征最为明显的视图上。

● 对同一形体的定形尺寸和相关联的定位尺寸应集中标注。

● 为保持图形的清晰，尺寸尽量标注在视图外面，并排列在两个视图的中间。

● 圆弧的半径尺寸必须标注在投影为圆弧的视图中。

● 为便于看图，尽量避免在虚线上标注尺寸。

常见结构的尺寸标注方法如图5-17所示。

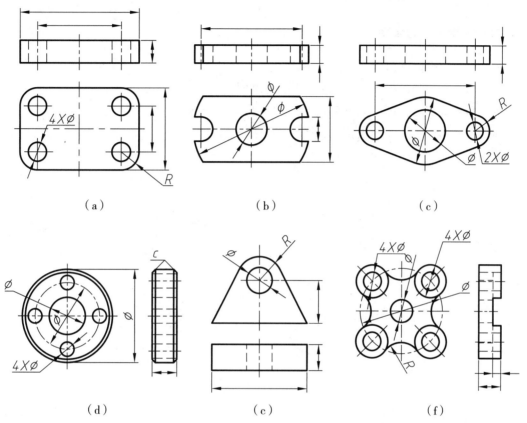

（a）　　　　　　　　（b）　　　　　　　　（c）

（d）　　　　　　　　（c）　　　　　　　　（f）

图 5-17　常见结构的尺寸标注方法

从图5-17中可以看出，当圆弧为形体的轮廓线时，一般不标注总体尺寸，而需标注确定圆心位置的定位尺寸及圆弧的定形尺寸，如图5-17（c）、（e）、（f）所示。对于作为圆角的圆弧，则既要标注圆角半径，也要标注出总体尺寸，如图5-17（a）所示。

现将标注组合体尺寸的步骤归纳如下。

● 分析形体的结构特点。

● 标注定形尺寸。

● 选择尺寸基准，标注定位尺寸。

● 分析并标注总体尺寸后，检查有无多余或遗漏的尺寸，并对所注尺寸的排列位置做适当调整。

5.4　读组合体的视图

画图和读图是学习本课程的两个重要环节。画图是把空间形体用正投影方法表达在平面上，而读图则是根据视图想象出物体空间形状的过程。实现这两个过程不但需要具备丰富的空间想象能力，而且要掌握读图的基本知识和方法。

5.4.1 读图的基本知识

1. 视图中图线的含义

视图中的图线一般由以下三种情况形成。

● 两表面交线的投影，如图5–18中所示的Ⅰ线。

● 面的积聚性投影，如图5–18中所示的Ⅱ线。

● 回转体轮廓素线的投影，如图5–18中所示的Ⅲ线。

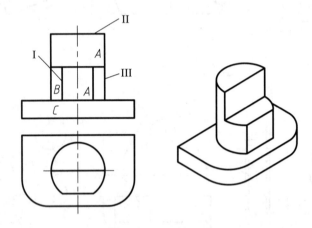

图 5–18　视图中的图线及线框的含义

2. 视图中线框的含义

视图中的图框一般由下列三种情况形成。

● 平面的投影，如图5–18中所示的A线框。

● 曲面投影，如图5–18中所示的B线框。

● 复合面的投影，即平面与曲面相切的表面，如图5–18中所示的C线框。

 注意

◆ 在读图时应根据投影规律结合相应的视图，对视图中图线和线框的具体意义进行判别。

3. 读图要点

（1）联系多个视图

一般情况下，观察一个视图不能完全确定物体的形状。如图5–19所示，虽然五组视图的主视图形状相同，但对照俯视图才可以看出它们形状的区别。因此，读图时要将多个视图相联系，分析和构思物体的空间形状。

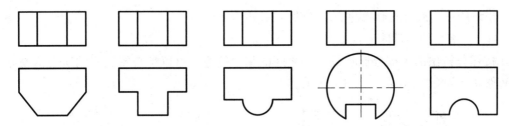

图 5-19 联系多个视图

（2）抓特征视图

能够较好地反映物体形状特征的视图，称为特征视图。抓住形体的特征是准确、快速地想象出物体空间形状的重要一步。

图5-20所示的支架由4部分叠加而成。其中，主视图反映了1、2小块的形状特征；俯视图反映了4小块的形状特征；左视图反映了3小块的形状特征。

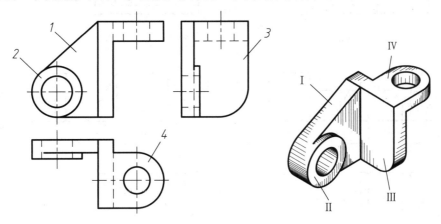

图 5-20 支架的特征视图

5.4.2 读图的基本方法

1. 形体分析法

按照投影规律将组合体视图分解为若干部分，在分析出各部分的形状和相对位置后，综合想象出物体空间形状的方法称为形体分析法。下面以图5-21所示的组合体为例，介绍形体分析法的应用。

（1）按投影规律分解视图

可将组合体的主视图分解为4个线框，每个线框表示一个组成部分，如图5-21（a）所示。

（2）联系几个视图想象出各部分的空间形状

如图5-21（b）所示，线框1的主、俯视图均为矩形，左视图为带有一道折弯的封闭线框。因此，该形体是一块直角弯板，其上钻有两圆孔。对照三个视图可以想象出线框2为中间挖了半圆槽的长方体，如图5-21（c）所示。线框3、4为对称图形，主视图可反映出两个小块的三角形板的形状特征，如图5-21（d）所示。

（3）综合想象整体形状

按照分析出的各部分形状及它们之间的相对位置，可以综合想象视图所表达物体的空间形状，如图5-21（e）、（f）所示。

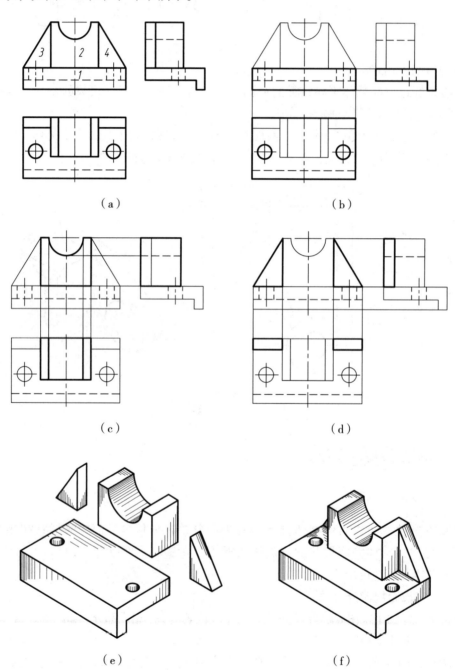

（a）

（b）

（c）

（d）

（e）

（f）

图5-21　用形体分析法读图

2. 线面分析法

对于切割类组合体，一般采用线面分析法读图。

线面分析法就是按照投影规律，将视图分解为线和线框（面），再联系各视图分析出线、线框所表示的物体各表面的形状，最后根据相对位置关系想象出整体形状。下面以图5-22（a）所示压块为例，说明线面分析法的读图方法。

（1）分析立体各表面的形状和位置

由图5-22（b）可知，由于压块的三个视图都以矩形线框为主要轮廓，因此其原形可视为一个长方体。在压块的左视图中间位置有一个矩形线框A，与其对应的主视图和俯视图均为直线，由此可见A线框为一个侧平面，其侧面投影反映实形。

对应于俯视图和左视图梯形线框B的是主视图左上角的斜线，即可知B为一个正垂面，如图5-22（c）所示。

由图5-22（d）所示，主视图和左视图中的梯形线框C，对应于俯视图为一条斜线，即C面为一个铅垂面。

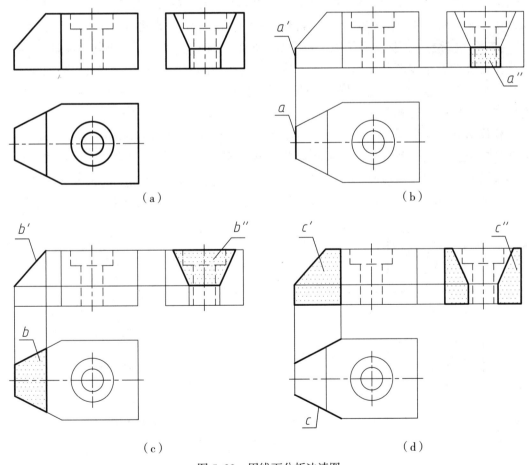

（a）　　　　　　　　　　　　　　（b）

（c）　　　　　　　　　　　　　　（d）

图5-22　用线面分析法读图

（2）综合想象整体形状

分析出各表面的形状后，再按各面之间的相对位置拼合出整体形状，如图 5-23 所示。

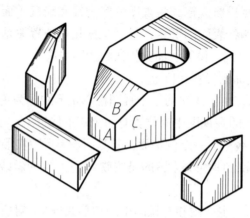

图 5-23　压块

通过上述分析可知，当特殊位置平面截切物体后，定会在某个视图上产生积聚性投影，从而明显地反映出截面的位置特征，再根据平面的投影特性，即可分析出截面的形状。

【例5-1】　根据支座的主、俯视图，如图5-24（a）所示，补画其左视图。

由已知的两个视图补画第三视图，是培养读图和画图能力的有效方法。补画视图一般可以分为两步进行：首先根据给出的视图，分析出物体的形状；然后按视图间的投影对应关系，画出第三视图。

作图分析：可将支座的主视图分为3个部分，与俯视图相对应便可分析出线框1为支座的底板。长方体的底板左、右两侧有圆角，后部有一个矩形竖槽，底部开有一个穿槽。线框2是带有半圆头的长方体，其中间有一个通孔。线框3为直立的长方体，其后部开一个通槽，中间有一个圆孔。具体作图步骤如图5-24（b）～（d）所示。

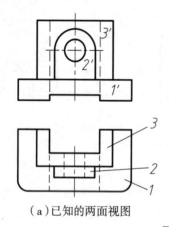

（a）已知的两面视图　　　　　　　　　　（b）分析支座的空间形状

图5-24　补画支座的左视图

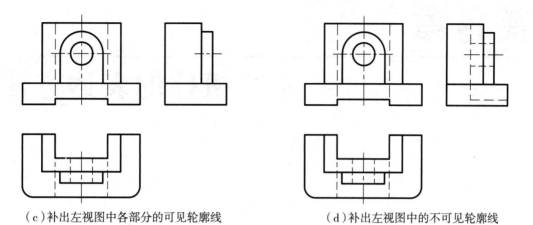

（c）补出左视图中各部分的可见轮廓线　　　　　　（d）补出左视图中的不可见轮廓线

图5-24　补画支座的左视图（续）

第6章

机件的表达方法

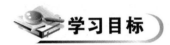 **学习目标**

本章将重点介绍国家标准规定的表达机件形状的各种方法，主要包括视图、剖视图、断面图及其他一些常用方法。

学习要求

了解：各种表达方法的作用。

掌握：视图、剖视图、断面图等的画法和标注方法，并能综合应用各种方法表达机件的结构和形状。

在生产实际中，若机件的形状、结构比较复杂，仅用三视图的方法难以将机件的内外结构表达清楚。而对于一些形状简单的机件，只需一个或两个视图便可将其表达清楚。为此，国家标准规定了机件各种表达方法。

6.1 视图

视图主要用于表达机件的外部结构和形状，一般只画出机件的可见部分，必要时才用虚线表现其不可见部分。视图分为基本视图、向视图、局部视图和斜视图四种。

6.1.1 基本视图

国家标准规定，对于较为复杂的机件可以采用六个投影面表达其形状，这六个投影面构成一个正六面体，称为基本投影面。将物体放置于由基本投影面组成的体系内，分别向各基本投影面投射所得到的视图称为基本视图，如图6-1所示。

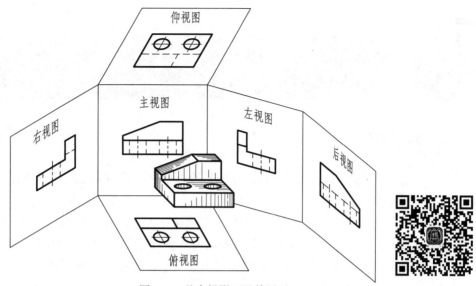

图 6-1　基本投影面及其展开

在六个基本视图中，除前面介绍的主视图、俯视图和左视图外，增加的三个视图分别为右视图、仰视图和后视图。投影面展开后，各视图的配置关系如图6-2所示。

在同一张图纸内，如按图6-2所示位置摆放视图，则不需标注视图名称。

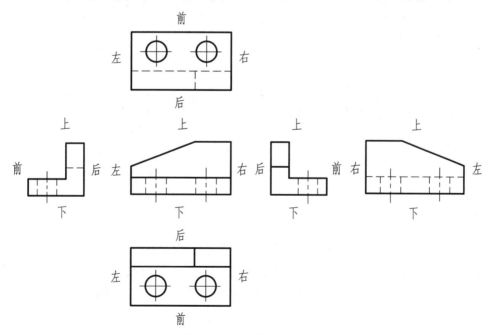

图 6-2　基本视图的配置

在六个基本视图之间，仍符合"长对正、高平齐、宽相等"的投影规律。图6-2还标明了各视图的方位关系，作图时应注意以下两点。

● 围绕主视图的四个视图，靠近主视图一侧的方位均位于物体的后方。

● 后视图与主视图为相反的左右方位关系。

注意

◆ 应根据机件的形状和结构特点选用必要的基本视图，一般优先选用主视图、俯视图和左视图。

6.1.2　向视图

为便于各个视图在图样上的布局，国家标准规定了一种可以自由配置的视图，即作图时可根据需要调整视图的位置，或是将视图画在另一张图纸上，此类视图称为向视图。

采用向视图表达方法时，应在向视图的上方标注大写的拉丁字母，并在相应的视图附近用箭头指明向视图的投射方向，同时在箭头旁标注相同的字母，如图6-3所示。为便于看图，一般将表示投射方向的箭头配置在主视图上，而表示后视图投射方向的箭头，则配置在左视图或右视图上。

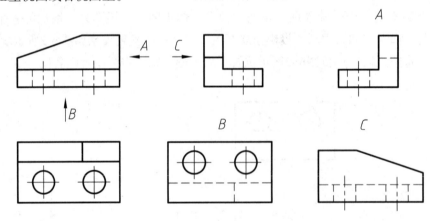

图6-3　向视图及其标注

6.1.3　局部视图

将物体的某一部分向投影面投射所得到的视图称为局部视图。

如图6-4所示的机件，主、俯两个基本视图已将其主要结构表达清楚，所采用的两个局部视图表达出机件左侧凸台和右侧凹槽的形状，且简化了作图（省略了左视图和右视图中的其他结构）。

1.局部视图的画法

● 一般用波浪线或双折线表示局部视图的断裂边界线，如图 6-4 中的 A 向局部视图。

● 当被表达的部分为一个封闭图形时，可省略波浪线，如图 6-4 所示为凸台的局部视图。

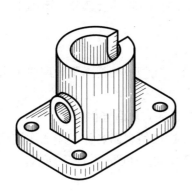
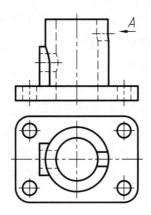
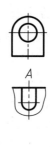

图 6-4　局部视图

2. 局部视图的配置

局部视图通常配置在基本视图的位置，也可按向视图的方法配置局部视图。

3. 局部视图的标注

● 一般应在局部视图上方用大写拉丁字母标注视图的名称，并在相应视图附近用箭头指明投射方向，同时标注相同的字母。
● 若局部视图按基本视图配置，中间没有其他图形隔开时，可省略标注。

6.1.4　斜视图

物体向不平行于基本投影面的平面投射所得到的视图，称为斜视图。图 6-5 所示为压紧杆的三视图。由于压紧杆上有一个倾斜的耳板，其俯视图和左视图均不能反映实形，因此，为表达压紧杆倾斜结构的实际形状，可以加一个与倾斜结构平行的正垂面作为新的投影面，并沿垂直于新投影面的方向投射，便可得到反映倾斜结构实形的投影，如图 6-6（a）所示。

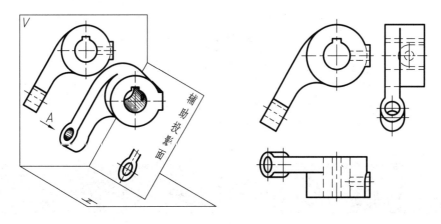

图 6-5　压紧杆三视图及斜视图的形成

由于斜视图主要用于表达机件的倾斜部分的实形，因此其余部分可不画出。斜视图的断裂边界用波浪线或双折线表示。

画斜视图时应注意以下几点。

● 必须用大写字母在视图上方标出视图的名称，在相应的视图附近用箭头指明投射方向，并标出同样的字母（字母应按水平方向书写）。

● 斜视图一般按投影关系配置，必要时也可配置在其他适当位置。

● 为方便作图，允许将斜视图旋转放正。但在标注斜视图名称时应加注旋转符号，并使表示视图名称的字母靠近旋转符号的箭头端，如图6-6（b）所示。

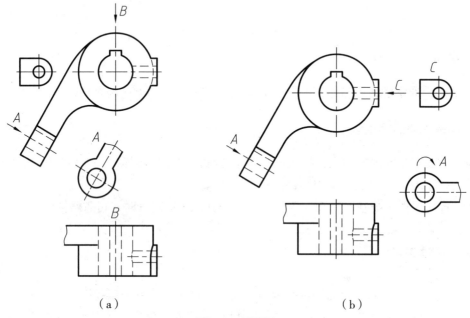

（a）　　　　　　　　　　　　（b）

图6-6　斜视图

旋转符号的画法如图6-7所示。

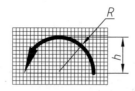

$h=$ 字体高度　$R=h$　符号线宽 $=\dfrac{1}{10}h$

图6-7　旋转符号画法

注意

◆　请读者分析图6-6（a）、（b）在机件表达方法上的区别。

6.2 剖视图

6.2.1 剖视图的概念

1. 剖视图

图6-8所示为一个机件的两面视图。当机件的内部结构比较复杂时,视图中过多的虚线不便于画图、看图和标注尺寸。为了清楚地表达机件的内部结构,国家标准规定了剖视图的画法。

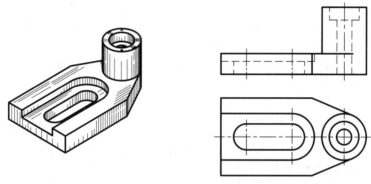

图 6-8 机件的视图

如图6-9所示,用一个假想剖切面在机件的适当位置将其剖开,移去观察者和剖切面之间的部分,而将其余部分向投影面投射,并在机件被剖切处画上剖面符号所得到的图形,称为剖视图。

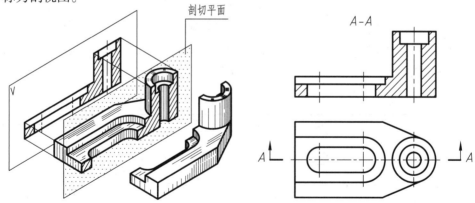

图 6-9 剖视图的概念

2. 画剖视图应注意的事项

画剖视图时应注意以下几点。

- 剖切面一般应通过机件上需要表达的内部结构的对称面,且与基本投影面平行。
- 由于是假想地剖开机件,因此其他视图仍应完整地画出。
- 剖开机件后,凡是可见的轮廓线均应在剖视图中画出,如图6-10所示。

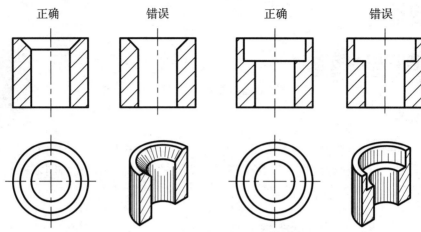

图 6-10   剖视图中的可见轮廓线

● 一般不画出剖视图中的虚线，但若为减少视图的数量也可在剖视图中画出少量的虚线，如图6-11所示。

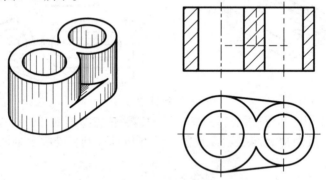

图 6-11   剖视图中的虚线

● 剖切面与物体的接触部分称为剖面区域。绘制剖视图时，应按标准规定在剖面区域画出剖面符号。常见材料的剖面符号如表6-1所示。

表6-1   剖面符号

金属材料 （已有规定剖面符号者除外）		转子、电枢、变压器和电抗器等的叠钢片	
非金属材料 （已有规定剖面符号者除外）		砖	
线圈绕组元件		混凝土	
型砂、填砂、粉末冶金、砂轮、陶瓷刀片、硬质合金刀片等		钢筋混凝土	

（续表）

玻璃及供观察用的其他透明材料	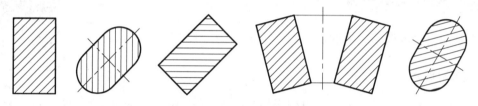	基础周围的泥土	
木材	纵断面		木质胶合板（不分层数）	
			格网（筛网、过滤网等）	
	横断面		液体	

表示金属材料的剖面符号为一组间隔相等、方向相同的平行细实线，简称剖面线。一般将剖面线画成与断面外轮廓线或剖面区域的对称线成45°，如图6-12所示。

图 6-12 剖面线的画法

注意

◆ 对于同一机件的各个剖面区域，其剖面线的倾斜方向应一致，间隔要相同，且两条平行的剖面线之间的最小间距不小于0.7mm。

3. 剖视图的标注方法

通常要对剖视图进行标注，标注剖视图的一般方法是：在剖视图上方用大写拉丁字母表示剖视图的名称，如$A - A$。在相应视图中的剖切面起、迄处和转折位置画上剖切符号（为4~6mm的粗实线），并在剖切符号两端外侧画出指明投射方向的箭头，然后标注相同的字母，如图6-9所示。

当剖视图按投影关系配置，且中间没有其他图形隔开时，可省略箭头。

注意

◆ 当单一剖切平面通过机件的对称面或基本对称面，且剖视图按投影关系配置，视图间又没有其他图形隔开时，可省略标注，如图6-13所示。

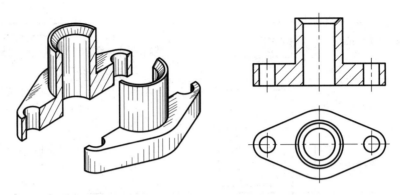

图 6-13 省略标注的剖视图

6.2.2 剖视图的种类

剖视图有全剖视图、半剖视图和局部剖视图三种类型。

1.全剖视图

用剖切面将机件完全剖开所得到的剖视图称为全剖视图，如图6-9、图6-11、图6-13所示。由于将机件完全剖开，其外形不能在全剖视图中充分表达，因此，全剖视图适用于表达外形较为简单的机件，或是机件的外形另有视图能够表达清楚的情况。

2.半剖视图

当机件具有对称平面，在将其向垂直于对称平面的投影面投射时，以对称中心线为界，一半画成剖视图，另一半画成视图，这种合并而成的图形称为半剖视图。图6-14所示的主视图即为半剖视图。

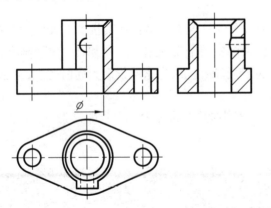

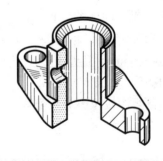

图6-14 半剖视图

半剖视图既保留了机件的外形，又表达了内部结构。因此，半剖视图适用于内、外结构都需要表达的对称机件。

画半剖视图时，应注意以下几点。

● 当机件的结构为对称或基本对称时，才可使用半剖视图。对于基本对称机件，其不对称部分应在其他视图中表达清楚，如图6-15所示。

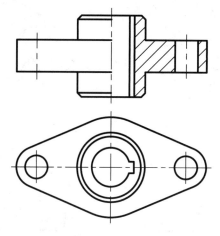

图6-15 用半剖视图表达基本对称的机件

● 在半剖视图中，视图与剖视图应以对称线为界，如图6-16所示。

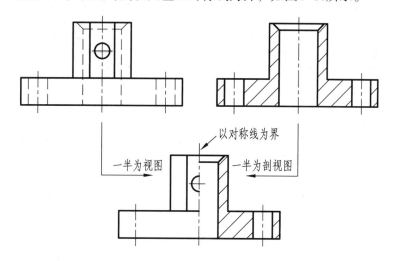

图6-16 以对称线作为视图与剖视图的分界线

● 对于剖视图中已表达清楚的内部结构，其在视图一侧的虚线应省略不画，但应画出该结构的中心线，如图6-15、图6-16所示。
● 半剖视图的标注方法与全剖视图相同。

3. 局部剖视图

用剖切面局部剖开机件所得到的剖视图，称为局部剖视图。

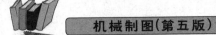
局部剖视图适用于以下几种情况。

- 需要表达的内部结构范围较小，如图6-17（b）中的主视图左侧小孔及俯视图前端小孔。

- 需要保留机件的外形而不宜采用全剖视图的情况，如图 6-17（b）中所示的主视图。

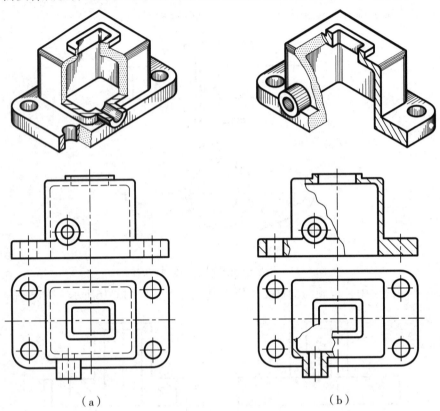

（a）　　　　　　　　　　　（b）

图 6-17　局部剖视图

- 在机件的对称位置恰有一条轮廓线，而不宜采用半剖视图的情况，如图6-18所示。

正确　　　　　　　　　　　　错误

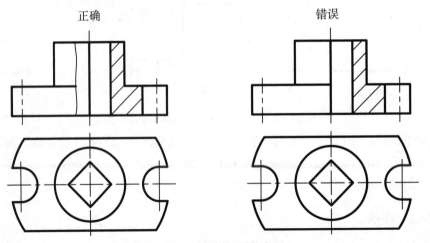

图 6-18　局部剖视图的应用

画局部剖视图时应注意以下几点。

- 一般用波浪线表示局部剖视图的范围，当被剖切的结构为回转体时，允许将该结构的中心线作为视图与局部剖视图的分界线，如图6-19所示。

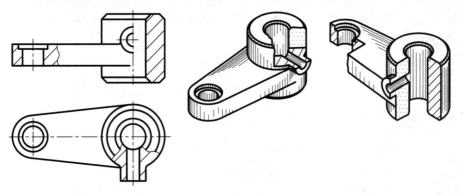

图6-19　中心线作为局部剖视图与视图的分界线

- 表示局部剖视图范围的波浪线不能画在图外，不应与其他图线重合，或作为其他图线的延长线。在机件上的孔、槽等空心结构处，应将波浪线断开，错误画法示例如图6-20所示。

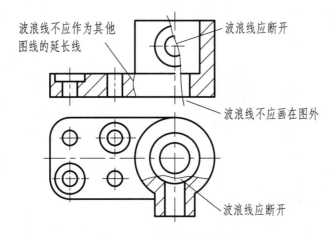

图6-20　波浪线的错误画法

- 局部剖视图是一种比较灵活的表达方法，但在一个视图中局部剖视图的数量也不宜过多，以免使图形显得零碎。
- 局部剖视图的标注同样符合剖视图的标注规则。在不致引起看图误解时，也可省略局部剖视图的标注。

6.2.3　剖切面

由于各种机件的结构形状有着较大差别，因此，国家标准规定了不同种类的剖切面。画剖视图时，应根据机件的结构特点选用适当的剖切面。

1. 单一剖切面

单一剖切面是指用一个平面或一个柱面剖开机件。本章前面所介绍的各种剖视图，采用的都是与投影面平行的剖切平面，实际上也可采用与投影面垂直的剖切面。

图6-21将一个正垂面作为剖切平面，$A-A$剖视图表达了弯管上端的方形凸缘、凸台和通孔等结构。

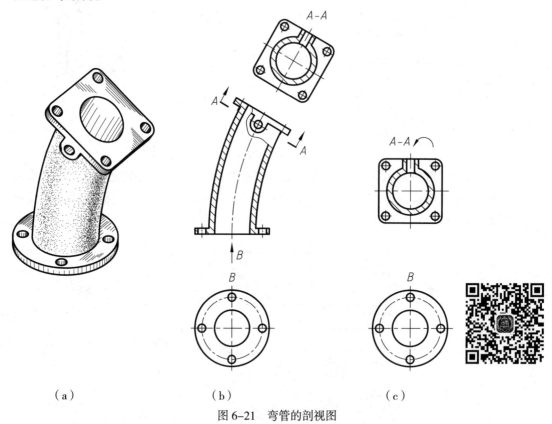

（a）　　　　　　　（b）　　　　　　　（c）

图6-21　弯管的剖视图

此类剖视图一般按投影关系配置在与剖切符号相对应的位置，也可将剖视图平移至适当位置，如果需要也可将图形旋转放正。剖视图旋转后的标注方法如图6-21（c）所示。

注意

◆ 图6-21中的主视图和$A-A$剖视图的剖面线方向和间距应保持一致。

◆ 表示视图名称的字母应水平书写。

图6-22为采用单一的剖切柱面获得的全剖视图，此类剖视图多用于表达沿圆周分布的内部结构。通常采用展开画法绘制单一柱面剖切的剖视图，其标注方法如图6-22所示。

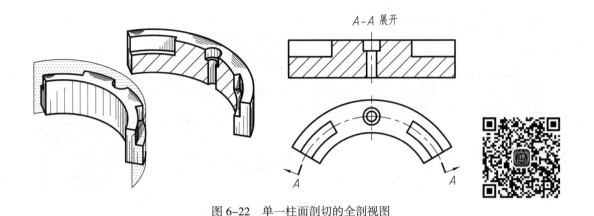

图 6-22 单一柱面剖切的全剖视图

2. 几个相交的剖切面

用几个相交的剖切面（交线垂直于某一个基本投影面）剖开机件的剖视图画法，如图6-23所示。此类剖切方法多用于表达机件上具有明显旋转中心的倾斜结构。

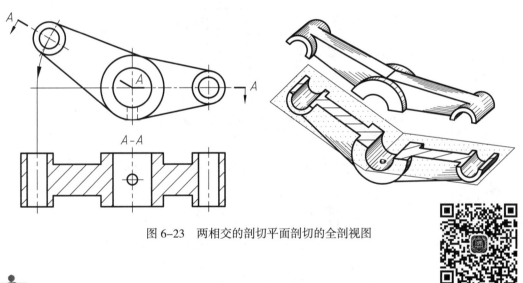

图 6-23 两相交的剖切平面剖切的全剖视图

> **注意**
>
> ◆ 画此类剖视图时，应将被剖切平面剖开的结构及其有关部分旋转到与选定的投影面平行位置后，再进行投射，并应按图示方法对剖视图做出标注。

3. 几个平行的剖切平面

当机件上具有孔、槽等不同的结构要素，且各要素的中心线排列在互相平行的平面上时，便可采用几个平行的剖切平面剖切机件，效果如图6-24、图6-25所示。

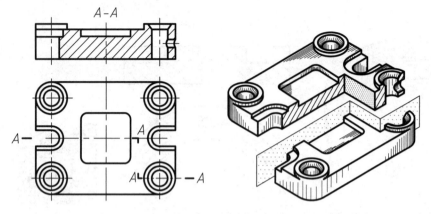

图 6-24　平行的剖切平面剖切的全剖视图

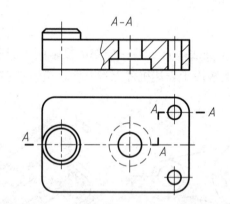

图 6-25　平行的剖切平面剖切的局部剖视图

画此类剖视图时，应注意以下几点。

● 不应在剖视图中画出剖切平面转折处的图线，如图6-26所示。

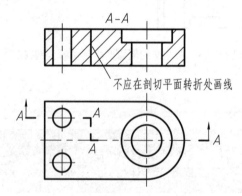

图 6-26　平行的剖切平面剖切的错误画法

● 当不同的孔、槽在剖视图中具有公共的对称中心线或轴线时，允许剖切平面在
　孔、槽中心线或轴线处转折，如图6-27所示。此时，不同的孔、槽各画一半，二
　者以共同的中心线为界。

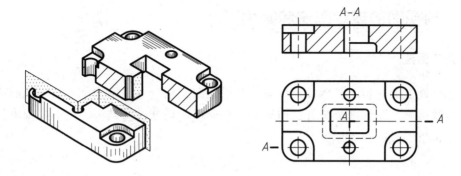

图 6-27　具有公共对称线的剖视图画法

● 剖切的结构应完整，图6-28中即出现剖切不完整的结构。

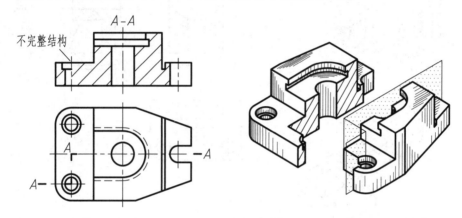

图 6-28　剖切的结构不完整

● 剖视图的标注方法如图6-27所示，但应注意，表示剖切位置的剖切符号不得与轮廓线重合，若转折处位置有限，可以省略标注字母。

图6-29所示为综合采用相交、平行的剖切平面和剖切柱面剖切机件后，所绘制的全剖视图。

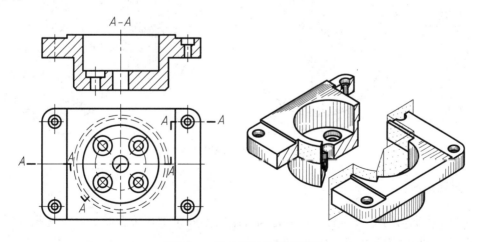

图 6-29　综合剖切的全剖视图

6.2.4 剖视图的规定画法和简化画法

1. 规定画法

对于机件上的肋板、轮辐及薄壁等，若沿纵向剖切则这些结构都不需画剖面符号，而用粗实线将其与相邻部分分开；但当剖切平面横向切断这些结构时，仍应画出剖面符号，如图 6-30、图6-31所示。

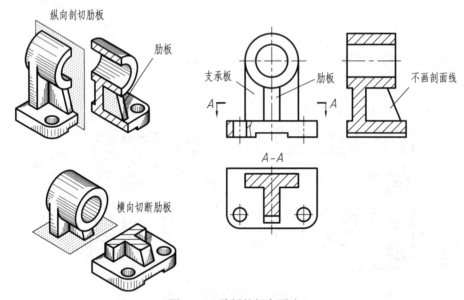

图 6-30 肋板的规定画法

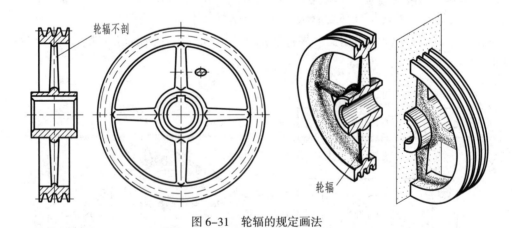

图 6-31 轮辐的规定画法

2. 简化画法

当回转体上均匀分布的肋、孔及轮辐等结构不处于剖切位置时，可将这些结构旋转至剖切平面后画出其剖视图，如图6-32所示。

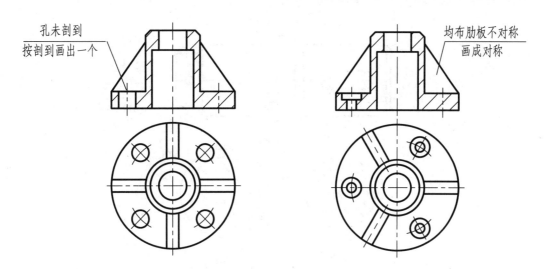

孔未剖到
按剖到画出一个

均布肋板不对称
画成对称

图6-32 均布孔、肋的简化画法

6.3 断面图

6.3.1 断面图的概念

假想用剖切面将物体某处切断，仅画出剖切面与物体的接触部分，并在其中画上剖面符号的图形，称为断面图，简称断面，如图6-33所示。

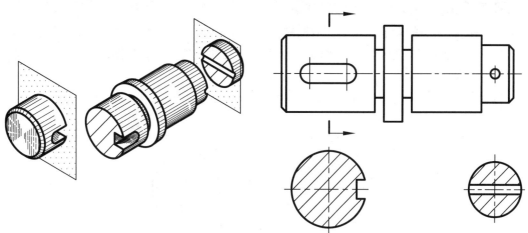

图6-33 断面图

断面图多用于表达机件上的肋、轮辐、键槽及各种型材的断面形状。

画断面图时，应注意断面图与剖视图的区别。虽然二者都要用剖切面剖切，但断面图只画出切断处的图形，而剖视图除要画出断面外，还必须画出其后所有可见的轮廓线，如图6-34所示。

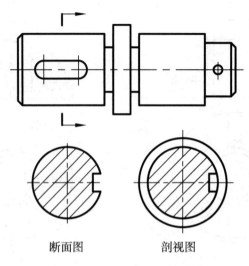

断面图　　　　　剖视图

图 6-34　断面图与剖视图的区别

6.3.2　断面图的种类及画法

断面图分为移出断面图和重合断面图两种。

1. 移出断面图

画在视图之外的断面图，称为移出断面图，如图6-33所示。

绘制移出断面图时，应注意以下几点。

① 移出断面图的轮廓线用粗实线绘制。

② 移出断面图应尽量配置在剖切符号或剖切线的延长线上，如图6-33所示。必要时也可画在其他适当位置。

③ 若断面图形为对称，也可将断面图配置在视图的中断处，如图6-35所示。

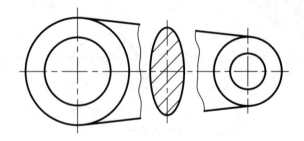

图 6-35　断面图画在视图中断处

④ 剖切平面一般应垂直于被剖切部分的主要轮廓线。当用两个或多个剖切平面剖切时，断面图中间一般用波浪线断开，效果如图6-36所示。

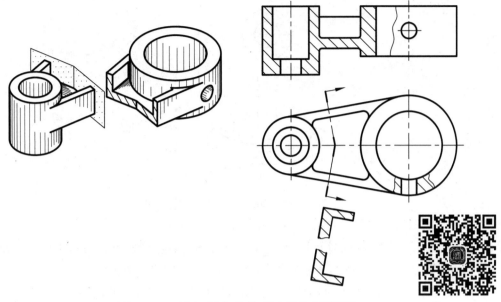

图 6-36　两个相交平面剖切画出的移出断面图

⑤ 当剖切平面通过由回转体形成的孔或凹坑的轴线时，这些结构应按剖视图的画法绘制，如图6-37所示。

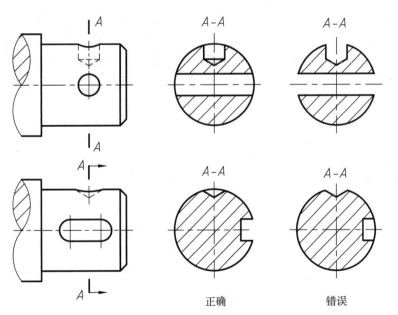

图 6-37　按剖视图画法绘制的断面图

⑥ 当剖切平面通过非圆孔，使断面图出现完全分离的两个图形时，这些结构亦按剖视图绘制，如图6-38所示。

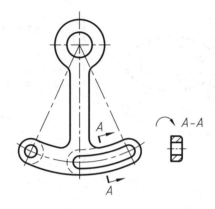

图 6-38　按剖视画法绘制的非圆孔断面图

移出断面图的标注方法如图6-39所示，应注意以下几点。

① 配置在剖切符号或剖切线延长线上的断面图，若图形对称，可省略标注。如果图形不对称，则必须用剖切符号表示剖切位置，用箭头表明投射方向。

② 按投影关系配置的不对称移出断面图可省略箭头，如*A–A*断面图。

③ 配置在其他位置的断面图，应画出剖切符号和箭头，并用大写字母标注断面图的名称，如*B–B*断面图。

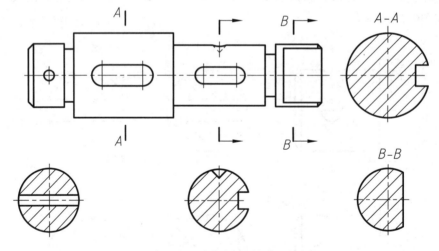

图 6-39　移出断面图的标注

2. 重合断面图

画在视图之内的断面图，称为重合断面图，如图6-40所示。

重合断面图的轮廓线用细实线绘制。当视图中的轮廓线与重合断面图的图线重叠时，视图中的图线仍应连续画出。

对称的重合断面图不必标注。不对称的重合断面图应配置在剖切符号旁，并用箭头指明投射方向，如图6-40所示。在不会引起误解时，也可省略不对称重合断面图的标注。

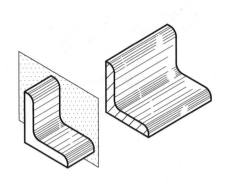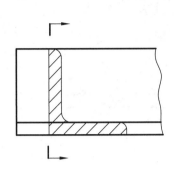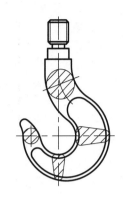

图 6-40　重合断面图

6.4　其他表达方法

6.4.1　局部放大图

用大于原图形所采用的比例画出物体上部分结构的图形，称为局部放大图，如图6-41所示。局部放大图多用于表达机件上的较小结构。

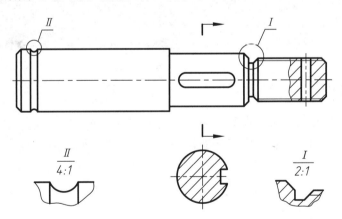

图 6-41　局部放大图

画局部放大图时，应在视图中用细实线圈出被放大的部位。若同时有几个放大的部位，则必须用罗马数字依次编号，并在局部放大图上方注出相应的罗马数字及所采用的绘图比例。局部放大图应尽量配置在被放大部位的附近。

可以根据需要将局部放大图画成视图、剖视图或断面图等，但不要求与被放大部位原来的画法相一致，必要时可以用几个图形表达同一个被放大部位的结构，如图6-42所示。

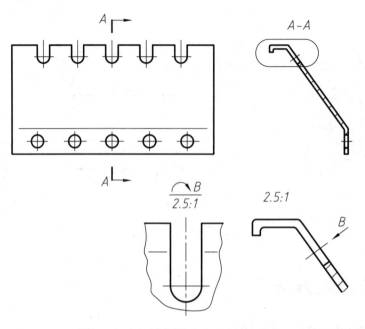

图 6-42　用两个图形表达一个放大部位

 注意

◆　局部放大图上所标注的比例，为该图形中机件要素的线性尺寸与实际机件相应要素的线性尺寸之比。

6.4.2　简化画法

①　当机件上具有孔、槽、齿等多个相同结构要素，并且按一定规律分布时，可只画出其中几个完整的结构，其余部分用细实线连接或画出它们的中心线，并在图中注明总数，如图6-43（a）、（b）所示。

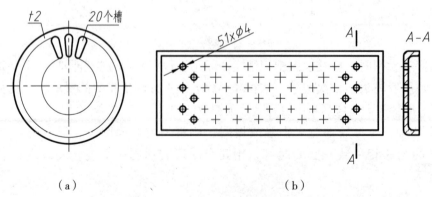

（a）　　　　　　　　　　　　　　　　　　（b）

图 6-43　相同结构要素的简化画法

② 在不致引起误解时，允许省略断面图中的剖面符号，如图6-44所示。

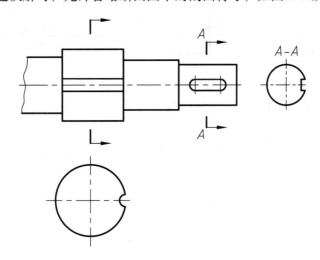

图 6-44　省略剖面符号的移出断面图

③ 若较长的轴、杆、型材等机件，沿长度方向的形状一致或按一定规律变化时，可断开后缩短绘制，如图6-45所示。

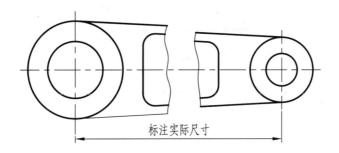

标注实际尺寸

图 6-45　断开画法

④ 在不致引起误解时，对称机件的视图可只画一半或四分之一，并在对称中心线的两端画出对称符号（与中心线垂直的两条细实线），如图6-46所示。

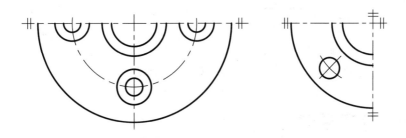

图 6-46　对称图形的画法

⑤ 当视图中的图形不能充分表达平面时，可用平面符号（两条相交的细实线）表示，如图6-47所示。

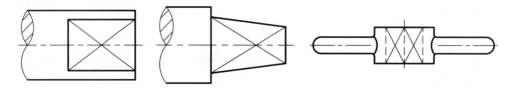

图 6-47　平面的表示法

⑥ 与投影面倾斜角度小于或等于30°的圆或圆弧，其投影可用圆或圆弧代替，而不必画成椭圆，如图6-48所示。

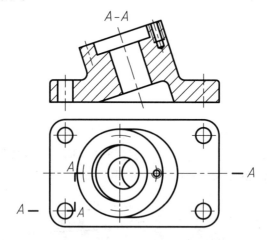

图 6-48　较小倾斜角度圆的画法

⑦ 在不致引起误解时，可用圆弧或直线代替相贯线，如图6-49所示。

⑧ 圆柱形法兰和类似机件上均匀分布的孔，可按图6-49（b）所示方法表示。

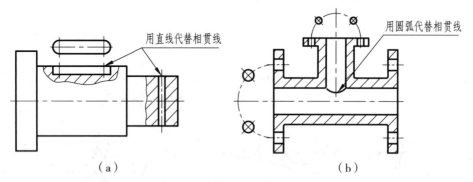

（a）　　　　　　　　　　　　　　　　　（b）

图 6-49　相贯线的简化画法

6.5　综合应用举例

在确定机件的表达方案时，应根据机件的结构特点综合应用各种方法，以使所选择的一组视图能够将机件的内外形状完整、简洁地表达清楚。

【例6－1】 分析图6-50（a）所示支架的表达方案。

视图分析：支架由圆筒、十字肋和带有圆孔、圆角的斜板组成。图6-50（b）中所示的主视图反映了支架的结构特征，其中的两个局部剖视图表达了圆筒及小孔的内部结构，局部视图则反映了圆筒与十字肋的连接关系。通过移出断面图将十字肋的形状表达清楚。此外，为了表达斜板的实际形状，采用了经旋转配置的斜视图。

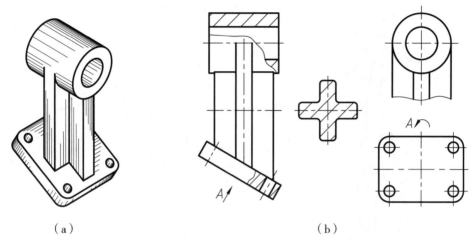

（a）　　　　　　　　　　　　　（b）

图 6-50　支架的表达方案

通过上述一组图形，不但将支架的结构形状表达清楚，而且便于作图和看图。

【例6－2】 图6-51所示为轴承座，试分析其形状，并确定适当的表达方法。

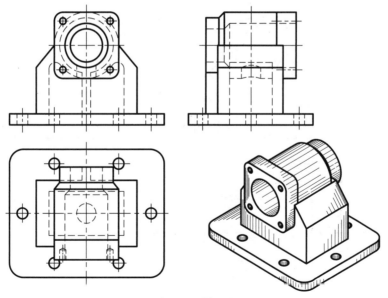

图 6-51　轴承座

形状分析：由图6-51所示可看出，该轴承座主要由底板、圆筒、方形凸缘、肋板和支架组成。图中的虚线表明，支架内部有一个穿通底板的空腔，在圆筒与支架之间有一个小孔相通，支架的后壁有一块支承圆筒的竖立肋板。

视图分析：由于轴承座左右对称，因此可采用半剖视图表达其外形和内部结构，如图6-52（a）所示。又由于轴承座前后不对称，为表达圆筒和支架的内部结构，故可将左视图改为全剖视图。由于该剖切平面纵向剖切竖立肋板，故肋板应按不剖切绘制，如图6-52（b）所示。在确定了主视图和左视图表达方法的基础上，俯视图主要用于表达轴承座的外形以及方形凸缘中小孔的深度。按上述分析，轴承座各视图如图6-52（c）所示。

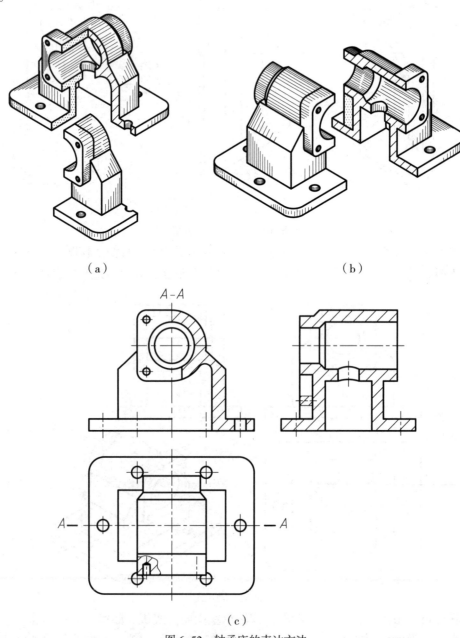

（a）　　　　　　　　　　　　　　　　（b）

（c）

图6-52　轴承座的表达方法

6.6 第三角画法简介

根据GB/T 14692—2008和GB/T 17451—1998的规定，我国优先采用第一角画法，必要时也允许使用第三角画法。目前，一些国家采用的是第三角画法，如美国、日本、加拿大、澳大利亚等。第三分角如图6-53所示。

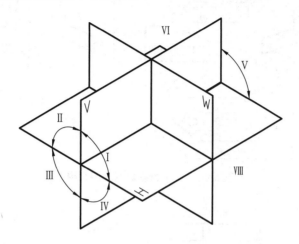

图 6-53　八个分角

将物体放置在第三分角内，使投影面处于观察者和物体之间，用正投影法投射后便可得到各个视图，如图6-54所示。

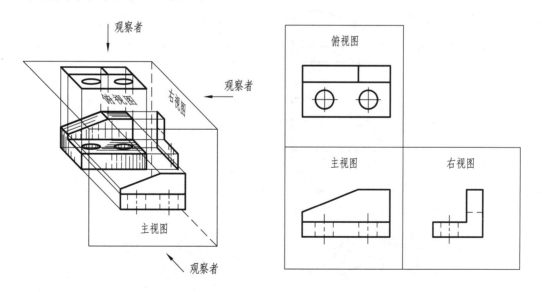

图 6-54　第三角画法及三视图

采用第三角画法绘制的各视图，同样保持着"长对正、高平齐、宽相等"的对应关系。第三角画法的六个基本投影面的展开方法如图6-55所示。六个基本视图的配置如图6-56所示。

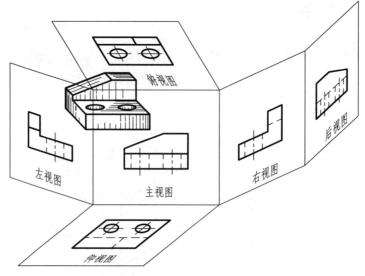

图 6-55　基本投影面及其展开图

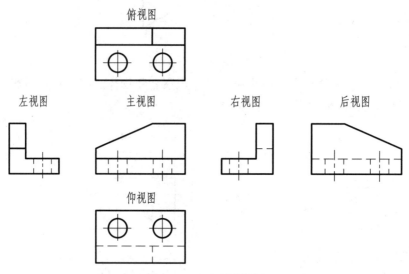

图 6-56　六个基本视图

　　两种画法的识别符号如图6-57所示。由于我国优先采用第一角画法,因此一般不需在图样中画出识别符号。但若采用第三角画法,则必须画出标志符号。

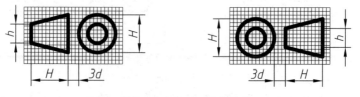

$h=$字高　$H=2h$　$d=$粗实线宽

（a）第一角画法　　　　　　　　　（b）第三角画法

图 6-57　两种画法的识别符号

第7章

常用机件的规定画法与标记

标准件常用件
画法赏析

零件图技术要求
标注赏析

本章将重点介绍螺栓、螺钉、齿轮、轴承、弹簧等常用机件的基本知识、规定画法与标记方法。

学习要求

了解：常用机件的基本知识。

掌握：常用机件的规定画法与标记方法。

7.1 螺纹与螺纹紧固件

7.1.1 螺纹

螺纹是指在圆柱或圆锥表面上，沿着圆柱螺旋线所形成的具有相同断面的连续凸起，通常称为"牙"。在圆柱或圆锥外表面上形成的螺纹称为外螺纹，在其内孔表面上所形成的螺纹称为内螺纹。

1.圆柱螺旋线

一个动点沿圆柱面上的一条直母线作等速移动，而该母线又绕圆柱面的轴线做等角速旋转运动，动点在此圆柱面上的运动轨迹称为圆柱螺旋线，如图7-1所示。

动点旋转一周后，沿圆柱轴线方向移动的距离称为导程。

若螺旋线的可见部分是自左向右上升的，则称为右旋螺旋线；反之，则称为左旋螺旋线。

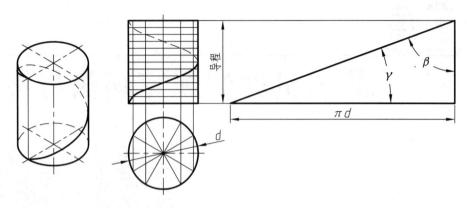

图 7-1   圆柱螺旋线

将圆柱表面展开，则螺旋线随之成为一条直线，该直线为直角三角形的斜边，两条直角边分别为圆柱底面的圆周长及螺旋线的导程。斜边与底边的夹角 γ 称为螺旋线的升角，γ 角的余角 β 则称为螺旋角，如图7-1所示。

2. 螺纹的形成

螺纹是根据螺旋线形成原理加工而成的。可以采用多种方法在工件上加工螺纹，图7-2所示为在车床上加工螺纹的情况。圆柱形工件随卡盘一同做等速旋转运动，刀具沿工件轴线方向做等速直线移动，两种运动的合成，便在工件表面上形成螺纹。

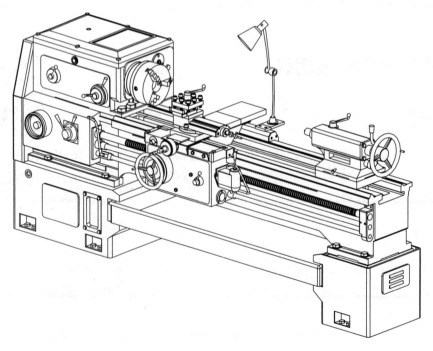

（a）CA6140 车床

图 7-2   用车床加工螺纹

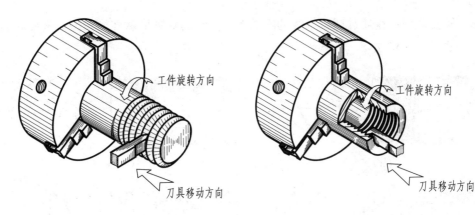

（b）车外螺纹 （c）车内螺纹

图 7-2 用车床加工螺纹（续）

图7-3所示为加工内螺纹用的钻头和丝锥。

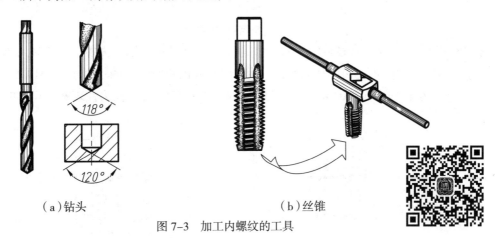

（a）钻头 （b）丝锥

图 7-3 加工内螺纹的工具

图7-4所示则为加工外螺纹用的板牙。

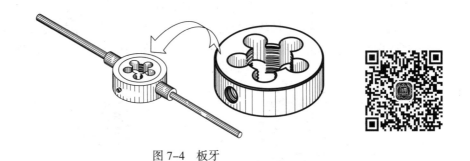

图 7-4 板牙

3. 螺纹的要素

螺纹的要素有牙型、直径、螺距（导程）、线数和旋向。

- 螺纹牙型：在通过螺纹轴线的断面上，螺纹的轮廓形状称为牙型。常用的螺纹牙型如图7-5所示。

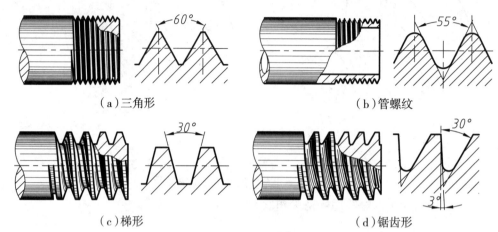

（a）三角形　　　　　　　　　　　　　（b）管螺纹

（c）梯形　　　　　　　　　　　　　（d）锯齿形

图7-5　常用螺纹的牙型

- 直径：螺纹的直径分为大径（外螺纹的直径用 d 表示，内螺纹的直径用 D 表示）、小径和中径，如图7-6所示。外螺纹的大径和内螺纹的小径也称为顶径，外螺纹的小径和内螺纹的大径也称为螺纹的底径。螺纹的大径为代表螺纹尺寸的直径。

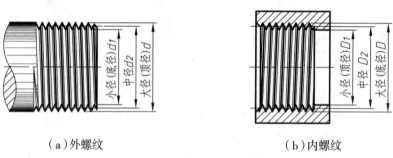

（a）外螺纹　　　　　　　　　　　　　（b）内螺纹

图7-6　螺纹的直径

- 线数：螺纹有单线和多线之分，如图7-7所示。沿一条螺旋线形成的螺纹称为单线螺纹。沿两条或两条以上在轴向等距分布的螺旋线所形成的螺纹，则称为多线螺纹。

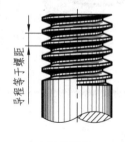
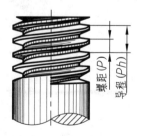

（a）单线螺纹　　　　　　　　　　　　　（b）多线螺纹

图7-7　螺纹的线数

- 螺距和导程：相邻两牙在中径线上对应两点之间的轴向距离，称为螺距，用P表示。同一条螺旋线上相邻两牙在中径线上对应两点间的轴向距离，称为导程，用Ph表示。螺纹的线数n、螺距P和导程Ph的关系为

$$Ph=np$$

- 旋向：螺纹的旋向有右旋和左旋之分，如图7-8所示。顺时针旋入的为右旋螺纹，逆时针旋入的为左旋螺纹。工程上经常使用的为右旋螺纹。

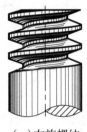　　　　　

（a）右旋螺纹　　　　　　　　　　（b）左旋螺纹

图 7-8　螺纹的旋向

螺纹的牙型、大径、螺距、线数和旋向称为螺纹的五个要素，只有这五个要素都相同的内、外螺纹才可相互旋合。

4. 螺纹的分类

螺纹的分类情况如表7-1所示。

表7-1　螺纹的分类

螺纹	按标准化程度分	标准螺纹	牙型、大径和螺距均符合国家标准规定	
		特殊螺纹	只有牙型符合国家标准规定	
		非标准螺纹	牙型不符合国家标准规定	
	按用途分	连接螺纹	普通螺纹	粗牙
				细牙
			管螺纹	密封管螺纹
				非密封管螺纹
		传动螺纹	梯形螺纹	
			锯齿形螺纹	
			矩形螺纹	

5. 螺纹的规定画法

（1）外螺纹的规定画法

如图7-9所示，外螺纹的大径（牙顶）用粗实线表示。小径（牙底）用细实线表示，螺纹小径按$d_1 \approx 0.85d$绘制。在投影为非圆的视图中，表示小径的细实线应画入螺杆的倒角或倒圆。在投影为圆的视图中，螺纹大径用粗实线圆表示，小径用3/4圈的细实线圆弧

表示，并且不画出螺杆上倒角圆的投影。螺纹终止线用粗实线表示。

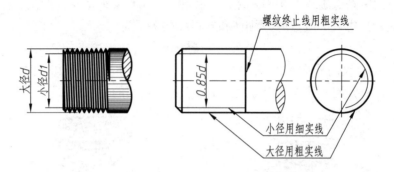

图7-9　外螺纹的规定画法

（2）内螺纹的规定画法

如图7-10（a）所示，在投影为非圆的视图中，螺纹的小径（牙顶）用粗实线表示，大径（牙底）用细实线表示。螺纹小径按$D_1 \approx 0.85D$绘制。螺纹终止线用粗实线绘制，剖面线应画到表示小径的粗实线。在投影为圆的视图中，螺纹小径用粗实线圆表示，大径用3/4圈细实线圆弧表示，不画出倒角圆的投影。图7-10（b）、（c）分别为盲孔和相交孔的内螺纹规定画法。

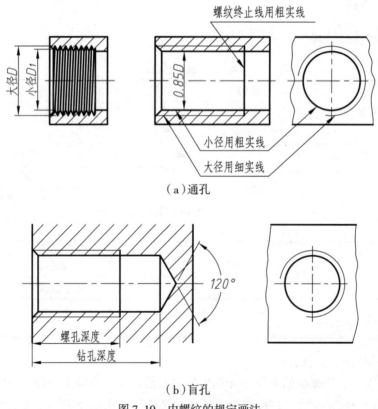

（a）通孔

（b）盲孔

图7-10　内螺纹的规定画法

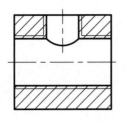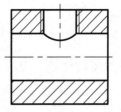

（c）相交孔

图7-10　内螺纹的规定画法（续）

（3）内、外螺纹旋合的画法

在剖视图中，内、外螺纹的旋合部分按外螺纹的规定画法绘制，其余部分仍按各自规定画法绘制，如图7-11所示。

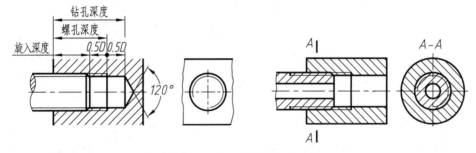

图7-11　内、外螺纹旋合画法

作图时应注意，表示内、外螺纹大径的细实线和粗实线，以及表示内、外螺纹小径的粗实线和细实线应分别对齐。当剖切平面通过实心螺杆轴线时，螺杆应按不剖切绘制，如图7-11所示。

一般不在图形中表示螺纹牙型，若需要表示螺纹牙型，可按图7-12所示方法绘制。

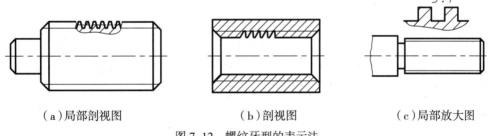

（a）局部剖视图　　　　　　　　（b）剖视图　　　　　　　　（c）局部放大图

图7-12　螺纹牙型的表示法

6. 螺纹的标记

在图样中，螺纹的标记表明了螺纹的要素及加工螺纹的技术要求。国家标准规定了各种螺纹的标记形式和内容。

螺纹的标记一般由五部分组成，即螺纹特征代号、尺寸代号、公差带代号、旋合长度代号和旋向代号，具体如下。

$$\underline{M}\ \underline{16 \times 1.5} - \underline{5g6g} - \underline{S} - \underline{LH}$$

标记中，M为螺纹特征代号，表示普通螺纹；16×1.5为尺寸代号，其中16为螺纹的公称直径（大径），1.5为螺距；5g6g为螺纹中径、顶径的公差带代号，此项内容是对加工螺纹提出的技术要求；S为旋合长度代号，表示旋合内、外螺纹时，使其具有短的旋合长度；LH则表示左旋螺纹。

各种常用螺纹的特征代号以及标记方法如表7-2所示。

表7-2　常用螺纹的特征代号与标记

序号	螺纹类别		特征代号	标准编号	标记示例	说明
1	普通螺纹		M	GB/T 197—2003	M8×1-LH M8 M16×Ph 6P2-5g-L	粗牙不注螺距，左旋时尾加 -LH；可省略中等公差精度（如 6H、6g）公差带代号；中等旋合长度不标注 N；多线时标注 ph(导程)、P(螺距)
2	梯形螺纹		Tr	GB/T 5796.2—2005	Tr40×7-7H Tr40×14（P7）LH-7e	多线时标注导程（P螺距）
3	锯齿形螺纹		B	GB/T 13576.3—2008	B40×7-7a B40×14（P7）LH-8c-L	多线时标注导程（P螺距）
4	60°密封管螺纹	圆锥管螺纹（内、外）	NPT	GB/T 12716—2002	NPT6	左旋时尾加-LH
		圆柱内螺纹	NPSC		NPSC3/4	左旋时尾加-LH
5	55° 非密封管螺纹		G	GB/T 7307—2001	G1A G1/2-LH	外螺纹公差等级分为 A 级和 B 级两种；内螺纹公差等级只有一种
6	55°密封管螺纹	圆锥外螺纹	R_1	GB/T 7306.1—2000 GB/T 7306.2—2000	$R_2$3/4	R_1: 表示与圆柱内螺纹相配合的圆锥外螺纹；R_2: 表示与圆锥内螺纹相配合的圆锥外螺纹；内、外螺纹均只有一种公差带，故省略不注
			R_2		$R_2$3/4	
		圆锥内螺纹	R_C		Rc1LH	
		圆柱内螺纹	R_P		Rp 1/2	

关于螺纹标记的几点说明。

● 　右旋螺纹不标旋向，左旋螺纹应标注字母LH。

- 旋合长度代号分为短（S）、中（N）和长（L）三种，若为中等长度，则可省略标注。
- 公差带代号包括中径和顶径的公差带代号。外螺纹的公差带代号应用小写字母表示，内螺纹则用大写字母表示。
- 各种管螺纹的尺寸代号并不是螺纹的大径，而是管子内孔的近似直径，可根据管螺纹的尺寸代号，从相应的标准中查出螺纹的尺寸。标注管螺纹时，应注意与其他螺纹在形式上的区别。
- 非标准螺纹应标出直径和牙型尺寸，如图 7–13 所示。特殊螺纹应在其标记前标注"特"字，并标注螺纹的大径和螺距，如图 7–14 所示。

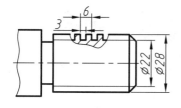

图 7–13　非标准螺纹的标记

图 7–14　特殊螺纹的标记

各种标准螺纹的标记方法如图7–15（a）～（f）所示。

（a）粗牙普通螺纹

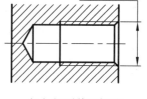

（b）细牙普通螺纹

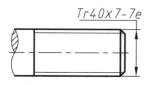

（c）单线梯形螺纹

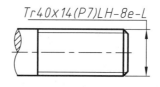

（d）双线梯形螺纹

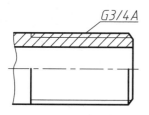

（e）非密封管螺纹

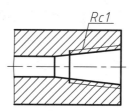

（f）圆锥内螺纹

图 7–15　标准螺纹的标记示例

7.1.2 螺纹紧固件

常用的螺纹紧固件有螺栓、螺柱、螺钉、螺母和垫圈等,如图7-16所示。

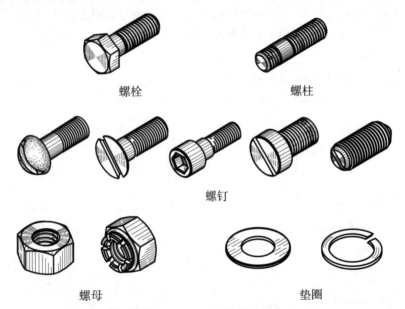

螺栓   螺柱

螺钉

螺母   垫圈

图 7-16 螺纹紧固件

1. 螺栓连接

螺栓连接用于两个被连接件允许钻成通孔的情况,使用的紧固件有螺栓、螺母和垫圈。

(1)标记

螺纹紧固件标记的内容包括产品名称、标准编号和规格尺寸。

螺栓的标记为:螺栓GB/T 5782 M10×40;其中,10为螺纹大径(d),40为螺杆长度(l)。

螺母的标记为:螺母 GB/T 6170 M10;其中,10为螺纹大径(D)。

垫圈的标记为:垫圈 GB/T 92.7 10;其中,10为垫圈的公称直径。

(2)比例画法

一般采用比例画法绘制螺纹紧固件的图形,即将紧固件各部分尺寸与螺纹公称直径(d、D)成一定的比例关系近似画出,垫圈、螺母和螺栓的画图比例如图7-17所示。

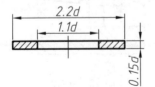

(a)平垫圈的比例画法   (b)弹簧垫圈的比例画法

图 7-17 垫圈及螺母、螺栓的比例画法

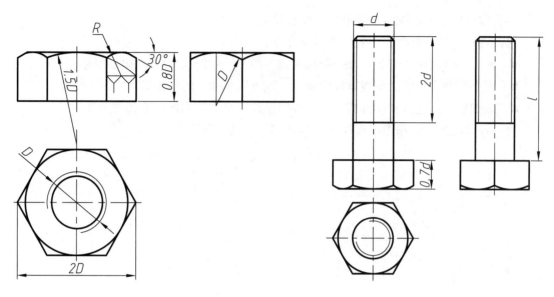

（c）螺母的比例画法　　　　　　　　　　　（d）螺栓的比例画法

图 7-17　垫圈及螺母、螺栓的比例画法（续）

螺栓连接的装配图如图7-18所示。

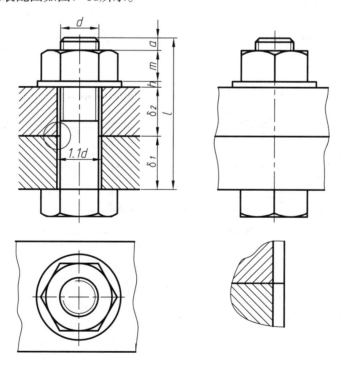

图 7-18　螺栓连接

作图时，螺栓的长度尺寸l可先按下式估算。

$$l \geqslant \delta_1 + \delta_2 + 0.15d + 0.8d + (0.2 \sim 0.3)d$$

然后根据估算值选取与之接近的标准长度值。

绘制螺栓连接装配图，还应注意以下几点。

● 两个零件的接触表面只画一条轮廓线，而不接触的表面则应画两条线。

● 两个相邻零件的剖面线方向应相反，或方向相同，间隔不等。

● 若剖切平面通过紧固件或实心零件的轴线，则这些零件按不剖切绘制。

螺栓连接装配图的作图步骤如图7-19（a）~（d）所示。

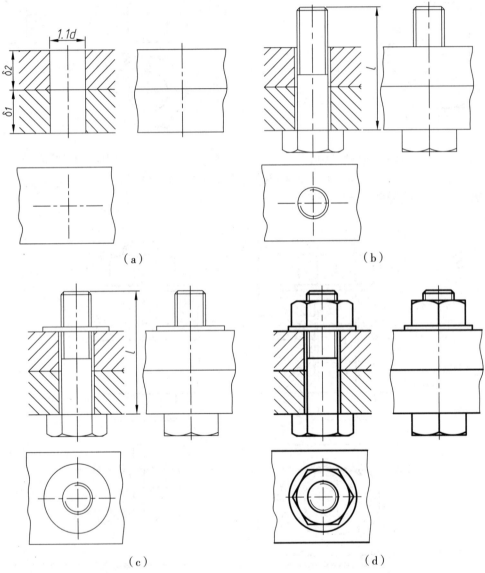

（a）　　　　　　　　　　　　　（b）

（c）　　　　　　　　　　　　　（d）

图 7-19　螺栓连接的作图步骤

2. 螺柱连接

螺柱连接用于被连接件之一较厚，不便于钻成通孔的情况。使用的紧固件有螺柱、垫圈和螺母。

螺柱两端均有螺纹，与被连接件旋合的一端，称为旋入端。另一端与螺母旋合，称为紧固端。

螺柱旋入端的长度b_m与被旋入件的材料有关，标准规定的b_m值以及相应的标准编号，如表7–3所示。

表7–3　螺柱旋入端长度及标准编号

旋入端材料	旋入端长度b_m	标准编号
钢或青铜	$b_m=1d$	GB/T 897—1988
铸铁	$b_m=1.25d$	GB/T 898—1988
铸铁或铝合金	$b_m=1.5d$	GB/T 899—1988
铝合金	$b_m=2d$	GB/T 900—1988

螺柱的标记形式如下。

螺柱 GB/T 897A M10×50

表示旋入端与紧固端均为粗牙普通螺纹，$d=10$，$l=50$，$b_m=1d$，A型螺柱。

螺柱连接画法如图7–20所示。作图时应注意以下几点。

● 螺柱的旋入端应按全部旋入被连接件的螺孔绘制。

● 螺孔深度一般取$b_m+0.5d$，钻孔深度则取b_m+d。

● 螺柱公称长度的估算方法为$l=\delta+h+m+（0.2～0.3）d$，然后根据估算值查标准，选取与其接近的标准长度值。

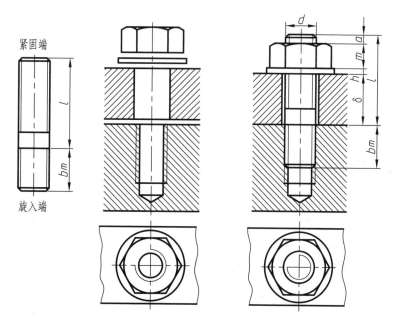

图 7–20　螺柱连接

3. 螺钉连接

螺钉主要用于受力不大的连接。螺钉的种类较多，按用途可分为连接螺钉和紧定螺钉。螺钉的标记形式为：螺钉 GB/T 68 M10×20，即表示粗牙普通螺纹，$d=10$，$l=20$mm 的开槽沉头螺钉。

螺钉连接的画法及常用螺钉的绘图比例如图7-21所示。作图时，螺钉头部的槽在俯视图中的规定画法为由左下向右上45°方向。

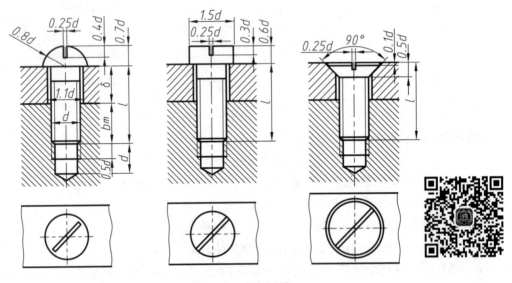

图 7-21　螺钉连接

紧定螺钉主要用于固定零件，以防止零件间沿轴向发生相对运动。图7-22所示为用开槽锥端紧定螺钉固定轴和齿轮的情况。图7-23所示为紧定螺钉连接的画法。

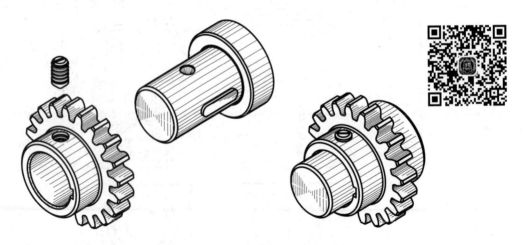

图 7-22　用紧定螺钉固定轴和齿轮

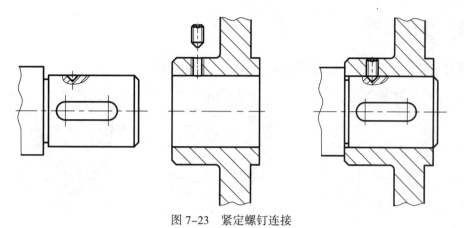

图 7-23　紧定螺钉连接

7.2　齿轮

齿轮在机械设备中应用极为广泛，通过齿轮的啮合可以实现传递动力、改变运动速度及改变运动方向。常见的齿轮传动形式如图7-24所示。

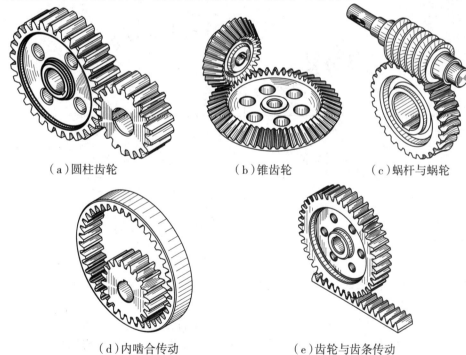

（a）圆柱齿轮　　　　　（b）锥齿轮　　　　　（c）蜗杆与蜗轮

（d）内啮合传动　　　　　　　（e）齿轮与齿条传动

图 7-24　常见的齿轮传动形式

齿轮的传动形式有以下几种。

● 圆柱齿轮传动：用于两条平行轴间的传动，如图7-24（a）所示。

● 锥齿轮传动：用于两条相交轴间的传动，如图7-24（b）所示。

● 蜗杆蜗轮传动：用于两条交叉轴间的传动，如图7-24（c）所示。

圆柱齿轮的传动形式中又有内啮合传动以及齿轮、齿条传动，如图 7-24（d）、（e）所示。

7.2.1 圆柱齿轮

圆柱齿轮的轮齿有直齿、斜齿和人字齿，如图7-25所示。

（a）直齿

（b）斜齿

（c）人字齿

图 7-25 圆柱齿轮

1. 直齿圆柱齿轮各部分名称及代号

直齿圆柱齿轮各部分名称及代号如图7-26所示。

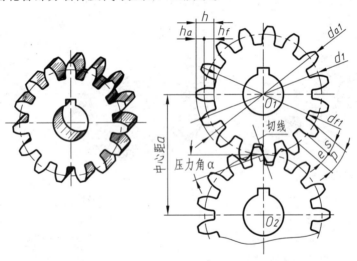

图 7-26 直齿圆柱齿轮各部分名称及代号

- 齿顶圆：在圆柱齿轮上，齿顶圆柱面与端平面的交线称为齿顶圆，其直径用 d_a 表示。
- 齿根圆：在圆柱齿轮上，齿根圆柱面与端平面的交线称为齿根圆，其直径用 d_f 表示。
- 分度圆：在圆柱齿轮上，齿顶圆与齿根圆之间的分度圆柱面与端平面的交线称为分度圆，其直径用 d 表示。分度圆是设计和制造齿轮的基准圆。
- 齿高：齿顶圆与齿根圆之间的径向距离称为齿高，用 h 表示。其中，分度圆与齿顶圆的径向距离称为齿顶高，用 h_a 表示。分度圆与齿根圆的径向距离称为齿根高，用 h_f 表示。
- 齿距：分度圆上相邻两齿对应点之间的弧长称为齿距，用 p 表示。齿距 p 分为齿厚 s 与齿间 e，三者的关系为：$s = e$，$p = s+e$。

● 模数：若齿轮的分度圆直径为 d，齿数为 Z，齿距为 p，分度圆的周长为 $\pi d = Zp$，则 $d = (p/\pi)Z$，令 $m = p/\pi$，m 称为齿轮的模数，单位为 mm。模数是齿轮设计和制造的重要参数，其值已标准化，标准模数值如表 7-4 所示。

表7-4 圆柱齿轮模数系列

第一系列	1	1.25	1.5	2	2.5	3	4	5	6	8	10	12	16	20	25	32	40
第二系列	1.75	2.25	2.75	（3.25）	3.5	（3.75）	4.5	5.5	（6.5）	7	9	（11）	14	18	22	28	36	45

● 压力角：一对齿轮啮合时，分度圆上啮合点的法线方向与该点的顺时运动方向所夹的锐角称为压力角，用 α 表示。标准压力角 $\alpha = 20°$。
● 中心距：两条啮合齿轮轴线之间的距离，用 a 表示。

一对齿轮啮合时，其模数和压力角必须相等。

2. 直齿圆柱齿轮的尺寸计算公式

已知齿轮的模数 m、齿数 Z，则直齿圆柱齿轮的其他参数均可按表 7-5 所示公式计算出来。

表7-5 标准直齿圆柱齿轮各部分尺寸计算公式

基本参数： 模数m 齿数Z	
名称及代号	**计算公式**
齿距 p	$P = m\pi$
齿顶高 h_a	$h_a = m$
齿根高 h_f	$h_f = 1.25m$
齿高 h	$h = 2.25m$
分度圆直径 d	$d = mZ$
齿顶圆直径 d_a	$d_a = m(Z+2)$
齿根圆直径 d_f	$d_f = m(Z-2.5)$
中心距 a	$a = m(Z_1 + Z_2)/2$

3. 斜齿圆柱齿轮的尺寸计算公式

斜齿轮的轮齿与轴线有一个倾斜角度，称为螺旋角，用 β 表示，如图 7-27 所示。

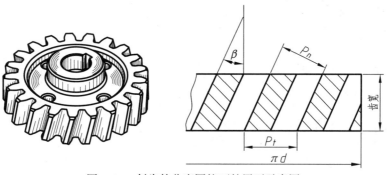

图 7-27 斜齿轮分度圆柱面的展开示意图

由于斜齿轮的端面齿形与垂直轮齿方向的法向齿形不同，因此斜齿轮的端面齿距P_t与法向齿距P_n、端面模数m_t与法向模数m_n均不相同，即

$$p_n = p_t \cos\beta \quad m_n = m_t \cos\beta$$

标准规定，斜齿轮的法向模数m_n为标准值。

斜齿圆柱齿轮的尺寸计算公式如表7-6所示。

表7-6　标准斜齿圆柱齿轮各部分尺寸计算公式

基本参数：法向模数m_n　齿数Z　螺旋角β	
名称及代号	计算公式
法向齿距 p_n	$p_n = m_n\pi$
齿顶高 h_a	$h_a = m_n$
齿根高 h_f	$h_f = 1.25\,m_n$
齿高 h	$h = 2.25\,m_n$
分度圆直径 d	$d = \dfrac{m_n Z}{\cos\beta}$
齿顶圆直径 d_a	$d_a = d + 2m_n$
齿根圆直径 d_f	$d_f = d - 2.5\,m_n$
中心距 a	$a = \dfrac{1}{2\cos\beta} m_n(Z_1 + Z_2)$

注意　◆　一对相互啮合的斜齿圆柱齿轮的模数与螺旋角均相等，但螺旋角的方向相反。

4. 圆柱齿轮的规定画法

（1）单个圆柱齿轮的规定画法

如图7-28所示，齿顶圆和齿顶线用粗实线绘制，分度圆和分度线用点画线绘制，齿根圆和齿根线用细实线绘制（可省略不画）。在齿轮的剖视图中，齿根线用粗实线表示，且轮齿按不剖切绘制。

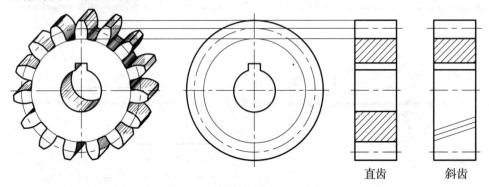

图 7-28　圆柱齿轮的规定画法

注意

◆ 对于斜齿和人字齿圆柱齿轮，可采用半剖视图画法，并在视图中用三条细实线表示齿形，如图7-28所示。

（2）圆柱齿轮啮合的规定画法

一对齿轮啮合的画法如图7-29所示。在投影为圆的视图中，齿顶圆用粗实线绘制，两个齿轮的分度圆相切，齿根圆可省略，啮合区内的齿顶圆也可省略不画。

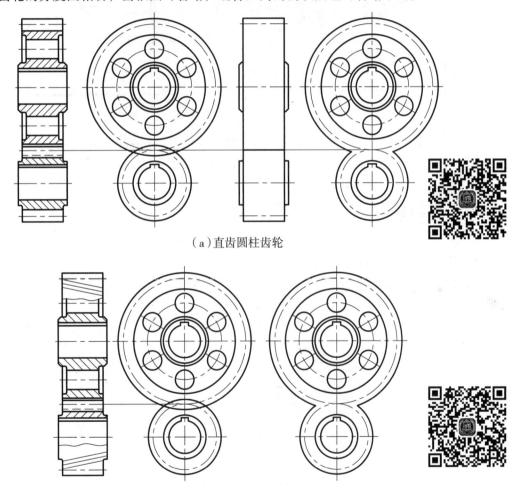

（a）直齿圆柱齿轮

（b）斜齿圆柱齿轮

图7-29 圆柱齿轮啮合的规定画法

在投影为非圆的视图中，啮合区内的两个齿轮分度线重合，一个齿轮的齿顶线用粗实线绘制，另一个齿轮的齿顶线则画成虚线，且齿顶线与齿根线之间有0.25m（模数）的间隙，被遮挡的齿顶线也可省略不画。若仅画两个啮合齿轮的外形，则啮合区内的齿顶线和齿根线均不画出，分度线用粗实线表示，如图7-29（a）所示。

圆柱齿轮的零件图如图7-30所示。

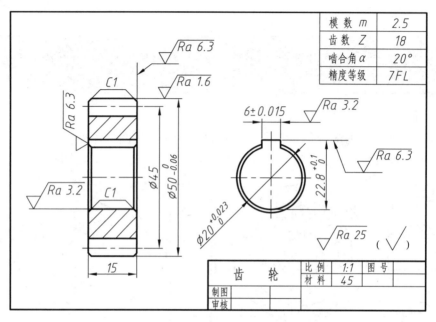

模 数 m	2.5
齿 数 Z	18
啮合角 α	20°
精度等级	7FL

齿	轮	比 例	1:1	图 号	
		材 料	45		
制图					
审核					

图 7-30　圆柱齿轮零件图

7.2.2　直齿锥齿轮

1. 直齿锥齿轮各部分名称及代号

锥齿轮用于两相交轴间的运动传递。锥齿轮各部分的名称及代号如图7-31所示。

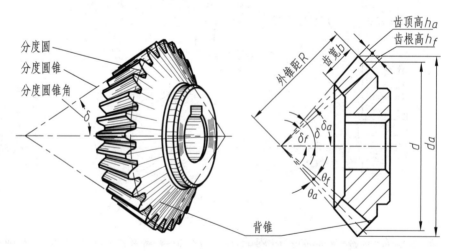

图 7-31　锥齿轮各部分名称及代号

2. 直齿锥齿轮各部分的尺寸计算公式

由于锥齿轮的轮齿分布在圆锥面上，因此轮齿的齿形沿齿宽方向逐渐变化。为便于设计和制造，标准规定，锥齿轮的大端模数为标准值。

锥齿轮各部分的尺寸计算公式如表7-7所示。

表7-7　标准锥齿轮各部分尺寸计算公式

基本参数：模数m 齿数Z 分度圆锥角δ			
名称及代号	计算公式	名称及代号	计算公式
齿顶高 h_a	$h_a = m$	齿顶角 θ_a	$\tan \theta_a = \dfrac{h_a}{R}$
齿根高 h_f	$h_f = 1.2m$	齿根角 θ_f	$\tan \theta_f = \dfrac{h_f}{R}$
齿高 h	$h = 2.2m$	分度圆锥角 δ	当 $\delta_1 + \delta_2 = 90°$ 时，
分度圆直径 d	$d = mZ$		$\delta_1 = 90° - \delta_2$
齿顶圆直径 d_a	$d_a = m(Z + 2\cos\delta)$	顶锥角 δ_a	$\delta_a = \delta + \theta_a$
齿根圆直径 d_f	$d_f = m(Z - 2.4\cos\delta)$	根锥角 δ_f	$\delta_f = \delta - \theta_f$
外锥距 R	$R = \dfrac{mZ}{2\sin\delta}$	齿宽 b	$b \leqslant \dfrac{R}{3}$

3. 直齿锥齿轮的规定画法

（1）单个锥齿轮的规定画法

如图7-32所示，在全剖的主视图中，轮齿按不剖切绘制。左视图用粗实线画出大端和小端的齿顶圆，用点画线画出大端的分度圆，而大端的齿根圆、小端的齿根圆和分度圆均不画出。锥齿轮上的其他结构仍应按投影原理绘制。

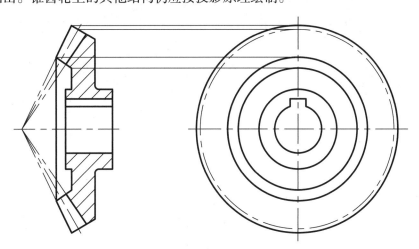

图 7-32　单个锥齿轮的规定画法

单个锥齿轮的画图步骤如图7-33（a）～（d）所示。

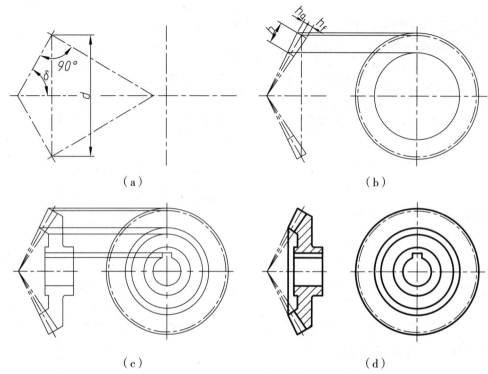

（a）　　　　　　　　　　　　　　（b）

（c）　　　　　　　　　　　　　　（d）

图 7-33　锥齿轮的画图步骤

图7-34所示为锥齿轮零件图。

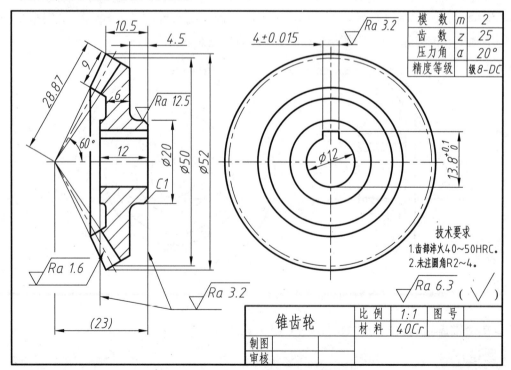

模　数	m	2
齿　数	z	25
压力角	α	20°
精度等级		级8-DC

技术要求

1.齿部淬火40~50HRC。

2.未注圆角R2~4。

锥齿轮	比　例	1:1	图　号	
	材　料	40Cr		
制图				
审核				

图 7-34　锥齿轮零件图

（2）锥齿轮啮合的规定画法

如图7-35所示，两个啮合的锥齿轮分度圆应相切，两个齿轮的分度圆锥角δ_1和δ_2互为余角。啮合区的画法同圆柱齿轮。

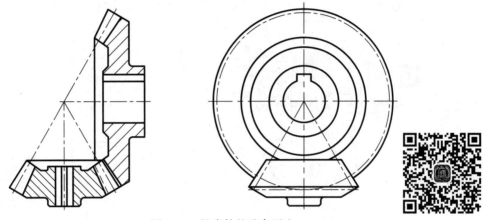

图7-35　锥齿轮的啮合画法

锥齿轮啮合的画图步骤如图7-36（a）~（d）所示。

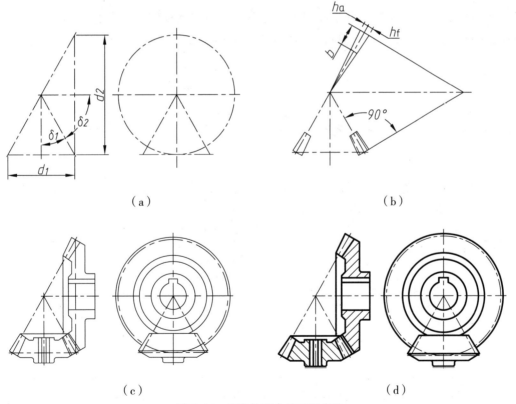

（a）　　　　　　　　　　（b）

（c）　　　　　　　　　　（d）

图7-36　锥齿轮啮合的画图步骤

7.2.3 蜗杆与蜗轮

蜗杆与蜗轮的轴线为垂直交叉的，传动时蜗杆为主动件，如图7-37所示。

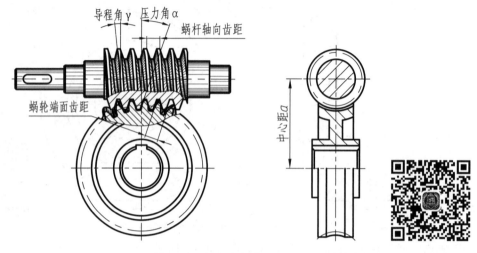

图7-37　蜗杆与蜗轮

蜗杆类似于梯形螺杆，有单线和多线之分。当单线蜗杆转动一周时，蜗轮只转过一个齿，因此两者的传动可以得到很大的传动比（也称速比）。传动比i的计算公式为

$$i = \frac{\text{蜗杆转速}\ n_1}{\text{蜗轮转速}\ n_2} = \frac{\text{蜗轮齿数}\ Z_2}{\text{蜗杆头数}\ Z_1}$$

1. 蜗杆、蜗轮的主要参数及尺寸计算

（1）模数m

为便于设计和制造，规定以蜗杆的轴向模数m_x和蜗轮的端面模数m_t为标准模数。一对啮合的蜗杆蜗轮其模数应相等，即$m=m_x=m_t$。标准模数值如表7-8所示。

表7-8　标准模数m与蜗杆直径系数q

模数m	蜗杆分度圆直径d_1	蜗杆直径系数q	模数m	蜗杆分度圆直径d_1	蜗杆直径系数q
1.25	20	16	4	40	10
	22.4	17.92		71	17.75
1.6	20	12.5	5	50	10
	28	17.5		90	18
2	22.4	11.2	6.3	63	10
	35.5	17.75		112	17.778
2.5	28	11.2	8	80	10
	45	18		140	17.5
3.15	35.5	11.27	10	90	9
	56	17.778		160	16

（2）蜗杆直径系数q

为了减少加工蜗杆的滚刀数目，在规定标准模数的同时，还对每一模数值的蜗杆所对应的分度圆直径做了相应规定，使蜗杆分度圆直径d_1与标准模数m之比为一个标准值，该值称为蜗杆的直径系数，用字母q表示。其计算公式为

$$q=d_1/m$$

则

$$d_1=mq$$

蜗杆直径系数q与标准模数m的数值关系如表7-8所示。

（3）导程角γ

在蜗杆的标准模数m及直径系数q选定的情况下，导程角γ与蜗杆头数Z_1有关。如图7-38所示为导程角、导程和分度圆直径的关系，即

$$\tan\gamma = \frac{导程}{分度圆周长} = \frac{蜗杆头数 \times 轴向齿距}{分度圆周长} = \frac{Z_1 P_x}{\pi d_1} = \frac{Z_1 \pi m}{\pi mq} = \frac{Z_1}{q}$$

（4）中心距a

蜗轮与蜗杆两轴的中心距a与模数m、蜗杆直径系数q及蜗轮齿数Z_2的关系为

$$a = \frac{d_1+d_2}{2} = \frac{m}{2}(Z_2+q)$$

蜗杆各部分名称如图7-39所示。

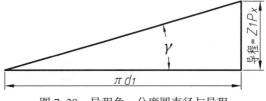

图7-38　导程角、分度圆直径与导程

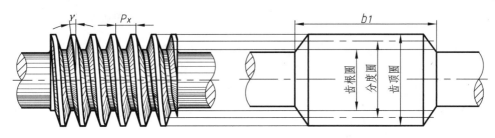

图7-39　蜗杆

蜗杆各部分的计算公式如表7-9所示。

表7-9　蜗杆各部分的计算公式

名称及代号	计算公式	名称及代号	计算公式
分度圆直径 d_1	$d_1=mq$	轴向齿距 P_x	$P_x = \pi m$
齿顶高 h_{a1}	$h_{a1}=m$	蜗杆导程 P_z	$P_z = Z_1 P_x$
齿根高 h_{f1}	$h_{a1}=1.2m$	导程角 γ	
齿高 h_1	$h_1 = h_{a1}+h_{f1}=2.2m$	蜗杆齿宽 b_1	$\tan\gamma = \dfrac{Z_1}{q}$
齿顶圆直径 d_{a1}	$d_{a1} = d_1+ 2h_{a1} = d_1+2m$		当 $Z_1=(1\sim2)$，$b_1 \geqslant (11+0.06\,Z_2)\,m$
齿根圆直径 d_{f1}	$d_{f1} = d_1- 2h_{f1} = d_1-2.4m$		当 $Z_1=(3\sim4)$，$b_1 \geqslant (12.5+0.09Z_2)\,m$

蜗轮各部分名称如图7-40所示。

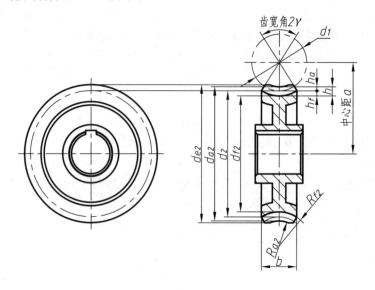

图 7-40 蜗轮

蜗轮计算公式如表7-10所示。

表7-10 蜗轮各部分的尺寸计算公式

名称及代号	计算公式	名称及代号	计算公式
分度圆直径 d_2	$d_2 = mZ_2$	齿顶圆弧半径 R_{a2}	$R_{a2} = \dfrac{d_1}{2} - m$
齿顶高 h_{a2}	$h_{a2} = m$		
齿根高 h_{f2}	$h_{f2} = 1.2m$	齿根圆弧半径 R_{f2}	$R_{f2} = \dfrac{d_1}{2} + 1.2m$
齿高 h_2	$h_2 = h_{a2} + h_{f2} = 2.2m$		
齿顶圆直径 d_{a2}	$d_{a2} = d_2 + 2h_{f2} = m(Z_2+2)$	顶圆直径 d_{e2}	当$Z_1=1$，$d_{e2} \leqslant d_{a2}+2m$ 当$Z_1=2{\sim}3$时，$d_{e2} \leqslant d_{e2}+1.5m$
齿根圆直径 d_{f2}	$d_{f2} = d_2 - 2h_{f2} = m(Z_2-2.4)$	齿宽 b	当$Z \leqslant 3$，$b \leqslant 0.75d_{a1}$ 当$Z_1=1$，$b \leqslant 0.67d_{a1}$
中心距 a	$a = \dfrac{1}{2}(d_1+d_2) = \dfrac{m}{2}(q+Z_2)$	齿宽角 2γ	$2\gamma = 45° \sim 130°$

2. 蜗杆、蜗轮的规定画法

（1）蜗杆的规定画法

蜗杆的画法与圆柱齿轮相同。为了更好地表达蜗杆的齿形，可以采用局部剖视图或局部放大图。

如图7-41所示，蜗杆的轴向断面齿形为顶角40°的梯形。

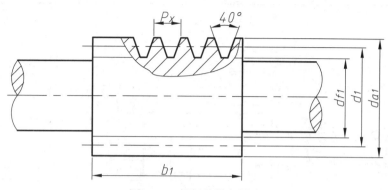

图7-41 蜗杆的规定画法

（2）蜗轮的规定画法

蜗轮的规定画法如图7-40所示。在其投影为圆的视图中，轮齿部分只需画出分度圆及最大直径圆的投影，其他各圆可省略不画。

注意

◆ 通常情况下，投影为非圆的视图采用全剖视图画法，轮齿环面圆弧的中心位于相啮合的蜗杆对称中心线上。

（3）蜗杆蜗轮啮合的规定画法

蜗杆与蜗轮的啮合画法与圆柱齿轮画法类似，如图7-42所示。

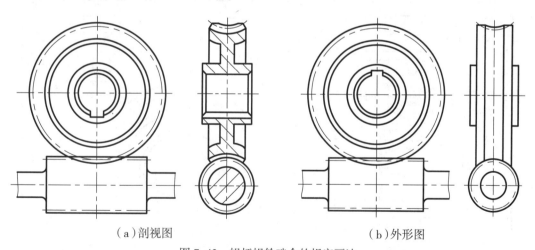

（a）剖视图　　　　　　　　　　（b）外形图

图7-42 蜗杆蜗轮啮合的规定画法

图7-43所示为蜗杆零件图。

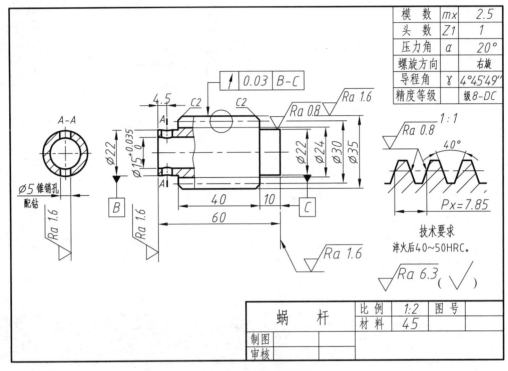

模 数	mx	2.5
头 数	Z1	1
压力角	a	20°
螺旋方向		右旋
导程角	γ	4°45'49"
精度等级		级8-DC

图 7-43　蜗杆零件图

图7-44所示为蜗轮零件图。

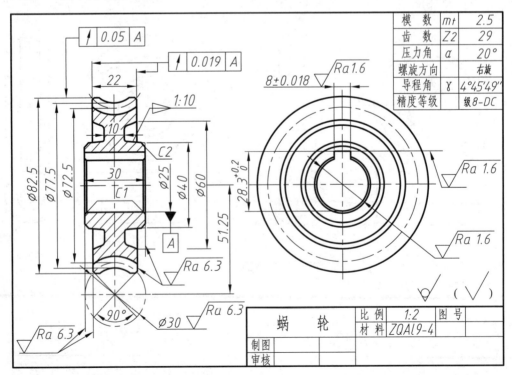

模 数	mt	2.5
齿 数	Z2	29
压力角	a	20°
螺旋方向		右旋
导程角	γ	4°45'49"
精度等级		级8-DC

图 7-44　蜗轮零件图

7.3 键与销

键主要用于连接轴与轴上的零件，使两者间不发生沿圆周方向的相对运动，以起到传递扭矩的作用，如图7-45所示。销则用于机械零件之间的连接和定位。

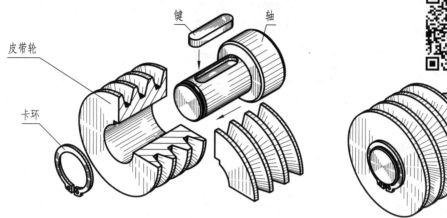

图 7-45 键连接

7.3.1 键

1. 常用键及其标记

常用的键有普通平键、半圆键和钩头楔键，如图7-46所示。

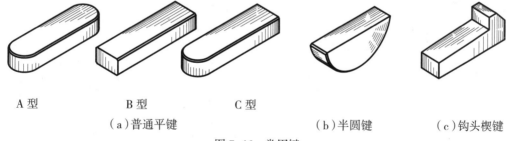

A 型　　　　　　　B 型　　　　　　C 型

（a）普通平键　　　　　　（b）半圆键　　　　（c）钩头楔键

图 7-46 常用键

键的尺寸和结构均已标准化，各种常用键的标准号及标记如表7-11所示。

表7-11 常用键及其标记

名称	标准号	图例	标记示例
半圆键	GB/T 1099.1—2003		宽度$b=6$，高度$h=10$，直径$d=25$，长度$L=24.5$的半圆键：键6×25 GB/T 1099.1—2003

（续表）

名称	标准号	图例	标记示例
钩头楔键	GB/T 1565—2003	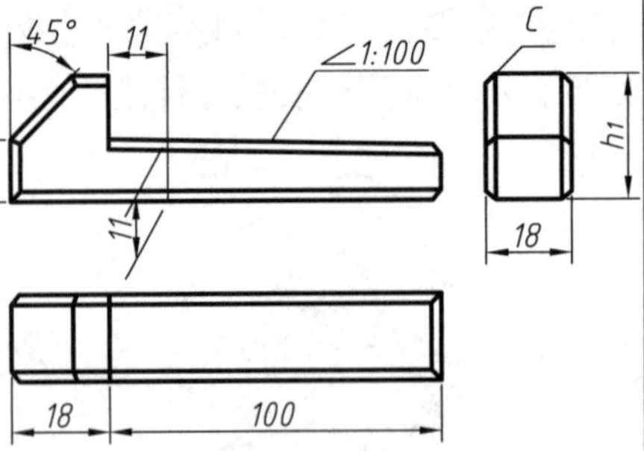	宽度b=18，高度h=11，长度L=100的钩头楔键： 键18×100 GB/T 1565—2003

2. 常用键的连接画法

（1）普通平键的画法

图7-47所示为轴键槽和轮毂键槽。作图时，轴键槽上的交线可采用简化画法。在标注尺寸时，应注意键槽的尺寸标注形式。

（a）轴键槽　　　　　　　　　　　　（b）轮毂键槽

图7-47　键槽的尺寸标注

图7-48所示为普通平键的连接画法。按规定，当剖切面纵向剖切时，键按不剖切绘制。若为横向切断，则仍应按剖视方法绘制。在键连接图中还应画出键顶面上的间隙。

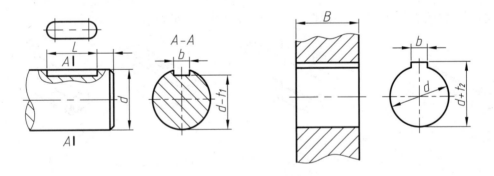

图 7-48　普通平键的连接画法　　　　　图 7-49　半圆键的连接画法

（2）钩头楔键的画法

钩头楔键的顶面有1∶100的斜度。装配时将键沿轴向嵌入键槽中，靠与被连接件相

注意

◆ 半圆键的连接画法与普通平键类似，如图7-49所示。

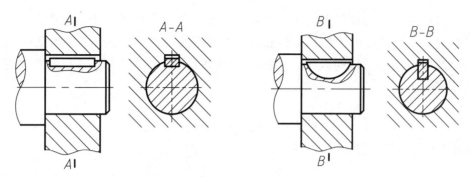

接触所产生的摩擦力传递扭矩。钩头楔键的连接画法如图7-50所示。

图 7-50 钩头楔键的连接画法

3. 花键的规定画法与标记

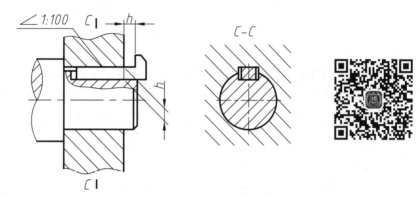

图7-51所示为花键连接的情况。由于花键连接具有传递扭矩大、导向性好等特点，因此其被广泛应用于机械设备。

图 7-51 花键连接

花键的齿形有矩形和渐开线，常用的为矩形花键，其尺寸和结构也已标准化。下面将主要介绍矩形花键的画法与标记方法。

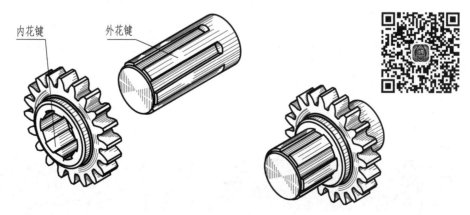

（1）外花键的规定画法与标记

图7-52所示为外花键的规定画法。在与花键轴线平行的投影面的视图中，大径用粗实线绘制，小径及键的工作长度终止线、尾部长度末端线均用细实线绘制。通常情况下，用断面图表示花键的齿形、齿数、齿宽和直径。图7-52（b）所示为外花键断面图的简化画法。

（a） （b） （c）

图 7-52　外花键的画法与标记

外花键的标记代号包括以下内容。

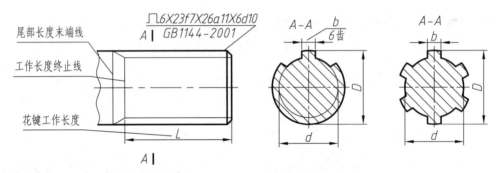

类型图形符号　齿数×小径　公差带代号×大径　公差带代号×齿宽　公差带代号　标准号

例如：$\sqcap$ 6 × 23f7 × 26a11 × 6d11 GB/T 1144—2001

矩形花键和渐开线花键类型图形符号的画法如图7-53所示。

h=字高　符号线宽=$\dfrac{1}{10}$字高

（a）矩形花键 （b）渐开线花键

图 7-53　两种花键类型的图形符号

（2）内花键的规定画法与标记

在平行于花键轴线的投影面上的剖视图中，大径和小径均用粗实线绘制，并用局部

视图表示花键的齿形、齿数、齿宽和直径，如图7-54所示。图7-54（b）所示为内花键局部视图的简化画法。

（a） （b） （c）

图 7-54　内花键的画法与标记

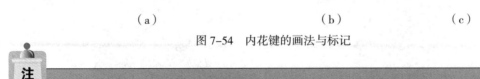

注
意

◆　内花键的标记方法同外花键。

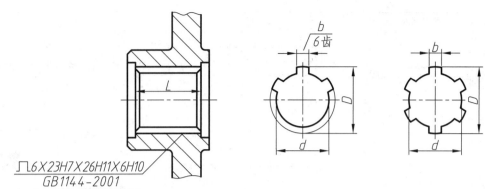

⌐6×23H7×26H11×6H10
GB1144-2001

（3）花键的连接画法

花键的连接部分应按外花键绘制，其余部分则按各自的规定画法绘制，并做出相应的标记，如图7-55所示。

图 7-55 花键连接的画法与标记

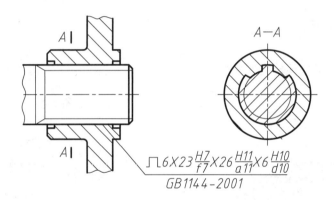

⌐6×23$\frac{H7}{f7}$×26$\frac{H11}{a11}$×6$\frac{H10}{d10}$
GB1144-2001

7.3.2 销

销的尺寸和结构均已标准化，图7-56所示为圆柱销和圆锥销的连接情况。

（a）圆柱销及其连接　　　　　　　　　　　（b）圆锥销及其连接

图 7-56 销连接

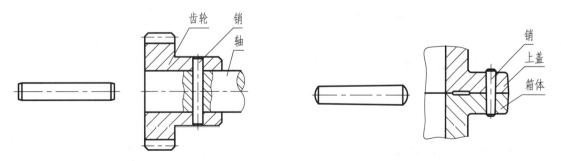

销的标记形式如表7-12所示。

表7-12 销的标记

名称	标准号	图例	标记示例
圆柱销	GB/T 119.1—2000		直径d=10，公差为m6，长度l=80，材料为钢，不经表面处理的圆柱销： 销 GB/T 119.1 10 m6×80
圆锥销	GB/T 117—2000		直径d=10，长度l=100，材料35号钢，热处理硬度28~38HRC，表面氧化处理的A型圆锥销： 销 GB/T 117 A10×100 注：圆锥销的公称直径为小端直径

7.4　滚动轴承

滚动轴承是用于支承转轴的标准部件，如图7-57所示。

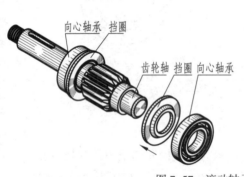
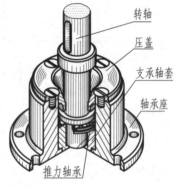

图 7-57　滚动轴承的应用

由于滚动轴承具有摩擦阻力小、结构紧凑等优点，因此其被广泛应用。滚动轴承的结构型式和尺寸都已标准化，使用时可查阅有关标准。

7.4.1　滚动轴承的结构与分类

滚动轴承的种类较多，但结构大致相同。一般由外圈、内圈、滚动体和保持架组成，如图7-58所示。

滚动轴承按所承受载荷的方向不同，可分为以下三类。

- 向心轴承：主要承受径向载荷，如图7-58（a）的深沟球轴承所示。
- 推力轴承：只承受轴向载荷，如图7-58（b）的推力球轴承所示。
- 向心推力轴承：能同时承受径向和轴向载荷，如图7-58（c）的圆锥滚子轴承所示。

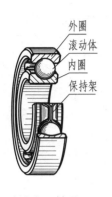

（a）向心轴承

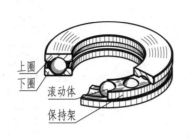

（b）推力轴承

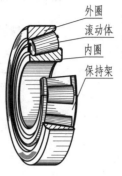

（c）向心推力轴承

图 7-58　滚动轴承的结构与类型

7.4.2　滚动轴承的画法

由于滚动轴承为标准部件，因此标准规定了滚动轴承在装配图中的三种画法，即通用画法、规定画法和特征画法。在同一图样中一般只采用其中的一种画法。

在滚动轴承所属装配图的剖视图中，当不需要确切地表达其外形轮廓、载荷特性和结构特征时，可采用通用画法。滚动轴承的通用画法如图7-59所示。通用画法中的矩形线框及十字形符号均用粗实线绘制，并应按比例作图。

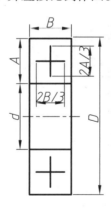

图 7-59　滚动轴承的通用画法

如在剖视图中需要形象地表示滚动轴承的结构特征，则可采用特征画法。常用轴承的特征画法见表7-13所示。特征画法由长、短两条粗实线组成，并应绘制在轴的两侧。

滚动轴承的规定画法可用于产品图样、产品标准、用户手册等方面。一般规定画法绘制在轴的一侧，另一侧按通用画法绘制。滚动轴承的规定画法中，滚动体不画剖面线，内、外圈剖面线的方向和间隔应相同。在不致引起误解时，可省略剖面线。轴承的保持架和倒角也可省略不画。滚动轴承的规定画法如表7-13所示。

表7-13　滚动轴承的特征画法和规定画法

轴承类型	画法	
	特征画法	规定画法
深沟球轴承 GB/T 276—1994	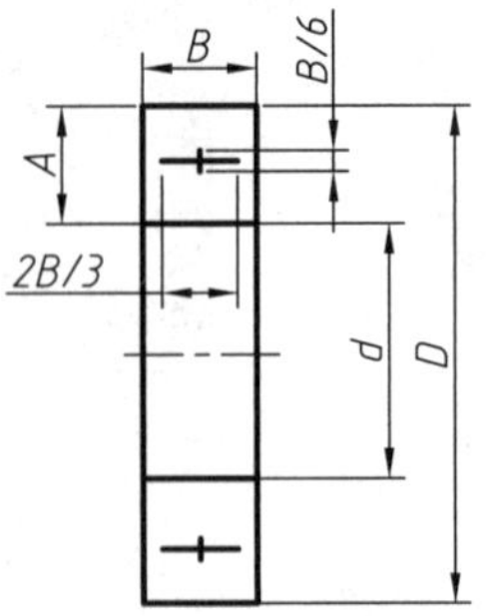	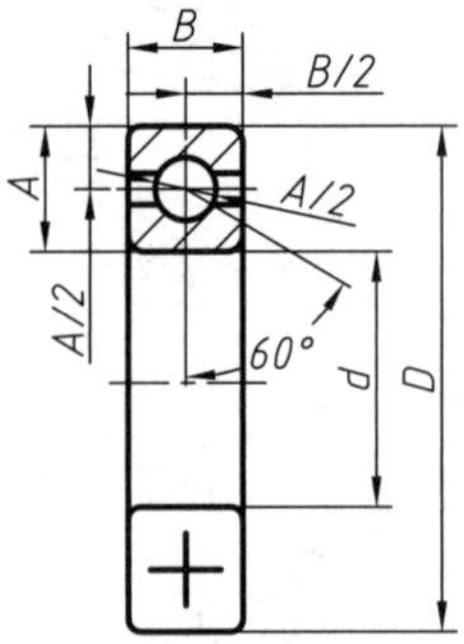
圆锥滚子轴承 GB/T 297—1994	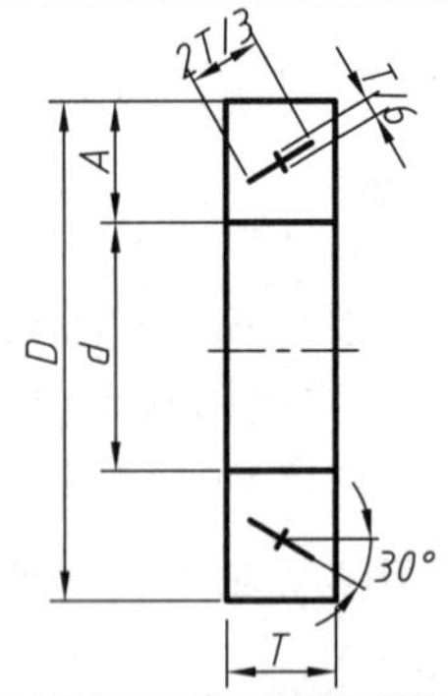	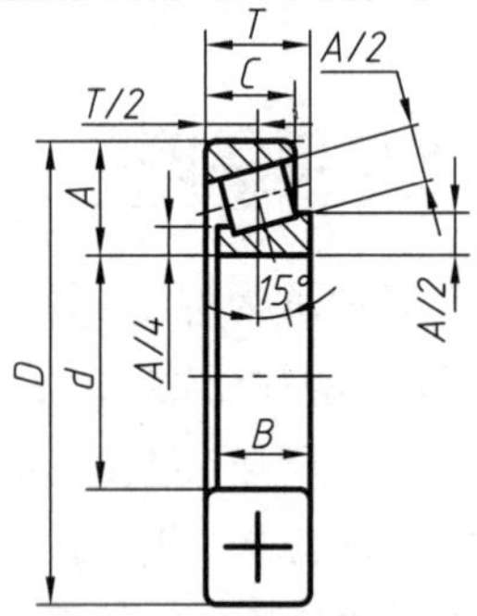
推力球轴承 GB/T 301—1995	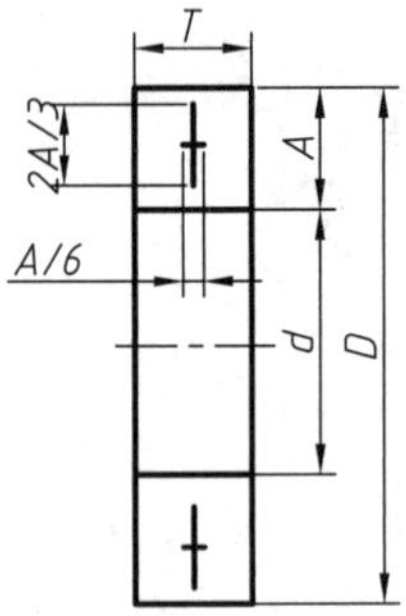	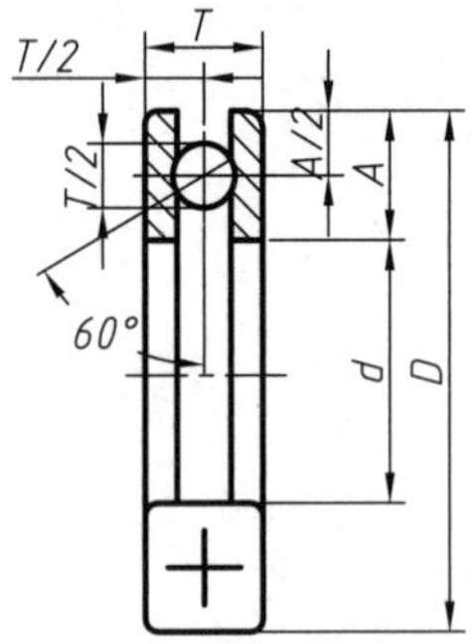

7.4.3　滚动轴承的代号

滚动轴承的代号由前置代号、基本代号和后置代号构成。其排列顺序为

前置代号　基本代号　后置代号

（1）前置代号和后置代号

前置和后置代号是轴承在结构形状、尺寸、技术要求等方面有改变时，在其基本代号的前后添加的补充代号，具体内容及要求可查阅有关的国家标准。

（2）基本代号

轴承的基本代号由类型代号、尺寸系列代号和内径代号构成。其中，类型代号用阿拉伯数字或大写拉丁字母表示，各种滚动轴承的类型代号如表7-14所示。

表7-14　滚动轴承类型代号

代号	轴承类型	代号	轴承类型
0	双列角接触球轴承	6	深沟球轴承
1	调心球轴承	7	角接触球轴承
2	调心滚子轴承和推力调心滚子轴承	8	推力圆柱滚子轴承
3	圆锥滚子轴承	N	圆柱滚子轴承
4	双列深沟球轴承	U	外球面球轴承
5	推力球轴承	QJ	四点接触球轴承

注：在表中代号后或前加字母或数字表示该类轴承中的不同结构。

尺寸系列代号由轴承的宽（高）度系列代号和直径代号组成，用两位数字表示。用于区别内径相同而宽（高）度和外径不同的轴承。表7-15列出了向心轴承和推力轴承的尺寸系列代号。

表7-15　向心轴承、推力轴承尺寸系列代号

直径系列代号	向心轴承								推力轴承			
	宽度系列代号								高度系列代号			
	8	0	1	2	3	4	5	6	7	9	1	2
	尺寸系列代号											
7	–	–	17	–	37	–	–	–	–	–	–	–
8	–	08	18	28	38	48	58	68	–	–	–	–
9	–	09	19	29	39	49	59	69	–	–	–	–
0	–	00	10	20	30	40	50	60	70	90	10	–
1	–	01	11	21	31	41	51	61	71	91	11	–
2	82	02	12	22	32	42	52	62	72	92	12	22
3	83	03	13	23	33	–	–	–	73	93	13	23
4	–	04	–	24	–	–	–	–	74	94	14	24
5	–	–	–	–	–	–	–	–	–	95	–	–

内径代号则用于表示轴承的公称内径。表7-16所示为轴承的内径代号。

表7-16　滚动轴承内径代号及其标记示例

轴承公称内径/mm		内径代号	示例
0.6～10（非整数）		用公称内径毫米数直接表示，在其与尺寸系列代号之间用/分开	深沟球轴承618/2.5 d=2.5mm
1～9（整数）		用公称内径毫米数直接表示，对深沟及角接触球轴承7，8，9直径系列，内径与尺寸系列代号之间用/分开	深沟球轴承62/5，618/5 d=5mm
10～17	10	00	深沟球轴承6200 d=10mm
	12	01	
	15	02	
	17	03	
20～480（22，28，32除外）		公称内径除以5的商，如商数为个位数，需在商数左边加0	调心滚子轴承23208 d=40mm
大于和等于500以及22，28，32		用公称内径毫米数直接表示，但在与尺寸系列代号之间用/分开	调心滚子轴承230/500 d=500mm 深沟球轴承62/22 d=22mm

7.5　弹簧

弹簧主要用于减振、夹紧、测力和储存能量。在机械、电器设备中弹簧应用极为广泛，其种类也比较多，图7-60所示为常见的几种弹簧形式。

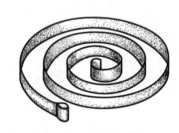

（a）压缩弹簧　　　　（b）拉伸弹簧　　　　（c）扭转弹簧　　　　　　（d）涡卷弹簧

图 7-60　常见的弹簧

本节将重点介绍圆柱螺旋压缩弹簧的参数计算和规定画法。

7.5.1　圆柱螺旋压缩弹簧各部分的名称及尺寸计算

圆柱螺旋压缩弹簧如图7-61所示。

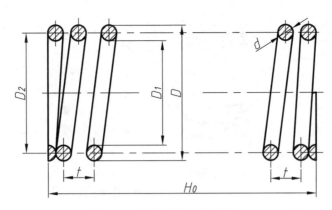

图 7-61　圆柱螺旋压缩弹簧

① 簧丝直径d。

② 弹簧直径。

- 外径D：弹簧的最大直径。

- 内径D_1：弹簧内孔的最小直径，$D_1=D-2d$。

- 中径D_2：弹簧的平均直径，$D_2=(D_1+D_2)/2=D_1+d=D-d$。

③ 节距t：除磨平压紧的支承圈外，相邻两圈间的轴向距离。

④ 支承圈数n_0、有效圈数n和总圈数n_1。

- 支承圈数n_0：为保证弹簧工作时受力均匀，使中心轴线垂直于支承面，将弹簧两端磨平并压紧 1.5 ~ 2.5 圈，这部分圈数称为弹簧的支承圈。一般两端各并紧 1.25 圈，并磨平其中的 3/4 圈。

- 有效圈数n：节距相等的圈数为有效圈数。

- 总圈数n_1：等于支承圈数加有效圈数，即$n_1=n_0+n$。

⑤ 弹簧的自由高度（或长度）H_0：弹簧不受外力时的高度，$H_0=nt+(n_0-0.5d)$。

⑥ 簧丝展开长度L：$L\approx\pi D_2 n_1$。

7.5.2　圆柱螺旋压缩弹簧的规定画法

1. 弹簧的规定画法

标准规定，可以采用剖视图、视图及示意图表达弹簧，如图7-62所示。

作图时应注意以下几点。

- 在平行螺旋弹簧轴线的投影面的视图中，弹簧各圈的轮廓应画成直线。

- 当弹簧的有效圈数在四圈以上时，每端可只画 1 ~ 2 圈（支承圈除外），其余各圈省略不画。

- 螺旋弹簧均可画成右旋，但左旋弹簧不论画成左旋还是右旋，一律要注明左旋旋向。

- 如要求螺旋压缩弹簧两端并紧且磨平时，不论支承圈数多少，均按 2.5 圈绘制。必要时，也可按弹簧实际结构绘制。

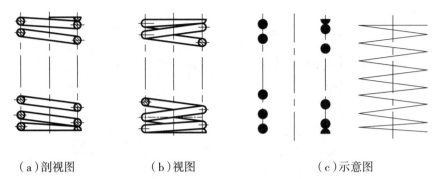

（a）剖视图　　　　　　　（b）视图　　　　　　　　（c）示意图

图 7-62　圆柱螺旋压缩弹簧的画法

圆柱螺旋压缩弹簧的绘图步骤如图7-63（a）～（c）所示。

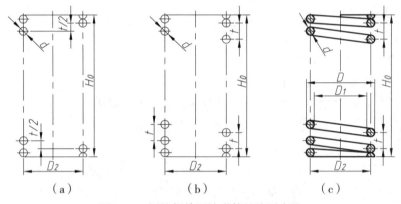

（a）　　　　　　　　（b）　　　　　　　　（c）

图 7-63　圆柱螺旋压缩弹簧的绘图步骤

2. 弹簧在装配图中的简化画法

在装配图中，视弹簧为实心物体，因而不画出被弹簧遮挡的结构，如图7-64（a）所示。当图形中的簧丝直径小于2mm时，可以采用示意画法，如图7-64（b）所示。

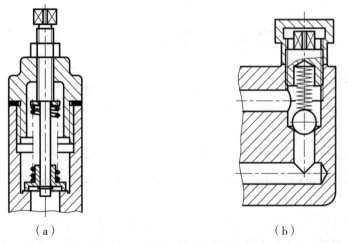

（a）　　　　　　　　　　　　（b）

图 7-64　弹簧在装配图中的画法

弹簧零件图如图7-65所示。

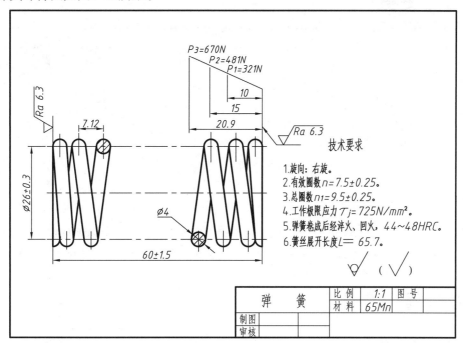

技术要求

1.旋向：右旋。
2.有效圈数n=7.5±0.25。
3.总圈数n1=9.5±0.25。
4.工作极限应力τ_j=725N/mm²。
5.弹簧卷成后经淬火、回火，44~48HRC。
6.簧丝展开长度L= 65.7。

弹　　簧	比 例	1:1	图号	
	材 料	65Mn		
制图				
审核				

图 7-65　弹簧零件图

第8章

零 件 图

学习目标

本章将重点介绍零件图的相关内容，包括视图选择、尺寸标注、技术要求在零件图上的标注、常见典型零件分析、零件测绘，以及读零件图的操作方法与步骤等。

学习要求

了解：零件图的基本知识。

掌握：零件图的画法，以及尺寸和技术要求的标注方法，掌握零件测绘及读零件图的方法与步骤。

8.1 零件图概述

如图8-1所示为一个齿轮油泵。

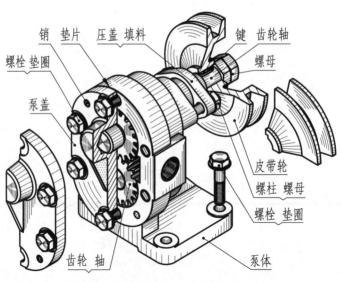

销 垫片 压盖 填料   键 齿轮轴
螺栓 垫圈   螺母
泵盖
皮带轮
螺柱 螺母
螺栓 垫圈
齿轮 轴   泵体

图 8-1 齿轮油泵

任何机器或部件都是由若干零件按一定的装配关系和技术要求装配而成的。齿轮油泵由泵体、泵盖、齿轮轴、压盖、皮带轮、键、螺栓、螺母等多种零件组成。

表示零件的形状结构、大小及技术要求的图样称为零件图。

8.1.1 零件图的作用

零件图是设计部门提交给生产部门的重要技术文件。零件图反映了设计者的作图意图，表达出机器（或部件）对零件的要求，它是制造和检验零件的依据。

加工零件的一般过程是，先根据零件图中所注写的材料进行备料，然后按零件图中的图形、尺寸和其他要求进行加工制造，最后对加工的零件进行质量检测。

8.1.2 零件图的内容

图8-2所示为直齿圆柱齿轮零件图。

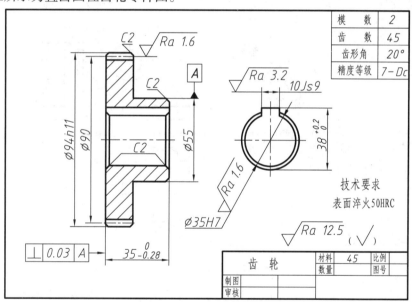

图 8-2　直齿圆柱齿轮零件图

一张完整的零件图应包括以下内容。

● 一组视图：用一定数量的视图、剖视图、断面图、局部放大图等，将零件的内外结构和形状表达清楚。

● 完整的尺寸：在零件图中应标注满足制造、检验、装配所需的各种尺寸。

● 技术要求：设计人员为保证零件的使用性能所提出的，零件在制造加工过程中应达到的要求。内容包括表面结构要求、极限与配合、几何公差、热处理等。

● 标题栏：用于填写有关零件的说明，如零件的名称、材料、比例、数量、图样的编号，并填写参与图样工作人员的姓名等。

8.2 零件图的视图选择

视图选择是综合了零件的结构形状、加工方法及零件在机器中所处位置等诸多因素所确定的。其内容包括选择零件的主视图，以及视图的数量和表达方法。

8.2.1 主视图的选择

主视图是一组视图的核心。在选择主视图时应考虑形状特征、工作位置和加工位置这三个基本原则。

1. 形状特征原则

主视图的投射方向应能表达零件各部分的形状特征。

图8-3所示的支座由圆筒、支承板、底板和肋板四部分组成。图中箭头K所示的投射方向与其他投射方向（如R、Q）相比，更能显示出该支座各部分的形状、大小及相互位置关系。

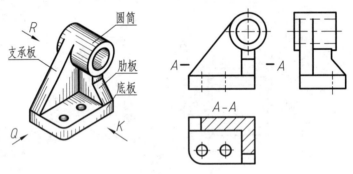

图 8-3　支座主视图的选择

2. 工作位置原则

零件在机器上都有各自的工作位置。主视图投射方向应符合零件在机器上的工作位置。如图8-4所示，吊钩的主视图既表达了吊钩的形状特征，又反映了工作位置。

图 8-4　吊钩的工作位置

3. 加工位置原则

零件在进行机械加工时，通常要将其固定在一定位置上，因此主视图应尽量与零件的加工位置一致。图8-5所示的轴，以及相类似的套、轮盘等零件，其主要加工工序是车削或磨削。为便于看图加工，应将零件主视图中的轴线水平放置。

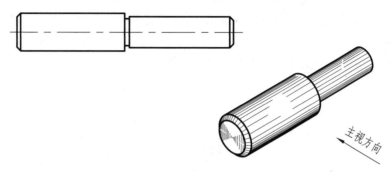

图 8-5　轴类零件的视图选择

8.2.2　其他视图的选择

主视图选定后，应根据零件的内、外结构形状确定其他视图的数量和画法。应使所确定的每一个视图都有其表达的重点内容。

选择其他视图一般应考虑以下原则。

● 每个视图都应有明确的表达重点，且各个视图互相补充。在明确表达零件的前提下，应使视图的数量为最少。

● 根据零件的内部结构选择恰当的视图、剖视图和断面图等表达方法。

● 对尚未表达清楚的局部形状和细小结构，补充必要的局部视图或局部放大图。

注意

◆ 总之，通过看图、画图及实际生产知识的积累，可以提高视图表达的能力。

8.3　零件图的尺寸标注

零件图上的尺寸是加工和检验零件的重要依据。因此，标注的尺寸应正确、完整、清晰、合理。本节将重点介绍合理标注尺寸的有关内容。

尺寸标注合理是指标注的尺寸既符合设计要求（满足使用性能），又符合工艺要求（满足加工和检验要求）。为达到上述两点要求，标注尺寸时必须遵循如下原则。

● 正确选择尺寸基准，即标注尺寸的起点。

● 选择恰当的尺寸标注形式。

8.3.1　尺寸基准的分类

按尺寸基准的作用不同，分为设计基准和工艺基准。

- 设计基准：指确定零件在部件或机器中位置的基准。如图8-6所示，液压缸的底面既是液压缸高度方向的基准，也是设计基准。
- 工艺基准：为了便于加工和测量而选定的基准称为工艺基准。如图8-6中所示的尺寸K，如从高度方向主基准（底面）测量不很方便。因此，将液压缸顶面作为辅助基准进行测量。顶面也是工艺基准。

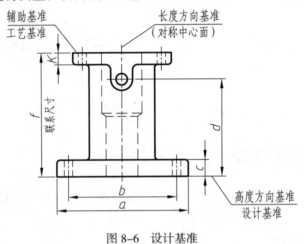

图 8-6　设计基准

8.3.2　标注尺寸的基本原则

1. 重要尺寸应直接注出

零件中的重要尺寸将直接影响零件的装配精度和使用性能。为保证加工的零件达到设计要求，应将重要的尺寸直接注出，而避免换算尺寸，如图8-7所示。

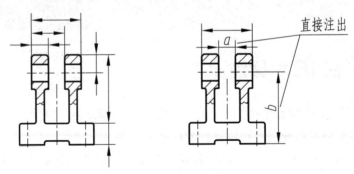

图 8-7　重要尺寸直接注出

重要的尺寸一般包括以下几种尺寸。

- 直接影响机件传动准确性的尺寸，如齿轮的轴间距。

- 直接影响机器性能的尺寸，如车床主轴轴线的高度。
- 两个零件的配合尺寸，如轴、孔的直径。
- 安装尺寸，如箱体类零件底板上地脚螺栓孔的定位尺寸。

2. 所注尺寸应符合工艺要求

（1）按加工顺序标注尺寸

按加工顺序标注尺寸既便于看图，也便于加工和测量。图8-8所示为减速器输出轴的车削加工顺序与尺寸标注。

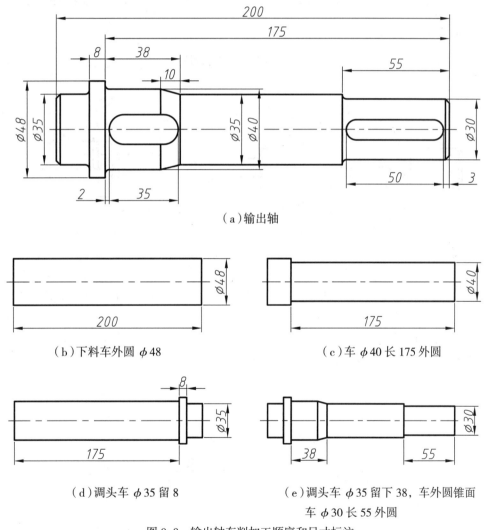

（a）输出轴

（b）下料车外圆 ϕ48　　　　　　　　　（c）车 ϕ40长175外圆

（d）调头车 ϕ35留8　　　　　　　（e）调头车 ϕ35留下38，车外圆锥面
车 ϕ30长55外圆

图 8-8　输出轴车削加工顺序和尺寸标注

（2）按加工要求标注尺寸

图8-9所示的退刀槽，其槽宽尺寸是由切槽刀的宽度决定的，应将该尺寸单独注出。同样，零件上的其他结构，如退刀槽、砂轮越程槽的尺寸注法也应与此相同。用不同方

法加工的有关尺寸、加工与不加工的尺寸、内部与外部尺寸应分类集中标注，如图8-10所示。

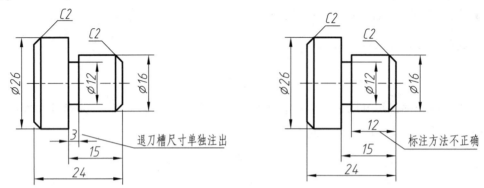

图 8-9　退刀槽的尺寸标注

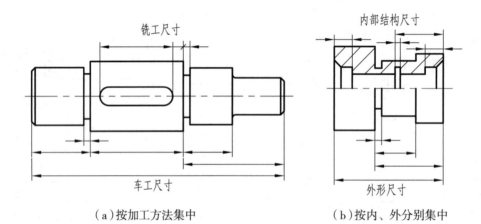

（a）按加工方法集中　　　　　　　　　（b）按内、外分别集中

图 8-10　有关的尺寸应集中标注

加工要求不同，尺寸注法也应有所不同。如图8-11所示的轴瓦，由于加工时需将上下轴瓦合在一起镗孔，所以其径向尺寸应注 ϕ。

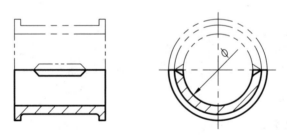

图 8-11　根据加工要求标注尺寸

（3）按测量要求标注尺寸

标注的尺寸应方便对加工的零件进行测量，如图8-12所示。

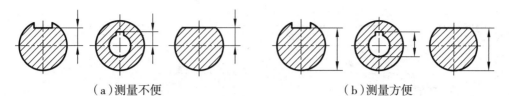

（a）测量不便 　　　　　　　　　（b）测量方便

图 8-12　标注尺寸应考虑测量方便

3. 避免注成封闭的尺寸链

在同一方向上，一组首尾相连的尺寸标注形式称为尺寸链。零件在加工过程中最后得到的尺寸，称为尺寸链的封闭环，而其他尺寸称为尺寸链的组成环。一般情况下，尺寸不注成图8-13（a）所示的封闭形式，而将其中不重要的一环形成开口，作为封闭环，如图8-13（b）所示的开口链。

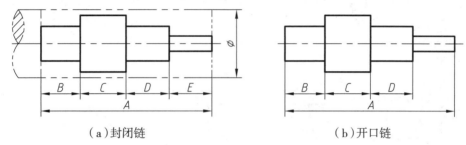

（a）封闭链 　　　　　　　　　　　（b）开口链

图 8-13　尺寸不注成封闭形式

图中 B、C、D 及总长 A 4个尺寸为重要尺寸，E 为一般尺寸，可将其他尺寸的加工误差累积到不需要检查的尺寸 E 上。

8.3.3　零件上常见孔的尺寸注法

零件图中常见孔的标注方法如表8-1所示。

表8-1　零件图中常见孔的标注方法

结构类型		尺寸标注	说明
螺孔	通孔	$3XM6{-}7H$　　EQS　　　$3XM6{-}7H$　　　　$3XM6{-}7H$	EQS为均匀分布孔的缩写词
	不通孔	$3XM4{-}7H$ ▽18　　$3XM4{-}7H$ ▽18　　$3XM4{-}7H$　18　25	▽ 为孔深符号

（续表）

结构类型		尺寸标注	说明
光孔	圆柱孔	*3X∅6▽18*　*3X∅6 ▽18*　*3X∅6*　*18*	
	锥销孔	*锥销孔∅6 配作*　*锥销孔∅6 配作*	"配作"系指孔与相邻零件的同位锥销孔一起加工
沉孔	锥形沉孔	*3X∅8 ▽∅12X90°*　*3X∅8 ▽∅12X90°*　*90°*　*∅12*　*3X∅8*	▽为埋头锥孔符号，该孔为安装开槽沉头螺钉所用
	柱形沉孔	*3X∅8 ⊔∅12▽5*　*3X∅8 ⊔∅12▽5*　*∅12*　*5*　*3X∅8*	⊔为锪平、沉孔符号。若为锪孔，通常只需锪出圆平面即可，而不标注深度

8.4 零件图的技术要求

8.4.1 技术要求的内容

零件图上的技术要求主要包括以下内容。

● 表面结构要求。

● 极限与配合。

● 几何公差。

● 材料及其热处理方法。

8.4.2 表面结构要求（GB/T 131—2006）

1. 概述

国标规定在零件图上须标注出零件各表面的表面结构要求，其中不仅包括直接反映表面微观几何形状特性的参数值，而且包含说明加工方法、加工纹理方向及表面镀覆前后的表面结构要求等其他内容。

零件在机械加工过程中，由于机床、刀具的振动，材料被切削时产生的塑性变形及刀痕等原因，其表面经放大后可以看到仍是高低不平的。这种加工表面上具有较小间距和峰谷所组成的微观几何形状特性，称为零件的表面轮廓，如图8-14所示。

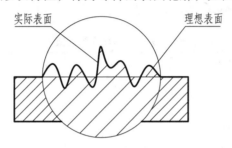

图 8-14 表面轮廓的概念

按测量和计算方法不同，可将表面轮廓分为原始轮廓（P轮廓）、粗糙度轮廓（R轮廓）、波纹度轮廓（W轮廓）。

对于机械零件的表面结构要求，一般采用粗糙度轮廓参数评定。

2. 粗糙度轮廓的评定参数

粗糙度轮廓对零件的配合性质、疲劳强度、抗腐蚀性、密封性等影响较大。因此，要根据零件表面的不同情况，合理选择其参数值。粗糙度轮廓的评定参数有轮廓算术平均偏差（Ra）和轮廓最大高度（Rz）。

轮廓算术平均偏差（Ra）：在一个取样长度lr内，纵坐标$Z(x)$绝对值的算术平均值，其几何意义如图8-15所示，它反映了轮廓的平均缺陷程度。

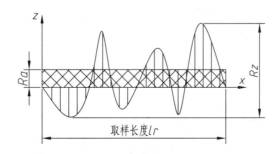

图 8-15 粗糙度轮廓的评定参数

Ra按下列公式计算

$$Ra = \frac{1}{lr} \int_0^{lr} |Z(x)| \mathrm{d}x$$

表8-2列出了国家标准规定的Ra系列值。

表 8-2　轮廓算术平均偏差 Ra 系列值　　　（单位：μm）

Ra	0.012	0.2	3.2	50
	0.025	0.4	6.3	100
	0.05	0.8	12.5	
	0.1	1.6	25	

当选用表8-2中规定的Ra系列数值不能满足要求时，可选用表8-3中的补充系列值。

表 8-3　Ra 的补充系列值　　　（单位：μm）

Ra	0.008	0.08	1	10
	0.01	0.125	1.25	16
	0.016	0.16	2	20
	0.02	0.25	2.5	32
	0.032	0.32	4	40
	0.04	0.5	5	63
	0.063	0.63	8	80

轮廓最大高度（Rz）：在一个取样长度lr内，轮廓最大峰高和轮廓最大谷深之和即为轮廓最大高度，如图8-15所示，它反映了轮廓的最大缺陷程度。

表8-4列出了国家标准规定的Rz系列值。

表 8-4　轮廓最大高度 Rz 数值　　　（单位：μm）

Rz	0.025	0.4	6.3	100
	0.05	0.8	12.5	200
	0.1	1.6	25	400
	0.2	3.2	50	800

Rz的补充系列值见表8-5。

表 8-5　Rz 的补充系列值　　　（单位：μm）

Rz	0.032	0.5	8	125
	0.04	0.63	10	160
	0.063	1	16	250
	0.08	1.25	20	320
	0.125	2	32	500
	0.16	2.5	40	630
	0.25	4	63	1000
	0.32	5	80	1250

常用Ra、Rz对应的取样长度lr及评定长度值ln，如表8-6所示。

表8-6 *Ra*、*Rz*对应的取样长度及评定长度值

Ra /μm	Rz/μm	lr/mm	ln（$ln=5lr$）/mm
≥0.008～0.02	≥0.025～0.1	0.08	0.4
>0.02～0.1	>0.1～0.5	0.25	1.25
>0.1～0.2	>0.5～10	0.8	4
>2～10	>10～50	2.5	12.5

3. 标注表面结构的图形符号

表面结构的图形符号分为基本图形符号、扩展图形符号和完整图形符号，如图8-16、图8-17所示。

（a）基本符号 （b）去除材料 （c）不去除材
　　　　　　　　扩展符号　　料扩展符号

图 8-16 基本图形符号与扩展图形符号

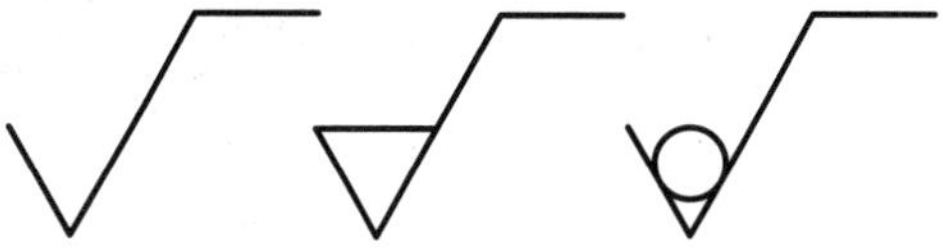

（a）允许任何 （b）去除材料 （c）不去除
　工艺符号　　符号　　　材料符号

图 8-17 完整图形符号

表面结构图形符号的意义如下。

● 基本图形符号，仅适用于简化代号标注，无补充说明时不能单独使用。

● 扩展图形符号，为对表面结构有去除材料或不去除材料的指定要求的图形符号。

● 完整图形符号，当要求标注表面结构特征信息时所使用的符号。

在完整图形符号中，表面结构参数代号和数值，以及加工工艺、表面纹理和方向、加工余量等补充要求应注写在图8-18所示的规定位置。

位置*a*：注写表面结构的单一要求，或第一个表面结构要求。

位置*b*：注写两个或多个表面结构要求。

位置*c*：注写加工方法（车、铣、磨等）、表面处理、涂层或

其他加工工艺要求。

位置*d*：注写要求的表面纹理方向符号。

位置*e*：注写要求的加工余量，数值以mm为单位。

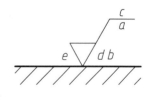

图 8-18 参数值及有关规定的注写位置

对某个图形中封闭轮廓的各个表面有相同的表面结构要求时，可采用图8-19所示的图形符号。

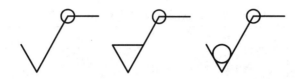

图 8-19　封闭轮廓具有相同表面结构要求的图形符号

在技术报告或合同文本中用文字表达图8-17所示的图形符号时，用APA表示图8-17（a）所示的图形符号，用MRR表示图8-17（b）所示的图形符号，用NMR表示图8-17（c）所示的图形符号。

表面结构图形符号的形状及尺寸，如图8-20所示。

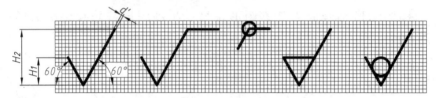

图 8-20　表面结构图形符号的画法

图形符号和附加标注的尺寸要求如表8-7所示。

表 8-7　图形符号和附加标注的尺寸要求　　　　　　（单位：μm）

数字和字母高度h	2.5	3.5	5	7	10	14
符号线宽　d'	0.25	0.35	0.5	0.7	1	1.4
字母线宽　d						
高度　H_1	3.5	5	7	10	14	20
高度　H_2（最小值）	7.5	10.5	15	21	30	42

国家标准《产品几何技术规范（GPS）技术产品文件表面结构的表示法》（GB/T 131—2006）规定的表面结构符号及含义如表8-8所示。

表8-8　表面结构符号及其含义

符号	含义/解释
$\sqrt{}$ Ra 3.2	不允许去除材料，单向上限值，默认传输带，R轮廓，算术平均偏差为3.2μm，评定长度为5个取样长度（默认），16%规则（默认）
$\sqrt{}$ Rzmax 3.2	表示去除材料，单向上限值，默认传输带，R轮廓，粗糙度最大高度值为3.2μm，评定长度为5个取样长度（默认），最大规则（默认）
$\sqrt{}$ 0.008-0.8/Ra 3.2	表示去除材料，单向上限值，传输带0.008～0.8mm，R轮廓，算术平均偏差为3.2μm，评定长度为5个取样长度（默认），16%规则（默认）
$\sqrt{}$ -0.8/Ra3 3.2	表示去除材料，单向上限值，传输带：根据GB/T 6062，取样长度0.8μm，R轮廓，算术平均偏差为3.2μm，评定长度为3个取样长度，16%规则（默认）
$\sqrt{}$ U Ramax 3.2 L Ra 0.8	表示不允许去除材料，双向极限值，两个极限值均使用默认传输带，R轮廓。上限值：算术平均偏差3.2μm，评定长度为5个取样长度（默认），"最大规则"。下限值：算术平均偏差0.8μm，评定长度为5个取样长度（默认），16%规则（默认）

4. 表面结构参数的标注

表面结构参数的标注方法如下。

① 无论是标注粗糙度轮廓参数还是其他参数，都必须标注出参数代号Ra、Rz等，不能省略。

② 为避免误解，在参数代号和极限值间应插入空格，如Ra 0.8。若标注传输带或取样长度时，其后应加/与参数隔开。

③ 参数代号后标有max字样时，应用最大规则解释其极限值，无max字样时，用默认的16%规则。

- 最大规则：在检测表面结构过程中，检测的参数值一次也不能超过规定上限值。
- 16%规则：在检测表面结构过程中，检测的参数值只要不合格数不超过总检测数的16%，仍可判定零件合格。

④ R轮廓的评定长度默认值为5个取样长度，当评定长度不等于5个取样长度时，应在相应的参数代号后标注其个数，如Ra 3。

⑤ 当只标注参数代号、参数值和传输带时，它们应被默认为参数的上极限值。当参数代号、参数值和传输带为参数的单向下限值标注时，则参数代号前应加注字母L。

⑥ 在完整符号中表示表面参数的双向极限时，上限值在上方，在参数代号前加注字母U；下限值在下方，在参数代号前加注字母L。

5. 表面结构符号在图样上的标注方法

表面结构符号、代号在图样上的标注方法如下。

① 表面结构代号一般标注在可见轮廓线上，符号的尖端必须从材料外指向表面，如图8-21所示。对于不同位置的表面，可选用图8-22所示的结构符号标注方法。

② 表面结构代号也可以标注在用带箭头或黑点的指引线引出后的基线上，也可标注在零件表面的延长线上，如图8-23所示。在不会引起误解时，表面结构代号也可以标注在相关尺寸线上所标尺寸的后面，如图8-24所示。

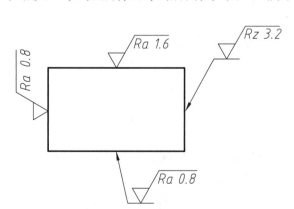

图 8-21 表面结构代号的注法

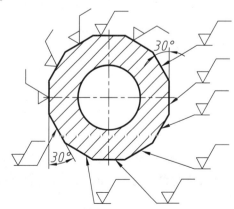

图 8-22 不同位置的表面结构符号画法图

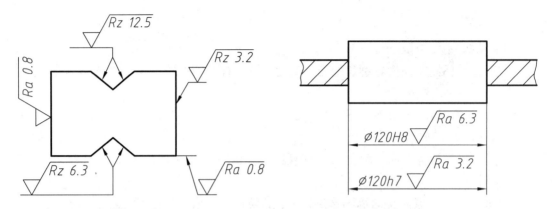

图 8-23　表面结构代号在轮廓线上的标注　　　　图 8-24　表面结构代号标注在尺寸线上

③ 表面结构代号还可以标注在几何公差框格的上方，如图8-25所示。

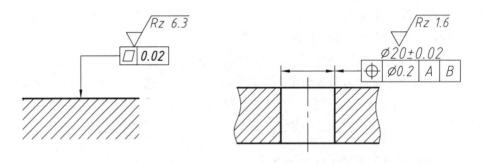

图 8-25　表面结构代号在几何公差框格上方的标注

④ 当零件的大部分表面具有相同的表面结构要求时，可在图样的标题栏附近统一标注，并在圆括号内给出无任何其他标注的基本图形代号，或在圆括号内给出图中已经标出的几个不同的表面结构代号，如图8-26所示。

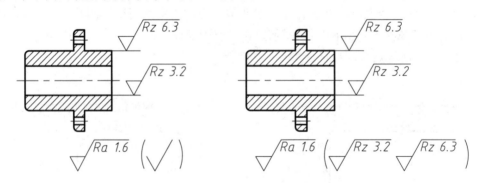

图 8-26　大多数表面有相同表面结构要求的简化标注

⑤ 当图形空间有限时，可用带字母的完整符号，以等式的方式在图形或标题栏附近对有相同表面结构要求的表面进行简化标注，如图8-27所示。

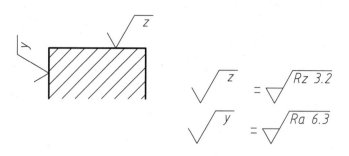

图 8-27 在图纸空间有限时的简化标注

⑥ 同一表面上有不同的表面结构要求时，需用细实线画出其分界线，并标注出相应的表面结构代号和尺寸，如图8-28所示。

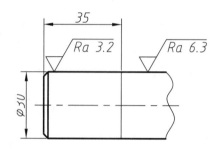

图 8-28 同一表面上表面结构要求不同时的注法

⑦ 零件上连续的表面及重复要素（孔、槽、齿等）的表面，其表面结构代号标注方法如图8-29所示。

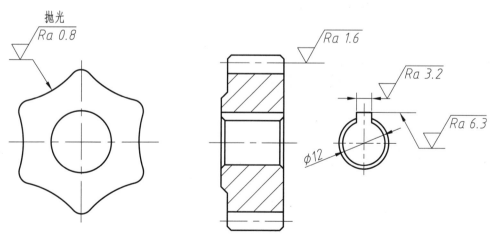

图 8-29 连续表面及重复要素的表面结构注法

⑧ 中心孔的工作表面、键槽工作面、倒角、圆角的表面结构代号的标注方法如图8-30所示。

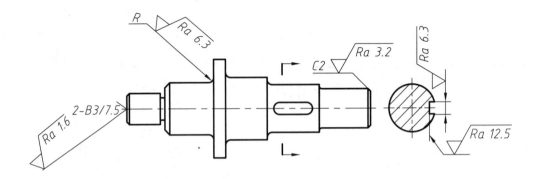

图 8-30 中心孔、键槽、倒角、圆角的表面结构代号的标注方法

⑨ 花键、螺纹等工作表面没有画出齿（牙）形时，其表面结构代号的标注方法如图8-31所示。

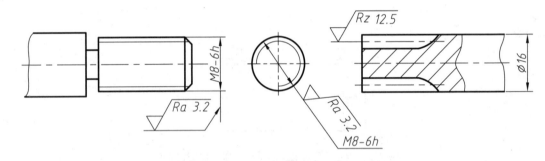

图 8-31 花键、螺纹的表面结构代号的注法

⑩ 由几种不同的工艺方法获得的同一表面，当需要明确每种工艺方法的表面结构要求时，可按图8-32所示方法进行标注。

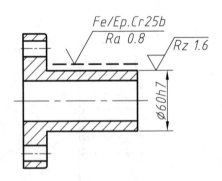

图 8-32 同时给出镀覆前后的表面结构要求的标注方法

6.表面结构参数的选择

选择表面结构参数时，既要考虑零件表面的功能要求，又要考虑经济性，还要考虑现有的加工设备，一般应遵从以下原则。

● 在同一零件上，工作表面比非工作表面的参数值要小。

- 摩擦表面要比非摩擦表面的参数值小，有相对运动的工作表面，运动速度越高，其参数值越小。
- 配合精度越高，参数值越小，间隙配合比过盈配合的参数值小。
- 配合性质相同时，零件尺寸越小，参数值越小。
- 要求密封、耐腐蚀或具有装饰性的表面，参数值要小。

8.4.3 表面处理及热处理

零件通过表面处理及热处理后，可以极大地改善零件材料的性能。如对零件的表面进行渗碳、表面淬火、表面涂层等处理，或是对零件做调质、淬火、回火、退火等热处理，可在图中标注表面处理和热处理的要求，如图8-33所示。

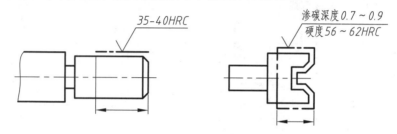

图 8-33 表面处理和热处理的标注

8.4.4 极限与配合（GB/T 1800.1—2009）

1. 互换性的概念

在成批或大量生产中，一批零件在装配时不经挑选和修配，即可满足设计和使用要求的性能称为互换性。零件具有互换性，不但方便机械设备的装配和维修，而且为组织协作、实现大规模生产提供了必要的条件。

2. 基本术语及定义

下面以图8-34为例说明极限与配合的基本术语及定义。

- 公称尺寸：设计给定的尺寸，如$\phi 50$。
- 实际尺寸：通过测量所得的尺寸。
- 极限尺寸：允许尺寸变化的两个界限值。加工尺寸的最大允许值称为上极限尺寸，最小允许值称为下极限尺寸。如图8-34所示的孔，$\phi 50.007$为上极限尺寸，$\phi 49.982$为下极限尺寸。
- 尺寸偏差：有上极限偏差和下极限偏差之分。上极限尺寸与公称尺寸的代数差，称为上极限偏差；下极限尺寸与公称尺寸的代数差，称为下极限偏差。上、下极限偏差值可以为正，也可以为负或零值。孔的上极限偏差用**ES**表示，下极限偏差用**EI**表示。轴的上极限偏差用**es**表示，下极限偏差用**ei**表示。

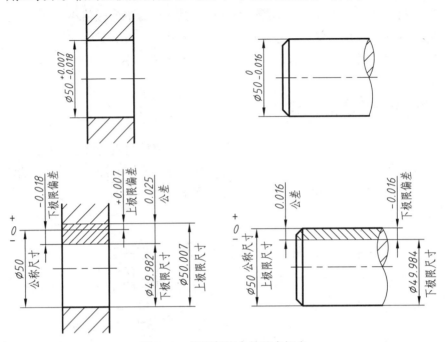

图 8-34　极限与配合的基本概念

● 尺寸公差（简称公差）：允许尺寸变动的范围。尺寸公差等于上极限尺寸减去下极限尺寸，或等于上极限偏差减去下极限偏差。尺寸公差用一个没有符号的绝对值表示，如图8-34所示孔的公差为0.025。

● 公差带图：表示公差带大小（高度）和位置的图形，称为公差带图。在公差带图中，由代表上、下极限偏差的两条直线所限定的区域，称为公差带，如图8-35所示。

● 零线：在公差带图中，用以确定偏差位置的基准线。零线表示公称尺寸。

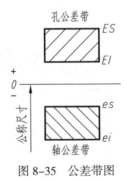

图 8-35　公差带图

3. 标准公差与基本偏差

国家标准GB/T 1800中规定，公差带由标准公差（IT）和基本偏差组成。标准公差决定公差带的大小（高度），基本偏差确定公差带相对于零线的位置。

标准公差是由国家标准规定的公差值，其大小由公称尺寸和公差等级两个因素决定。国家标准将公差划分为20个等级，分别为IT01、IT0、IT1、IT2、…、IT18。其中IT01精度最高，IT18精度最低。公称尺寸相同时，公差等级越高（数值越小），标准公差越小。公差等级相同时，公称尺寸越大，标准公差越大。

基本偏差是用以确定公差带相对于零线位置的极限偏差，一般为靠近零线的偏差，如图8-36所示。当公差带在零线上方时，基本偏差为下极限偏差；当公差带在零线下方时，基本偏差为上极限偏差。当零线穿过公差带时，离零线近的偏差为基本偏差；当公差带对称于零线时，基本偏差为上极限偏差或下极限偏差，如图8-37中的JS（js）。

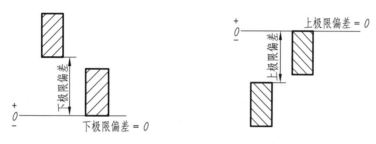

（a）基本偏差为下极限偏差　　　　（b）基本偏差为上极限偏差

图8-36　基本偏差示意图

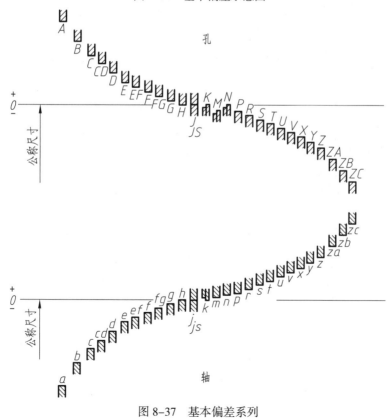

图8-37　基本偏差系列

为保证零件在装配后达到需要的配合性质，除将公差的数值予以标准化外，对孔和轴公差带的位置也予以标准化。公差带的位置由基本偏差决定，孔和轴各有28个基本偏差，用字母或字母组合表示。孔的基本偏差代号用大写字母表示，轴的基本偏差代号用小写字母表示，如图8-37所示。

由于基本偏差只决定公差带的位置，而公差带的大小需根据标准公差值确定，因此图中所示公差带是不封口的。公差带的代号则是由基本偏差代号和标准公差等级组成。如代号 ϕ60H8中的H是基本偏差代号，8为标准公差等级。经过查表，该尺寸的上极限偏差为46μm，下极限偏差为0，基本偏差为下极限偏差，上极限尺寸为 ϕ60.046mm，下极限尺寸为 ϕ60mm，公差为46μm。

4. 配合种类

公称尺寸相同时，相互结合的轴和孔公差带之间的关系称为配合。按性质不同，配合分为间隙配合、过渡配合和过盈配合三种，如图8-38所示。

- 间隙配合：具有间隙（包括最小间隙等于零）的配合称为间隙配合。此时，孔的公差带在轴的公差带之上。间隙配合主要用于孔、轴间具有相对运动的情况。
- 过盈配合：具有过盈（包括最小过盈等于零）的配合称为过盈配合。此时，孔的公差带在轴的公差带之下。过盈配合将紧固孔和轴，不允许两者间有相对运动。
- 过渡配合：可能具有间隙或过盈的配合称为过渡配合。此时，孔的公差带与轴的公差带相互交叠。过渡配合多用于孔、轴间需准确定位的情况。

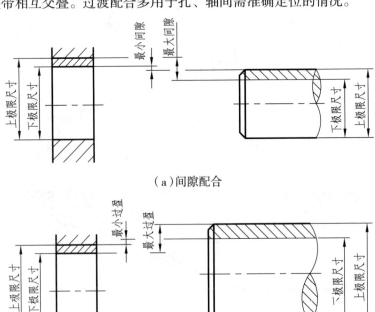

（a）间隙配合

（b）过盈配合

图 8-38　配合类别

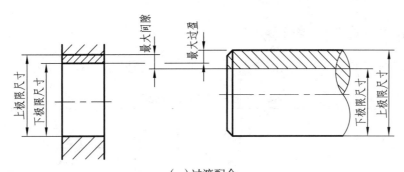

（c）过渡配合

图 8-38　配合类别（续）

5. 配合制

为了减少加工零件的定值刀具、量具的规格和数量，国家标准规定了两种配合制，即基孔制和基轴制。

- 基孔制：基本偏差为一定的孔的公差带，与不同基本偏差的轴的公差带形成各种配合性质的制度，称为基孔制。基孔制的孔，称为基准孔，其基本偏差代号为H（下偏差为零），如图8-39（a）所示。
- 基轴制：基本偏差为一定的轴的公差带，与不同基本偏差的孔的公差带形成各种配合性质的制度，称为基轴制。基轴制的轴，称为基准轴，其基本偏差代号为h（上偏差为零），如图8-39（b）所示。

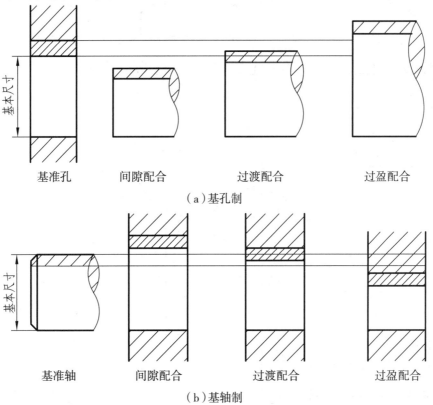

图 8-39　基孔制与基轴制

6. 常用、优先选用的公差带和配合

国家标准规定的基孔制常用配合有59种，其中优先配合有13种，如表8-9所示。

表8-9　基孔制常用、优先配合

基准孔	轴																				
	a	b	c	d	e	f	g	h	js	k	m	n	p	r	s	t	u	v	x	y	z
	间隙配合								过渡配合				过盈配合								
H6						$\frac{H6}{f6}$	$\frac{H6}{g5}$	$\frac{H6}{h5}$	$\frac{H6}{js5}$	$\frac{H6}{k5}$	$\frac{H6}{m5}$	$\frac{H6}{n5}$	$\frac{H6}{p5}$	$\frac{H6}{r5}$	$\frac{H6}{s5}$	$\frac{H6}{t5}$					
H7						$\frac{H7}{f6}$	**$\frac{H7}{g6}$**	**$\frac{H7}{h6}$**	$\frac{H7}{js6}$	**$\frac{H7}{k6}$**	$\frac{H7}{m6}$	**$\frac{H7}{n6}$**	**$\frac{H7}{p6}$**	$\frac{H7}{r6}$	**$\frac{H7}{s6}$**	$\frac{H7}{t6}$	**$\frac{H7}{u6}$**	$\frac{H7}{v6}$	$\frac{H7}{x6}$	$\frac{H7}{y6}$	$\frac{H7}{z6}$
H8					$\frac{H8}{e7}$	**$\frac{H8}{f7}$**	$\frac{H8}{g7}$	**$\frac{H8}{h7}$**	$\frac{H8}{js7}$	$\frac{H8}{k7}$	$\frac{H8}{m7}$	$\frac{H8}{n7}$	$\frac{H8}{p7}$	$\frac{H8}{r7}$	$\frac{H8}{s7}$	$\frac{H8}{t7}$	$\frac{H8}{u7}$				
H8				$\frac{H8}{d8}$	$\frac{H8}{e8}$	$\frac{H8}{f8}$		$\frac{H8}{h8}$													
H9			$\frac{H9}{c9}$	**$\frac{H9}{d9}$**	$\frac{H9}{e9}$	$\frac{H9}{f9}$		**$\frac{H9}{h9}$**													
H10			$\frac{H10}{c10}$	$\frac{H10}{d10}$				$\frac{H10}{h10}$													
H11	$\frac{H11}{a11}$	$\frac{H11}{b11}$	**$\frac{H11}{c11}$**	$\frac{H11}{d11}$				**$\frac{H11}{h11}$**													
H12		$\frac{H12}{b12}$						$\frac{H12}{h12}$													

注：表格中带有底纹的配合为优先配合。

基轴制常用配合有47种，其中优先配合有13种，如表8-10所示。

表8-10　基轴制常用、优先配合

基准轴	孔																				
	A	B	C	D	E	F	G	H	JS	K	M	N	P	R	S	T	U	V	X	Y	Z
	间隙配合								过渡配合				过盈配合								
h5						$\frac{F6}{h5}$	$\frac{G6}{h5}$	$\frac{H6}{h5}$	$\frac{JS6}{h5}$	$\frac{K6}{h5}$	$\frac{M6}{h5}$	$\frac{N6}{h5}$	$\frac{P6}{h5}$	$\frac{R6}{h5}$	$\frac{S6}{h5}$	$\frac{T6}{h5}$					
h6						$\frac{F7}{h6}$	**$\frac{G7}{h6}$**	**$\frac{H7}{h6}$**	$\frac{JS7}{h6}$	**$\frac{K7}{h6}$**	$\frac{M7}{h6}$	**$\frac{N7}{h6}$**	**$\frac{P7}{h6}$**	$\frac{R7}{h6}$	**$\frac{S7}{h6}$**	$\frac{T7}{h6}$	**$\frac{U7}{h6}$**				
h7					$\frac{E8}{h7}$	**$\frac{F8}{h7}$**		**$\frac{H8}{h7}$**	$\frac{JS8}{h7}$	$\frac{K8}{h7}$	$\frac{M8}{h7}$	$\frac{N8}{h7}$									
h8				$\frac{D8}{h8}$	$\frac{E8}{h8}$	$\frac{F8}{h8}$		$\frac{H8}{h8}$													
h9				**$\frac{D9}{h9}$**	$\frac{E9}{h9}$	$\frac{F9}{h9}$		**$\frac{H9}{h9}$**													
h10				$\frac{D10}{h10}$				$\frac{H10}{h10}$													
h11	$\frac{A11}{h11}$	$\frac{B11}{h11}$	**$\frac{C11}{h11}$**	$\frac{D11}{h11}$				**$\frac{H11}{h11}$**													
h12		$\frac{B12}{h12}$						$\frac{H12}{h12}$													

注：表格中带有底纹的配合为优先配合。

7. 极限与配合在图样上的标注

（1）极限与配合在零件图上的标注

在零件图上，线性尺寸的公差有三种标注形式：标注上、下极限偏差值；标注公差代号；标注公差代号和上、下极限偏差值，但极限偏差值需用括号括起来，如图8-40所示。

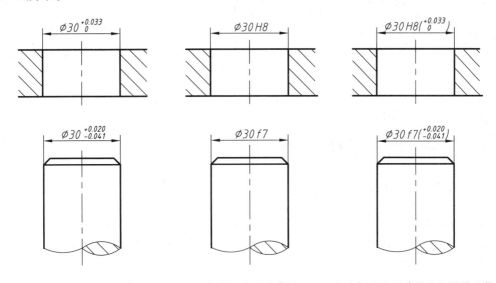

（a）标注极限偏差值　　　（b）标注公差代号　　　（c）标注公差代号和极限偏差值

图 8-40　极限与配合在零件图上的标注形式

一般用于大批量生产的零件图，只注公差代号。对于中、小批量生产的零件图，只注出极限偏差。

标注极限偏差时应注意如下方面。

上极限偏差需注在公称尺寸的右上方，下极限偏差则与公称尺寸注写在同一底线上，其字高要比公称尺寸的字高小一号；上、下极限偏差的小数点必须对齐，上下极限偏差中小数点后端的0一般不予注出；如果为了使上下偏差的小数点后的位数相同，可以用0补充。如上极限偏差或下极限偏差为0时，就只标注0，并与下极限偏差或上极限偏差的小数点前的个位数对齐；当上、下极限偏差数值相同时，其数值只需标注一次，在数值前注出符号±，且字高与基本尺寸相同，如$\phi 60 \pm 0.03$。

（2）极限与配合在装配图上的标注

在装配图上标注极限与配合时，其代号必须在公称尺寸的右边，用分数形式注出。分子为孔的公差代号，分母为轴的公差代号，公差代号的字号应与公称尺寸的字号一致，如图8-41（a）所示。当标准件（如轴承）与非标准件配合时，则只标注非标准件的公差代号。例如，轴承内孔与轴的配合，只需标注轴的公差代号；轴承外圈与箱体轴承孔的配合，只标注轴承孔的公差代号，如图8-41（b）所示。

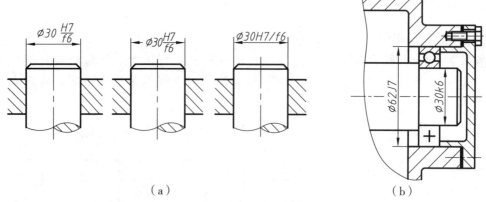

（a）

（b）

图 8-41　极限与配合在装配图上的标注形式

8.4.5　几何公差（GB/T 1182—2008）

1. 几何公差的基本概念

零件经过加工后，不仅会产生尺寸误差，而且会产生几何误差。若误差过大，将影响机器的装配和正常运转。因此，对于精度要求较高的零件，除给出尺寸公差外，还应注出几何公差，如图8-42所示。

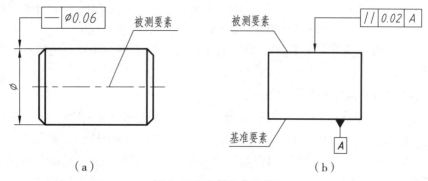

（a）

（b）

图 8-42　几何公差示例

要素是指零件上的特定部位，如点、线或面。这些要素可以是组成要素，如圆柱体的外表面，也可以是导出要素，如中心线或中心平面。

被测要素是指给出了几何公差的要素。

基准要素就是用来确定被测要素的方向或位置的要素。

2. 几何公差的代号

几何公差代号由几何公差符号、框格、公差值、指引线、基准符号和其他有关符号组成。

几何公差的分类、名称和符号如表8-11所示。

表8-11 几何公差的名称及符号

公差	特征项目	符号	有无基准要求	公差	特征项目	符号	有无基准要求
形状公差	直线度	——	无	方向公差	线轮廓度	⌒	有
	平面度	▱	无		面轮廓度	◠	有
	圆度	○	无	位置公差	位置度	⊕	有或无
	圆柱度	⌀	无		同轴度（同心度）	◎	有
	线轮廓度	⌒	无		对称度	═	有
	面轮廓度	◠	无		线轮廓度	⌒	有
方向公差	平行度	//	有		面轮廓度	◠	有
	垂直度	⊥	有	跳动公差	圆跳动	↗	有
	倾斜度	∠	有		全跳动	↗↗	有

几何公差符号与公差框格的比例关系如图8-43所示。

图 8-43 几何公差符号与公差框格的比例关系

公差框格的线宽、框格高度及字体高度等的关系，如表8-12所示。

机械制图(第五版)

表8-12　公差框格及字高的尺寸关系

特征	推荐尺寸						
框格高度 H	5	7	10	14	20	28	40
字体高度 h	2.5	3.5	5	7	10	14	20
框格线宽 d	0.25	0.35	0.5	0.7	1	1.4	2

公差框格的推荐宽度为：第一格等于框格高度，第二格与标注内容长度相适应，第三格及以后各格也应与有关字母尺寸相适应，其画法如图8-44所示。

基准符号画法如图8-45所示，图中两种形式同等含义，推荐等边三角形高度k等于字高h。框格中的字符高度与尺寸数字的高度相同，基准中的字母应水平书写。

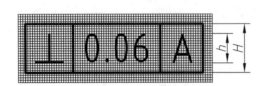

图 8-44　公差框格的画法

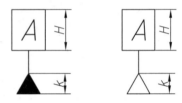

图 8-45　基准符号的画法

3. 被测要素与基准要素的标注

被测要素与基准要素的标注方法如下所示。

① 当基准要素或被测要素公差涉及轮廓线或表面时，基准符号及指引线箭头应放置在要素的轮廓线或其延长线上，并应与尺寸线明显地错开，如图8-46所示。

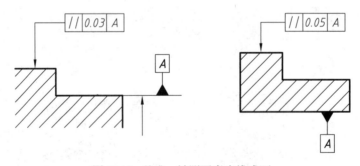

图 8-46　基准、被测要素为线或面

② 当基准要素或被测要素为轴线、中心平面或带尺寸要素的确定点（如球心）时，基准符号、带箭头的指引线应与尺寸线对齐或与尺寸线延长线重合，如图8-47所示。

③ 当基准要素或被测要素为实际表面时，基准符号、指引线箭头可置于带点的参考线上，如图8-48所示。

④ 由两个或多个要素组成的基准体系中，公差框格中标注的基准大写字母，应按优先次序从左到右注写在各格中，并且基准符号中的基准框格不允许斜放，必要时基准框格与三角形间的连线可用折线，如图8-49所示。

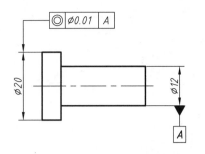
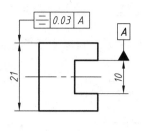

图 8-47　基准、被测要素为轴线或中心平面

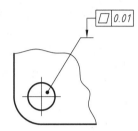
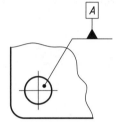

图 8-48　基准、被测要素为实际表面

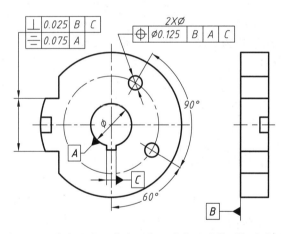

图 8-49　多个基准、多个要素组成的基准体系标注方法

⑤ 如果仅要求要素的一部分作为基准或被测要素，则用粗点画线表示其范围，并加注尺寸，如图8-50所示。

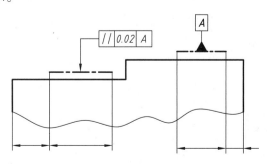

图 8-50　仅要求一部分作为基准或被测要素

4. 几何公差在图样上的标注

几何公差在图上的标注图例如图8-51和图8-52所示。

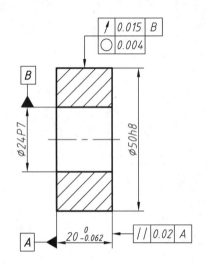

图8-51　几何公差标注图例(一)

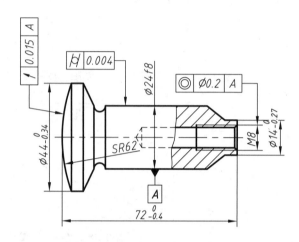

图8-52　几何公差标注图例(二)

图8-51中所注的几何公差表示：$\phi 50h8$外圆的圆度公差为0.004，$\phi 50h8$外圆对$\phi 24P7$孔的轴心线圆跳动公差为0.015，右端面对左端面的平行度公差为0.02。

图8-52中所注的几何公差表示：$SR62$球面对$\phi 24f8$轴心线的圆跳动公差为0.015，$\phi 24f8$圆柱体的圆柱度公差为0.004，M8螺纹孔的轴心线对$\phi 24f8$轴心线的同轴度公差为$\phi 0.2$。

8.5 零件上常见的工艺结构

零件的结构除应满足设计要求外，还应考虑加工、制造的方便与可能，即零件应具有良好的结构工艺性。下面将对零件上常见的工艺结构进行简单的介绍。

8.5.1 铸造工艺结构

1. 铸造圆角

在零件铸造时，为防止转角处的型砂脱落，以及铸件在冷却收缩时产生缩孔或因应力集中而开裂，在铸件转角处设计的圆角，称为铸造圆角，如图8-53所示。

圆角半径一般取3～5mm，或取壁厚的0.2～0.4倍。铸造圆角一般集中注写在零件图的技术要求内，如"未注铸造圆角$R3$"。

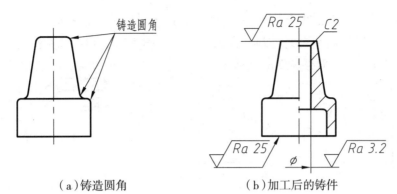

（a）铸造圆角　　　　　　　　　　　（b）加工后的铸件

图 8-53　铸件

2. 起模斜度

铸件在造型时，为便于将模子从型砂中提取出来，一般在铸件内外壁沿起模方向做一斜度，此斜度称为起模斜度，如图8-54所示。起模斜度一般按1：20选取，也可用角度表示，一般取1°～3°。

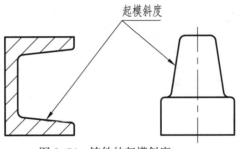

图 8-54　铸件的起模斜度

3. 铸件壁厚

如果铸件壁厚不均匀，则由于金属液冷却的速度不同，容易在铸件内形成缩孔或在壁厚突变处产生裂纹。因此，铸件壁厚应尽量均匀或采用逐渐过渡的结构，如图8-55所示。

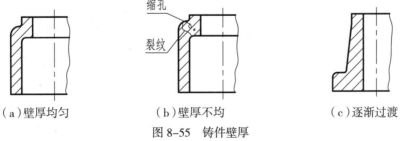

（a）壁厚均匀　　　　　　（b）壁厚不均　　　　　　（c）逐渐过渡

图 8-55　铸件壁厚

4. 过渡线

由于存在铸造圆角，故使得铸件表面的交线变得不明显。为区分不同的表面，在图样中仍需要画出这些不太明显的线，即过渡线。过渡线的画法如图8-56所示。

标准规定过渡线用细实线绘制，其画法与没有圆角时的相贯线画法完全相同，只是在图线的相交处断开，效果如图8-56所示。

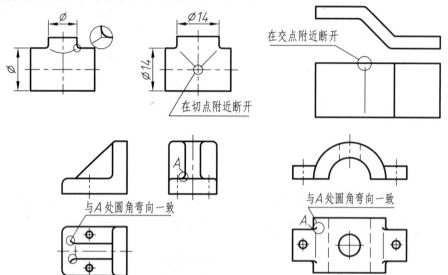

图 8-56　过渡线的画法

8.5.2　机械加工工艺结构

1. 倒角和倒圆

在轴端或孔口加工出45°或30°、60°的锥台，称为倒角。零件倒角后，去除了锐边，且便于孔、轴装配时的对中。在直径不等的阶梯轴或孔的两段交接处，常加工成环面过渡形式，称为倒圆。零件经倒圆后，可减少转折处的应力集中，提高强度。倒角、倒圆的画法及尺寸标注如图8-57所示。

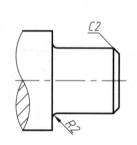
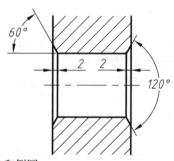

图 8-57　倒角和倒圆

GB/T 6403.4—2008规定的倒角与倒圆的尺寸系列如表8-13所示。

表8-13　倒角、倒圆尺寸系列值　　　　　　　　　　（单位：mm）

R、C	0.1	0.2	0.3	0.4	0.5	0.6	0.8	1.0	1.2	1.6	2.0	2.5	3.0

与轴、孔直径φ相应的倒角C、倒圆R的推荐值如表8-14所示。

表8-14　与直径φ相应的倒角C、倒圆R的推荐值　　　　（单位：mm）

φ	<3	>3～6	>6～10	>10～18	>18～30	>30～50	>50～80
C或R	0.2	0.4	0.6	0.8	1.0	1.6	2.0

2. 退刀槽和砂轮越程槽

在零件被加工表面的终端，常常预制出沟槽，称为退刀槽或砂轮越程槽，如图8-58所示。加工出退刀槽或越程槽以后，可使刀具、砂轮能够切削到终点，又便于退出。退刀槽和砂轮越程槽的尺寸可按"槽宽×槽深"或"槽宽×直径"的形式标出，如图8-58所示。

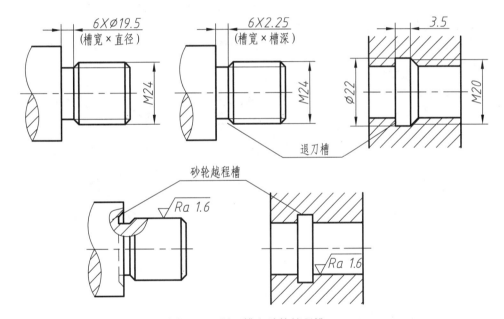

图8-58　退刀槽和砂轮越程槽

注意

◆ 退刀槽的尺寸和形式要求可从GB/T 3—1997查得，砂轮越程槽的尺寸和形式要求可查阅GB/T 6403.5—2008。

3. 凸台和凹坑

零件间的接触表面一般需要加工。为了减少加工面积及加工面的数量，以降低生产成本，零件上的接触处常设计有凸台或凹坑，如图8-59所示。

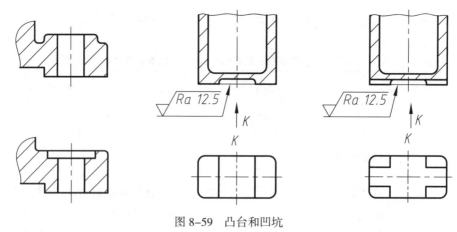

图 8-59　凸台和凹坑

4. 钻孔结构

为避免钻孔时钻头弯曲或者折断，应使钻头的轴线垂直于被钻零件的表面。为此，在零件的钻孔处应设置加工平面、凸台或凹坑，如图8-60（a）、（b）所示。为了防止钻头因单边受力而折断的情况发生，也应在钻孔位置设置平面或凸台，如图8-60（c）、（d）所示。

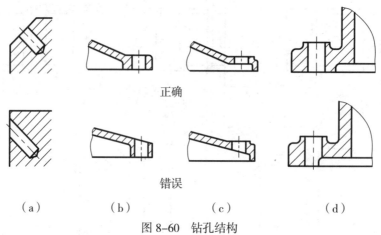

正确

错误

（a）　　　　　　（b）　　　　　　（c）　　　　　　（d）

图 8-60　钻孔结构

8.6　典型零件图例分析

由于零件在机器或部件中的作用各不相同，因此它们的结构、形状、材料、加工过程也不相同，这里仅就有代表性的轴套类、轮盘类、叉架类、箱体类零件为例进行分析。掌握这些零件的结构特点、表达方法、尺寸和技术要求的标注，将有助于绘制和阅读其他各种零件图。

8.6.1　轴套类零件

轴套类零件包括各种轴、套筒和衬套等。图8-61所示为一个输出轴，图中画出了轴上的主要结构，并标明了轴各部分的名称。

1. 结构特点

轴主要用来支承传动零件和传递动力。轴套则用于零件的轴向定位、传动或联接。轴与其上的传动零件（如齿轮、皮带轮等）一般采用键联接，因此在轴上加工有键槽，以及用于齿轮、轴承轴向定位的轴肩（轴环）。此外，轴上还有倒角、倒圆、退刀槽、砂轮越程槽和中心孔等结构。

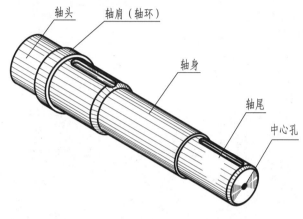

图 8-61　输出轴

2. 表达方法

① 轴套类零件一般在车床和磨床上加工，为了加工时看图方便，应按形状特征和加工位置确定主视图。将其轴线横放，轴头在左，轴尾在右，键槽、孔等结构大多朝前。因轴套类零件的主要结构为回转体，所以一般只画一个基本视图。

② 轴套类零件的其他结构，如键槽、退刀槽、砂轮越程槽、圆角及油孔等可以采用局部剖视图、移出断面图、局部放大图等表达方法加以补充，如图8-62中的 *E–E* 断面图。对形状简单且较长的零件还可采用折断的表示方法，如图8-62所示。

③ 空心轴套因存在内部结构，可用全剖、半剖或局部剖视图表示。

3. 尺寸标注

① 轴套类零件大都为回转体，其高度方向和宽度方向的尺寸基准是回转体轴线（称为径向基准），长度方向（轴向）的基准一般选取加工精度较高的端面。

如图8-62中 ϕ48右端面 *F* 为长度方向的主要基准，由该基准可以定出尺寸38、7及键槽的定位尺寸2等。为了便于测量，选取端面 *H* 为长度方向的第一辅助基准（工艺基准），以此注出55、3及全长尺寸250等，而两个基准间的联系尺寸为225。*G* 面为长度方向的第二辅助基准，由此注出尺寸38和锥面尺寸8。

② 重要尺寸应直接注出。如图8-62中加工有键槽的轴段长度尺寸38和55要直接标明，以便于其他零件，如齿轮、皮带轮等的安装。

③ 同一段轴的外圆面可以有不同的表面加工精度，但要用细实线将该段轴分开并标明加工长度尺寸。如图中两个键槽之间轴径为$\phi 35$的轴段，该段轴左端长度为38的部分其表面结构参数Ra为1.6，而右端部分的Ra为6.3，按此标注的方法进行加工可以降低成本。

④ 对于轴套类零件上的标准结构，如倒角、退刀槽、砂轮越程槽、键槽等，其尺寸应根据相应的标准和规定标注。

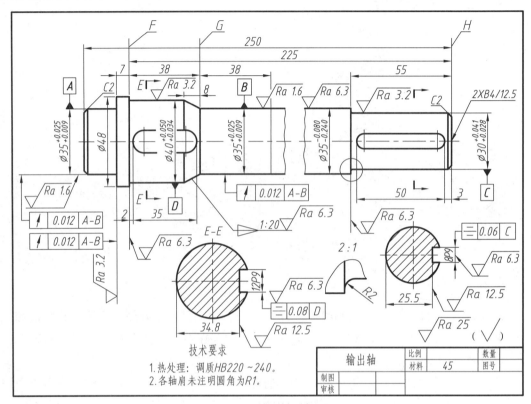

图 8-62 输出轴零件图

4. 技术要求

① 有配合要求或相对运动的轴段，应标出相应的表面结构要求、尺寸公差和几何公差。

② 为了提高强度、耐磨性，以及延长轴的使用寿命，需对轴类零件进行热处理。常用的热处理工艺有调质处理、表面淬火、渗碳、渗氮等。

8.6.2　轮盘类零件

1. 结构特点

轮盘类零件一般包括法兰盘、手轮、端盖、盘座等。轮一般用来传递动力和扭矩，盘主要起支承、轴向定位及密封等作用。轮盘类零件的基本形状为扁平的盘状，其轴向尺寸比其他两个方向的尺寸小。轮盘类零件一般由若干回转体组成。零件上常见的结构有倒角、倒圆、凸台、凹坑、螺孔、销孔、密封槽和轮辐等。

2. 表达方法

① 轮盘类零件主要是在车床上加工，所以应按形状特征和加工位置选择主视图，通常将零件的轴线设水平方向放置。

② 轮盘类零件一般采用主视图、左视图（或右视图）两个基本视图来表达。主视图通常采用全剖视图（由单一剖切面或几个相交剖切面剖切），左视图多用来表达其外形及端面上孔的分布情况。

③ 轮盘类零件的其他结构，如轮辐可用移出断面图或重合断面图表达，对于密封槽等细小结构可用局部放大图表示。

图8-63所示为端盖的零件图，主视图为用单一剖切面剖切的全剖视图，该图表达了端盖的主要内部结构。左视图反映了均布沉孔和对称螺钉孔的分布情况。

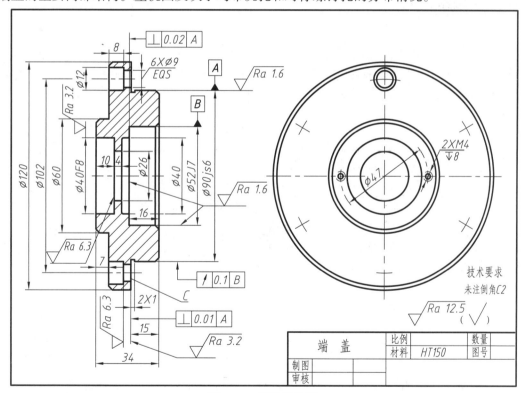

图 8-63　端盖零件图

3. 尺寸标注

① 轮盘类零件主要有径向和轴向（长度）两个方向的尺寸。径向尺寸的设计基准通常以回转体轴线为主要基准（即高度、宽度方向基准），轴向尺寸（长度方向）的设计

基准一般选取经过加工后并与其他零件相接触的重要端面。

② 零件上各圆柱体的直径及较大的孔径，其尺寸多标注在非圆视图上。盘上小孔的定位尺寸一般标注在投影为圆的视图上。

图8-63所示的端盖零件图，其径向基准为回转体轴线，轴向基准（长度方向）为$\phi120$外圆柱的右端面C。左视图中所示的尺寸$\phi47$为盘上小孔的定位尺寸。对于多个等径、均布的小孔，一般采用简化的标注形式，如$6\times\phi9\,EQS$。

4. 技术要求

① 零件上的配合表面和用于轴向定位的端面，其表面结构要求较高。

② 有配合关系的孔、轴尺寸应根据配合要求给出适当的尺寸公差，如图中的$\phi52J7$、$\phi90js6$等。对零件上的与其他零件相接触的表面还应标注几何公差。

8.6.3 叉架类零件

1. 结构分析

图8-64所示的拨叉由支承板、圆筒、肋板和工作部分（中空半圆柱）组成。其中的工作部分由两件合铸后切开，圆筒后端的凸台中间有一个定位孔。

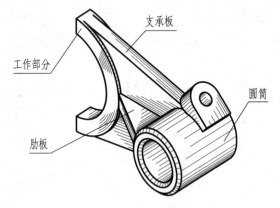

图 8-64 拨叉的组成

叉架类零件主要包括各种用途的拨叉和支架。拨叉在机器中主要用于控制运动、调节速度。支架主要起支承和连接作用。

叉架类零件多为铸件，其结构较为复杂，一般由支承部分、工作部分和连接部分构成。连接部分多有肋板、辐条结构，且形状弯曲、扭斜得较多。支承和工作部分有圆孔、螺孔、油槽、油孔、凸台、凹坑等结构。

2. 表达方法

① 叉架类零件的结构形式较多，其主要加工位置和工作位置都不尽相同，通常以反

映形状结构特征的方向作为主视图的投射方向。

② 表达此类零件一般需要两个以上基本视图。由于零件上的一些结构不平行于基本投影面，因此常常采用斜视图或倾斜位置的剖视图、断面图来表达。零件上的一些内部结构，可采用局部剖视图的表达方法，对于细小结构可用局部放大图表示。

图8-65所示的拨叉零件图采用了主视图、俯视图（为全剖视图）及一个斜视图表示。主视图表达了该零件的形状特征和各部分的相对位置关系。俯视图则主要反映了零件沿宽度方向的结构变化。斜视图则表达出零件上倾斜结构的实际形状。

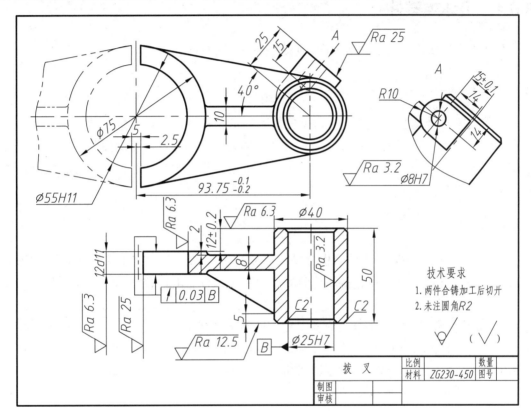

图 8-65　拨叉零件图

3. 尺寸标注

① 叉架类零件长度方向、高度方向、宽度方向尺寸的主要基准一般为孔的中心线、轴线、对称平面或较大的加工平面。

② 标注叉架类零件的尺寸时，应按形体分析法标注出各部分的定形尺寸，所标注的定位尺寸应完整。

如图8-65所示，A向斜视图中标注了凸台中心孔的定位尺寸15 ± 0.1。俯视图中标注出了支承圆柱体φ40后端面到拨叉工作部分后端面之间的距离12 ± 0.2。

4. 技术要求

叉架类零件应根据具体使用要求确定各加工表面的表面结构要求、尺寸公差及几何公差。

在图8-65中,除给出拨叉工作部分前后端面与基准B之间的圆跳动公差外,还对各几何要素标注出表面结构要求和尺寸公差要求。

8.6.4 箱体类零件

箱体类零件多用于支承其他零件,起到保护、定位和密封的作用。

1. 结构特点

箱体类零件结构复杂,多是由薄壁围成不同形状的空腔,以容纳运动零件及油、汽等介质。箱壁上一般有供安装轴承用的圆筒,且上、下部分常设有加固肋板。此外、箱体类零件还有许多细小结构,如凸台、凹坑、铸造圆角、螺孔、油孔、销孔、拔模斜度和倒角、倒圆等。

2. 表达方法

① 箱体类零件大都为铸件。由于结构复杂,加工位置的变化也比较多,因此在确定主视图的投射方向时,需要综合考虑零件的工作位置、形状特征及各部分相对位置等因素。

② 完整地表达箱体类零件常需要三个以上的基本视图。对其内部结构一般采用剖视图表示。对机件上的局部结构可采用局部视图、局部剖视图或断面图表示。此外,由于表面上有铸造圆角,因此还应注意过渡线的画法。

图8-66所示为一个油压缸。

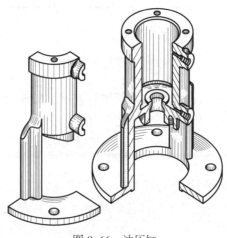

图 8-66　油压缸

图8-67所示的油压缸零件图由三个基本视图，一个局部视图和一个移出断面图组成。采用半剖视图画法的主视图，反映了油压缸内部孔及下部凸台孔的结构，并表达了零件的外形。左视图主要表达了油压缸侧面的外形，并通过局部剖视图表达出锥形螺孔及前方凸台的结构。由于零件前后近似对称，因此俯视图采用了对称简化画法。A向局部视图表达了距零件顶面168mm处凸台的外部形状，移出断面图则表达出支承和加强肋板的形状。

3. 尺寸标注

① 一般将箱体类零件的底面作为高度方向的主基准。为了便于测量，通常还要选取其他高度位置的加工平面作为辅助基准。长度、宽度方向的尺寸基准可选择孔的中心线、轴线、对称平面或较大的加工平面。

如图8-66所示，ϕ228圆柱体底面为高度方向的主基准，零件的顶面为辅助基准，两个基准之间的联系尺寸为270。ϕ75孔的中心线为长度、宽度方向的主基准。

② 箱体类零件的定位尺寸较多，其中以确定各传动零件相对位置的尺寸尤为重要。在图8-67中，油压缸的主要定位尺寸有：确定前方两个凸台上的锥形螺孔中心线位置的尺寸18、106（左视图）；下方凸台上端面到顶面的距离尺寸140（主视图）；确定底板上均布圆孔中心位置的ϕ188和螺孔中心的ϕ100（俯视图）。

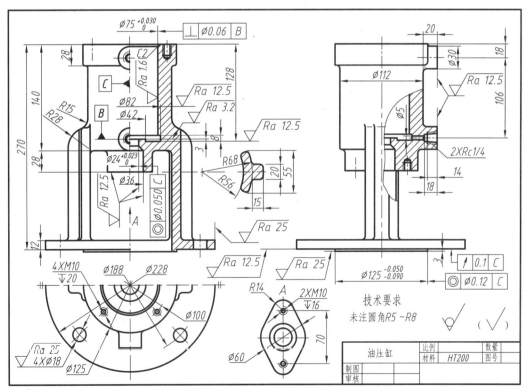

图 8-67 油压缸零件图

4. 技术要求

① 箱体上重要的孔和表面，其表面结构参数值较小。如图中作为长度、宽度方向尺寸基准的 $\phi75$ 孔的表面结构参数 Ra 仅为1.6。

② 重要的孔和表面应有尺寸公差和几何公差的要求。如图中下方凸台内孔 $\phi24$ 中心线与基准 C（$\phi75$ 孔的中心线）的同轴度公差为 $\phi0.050$。

8.7　零件测绘

对实际零件凭目测徒手画出图形，然后测量并标注尺寸和技术要求，得到零件草图后再经整理按比例画出零件图的过程称为零件测绘。在机械产品的技术交流、维修和改造工作中，零件测绘有着重要作用。

由于零件草图是绘制零件图的依据，因此零件草图应具备零件图的全部内容，并要求做到图形正确、尺寸完整、线型分明、字体工整，并注出技术要求和标题栏中的相关内容。

8.7.1　零件测绘的方法和步骤

下面将以图8-68所示的拨杆为例说明零件测绘的操作步骤。

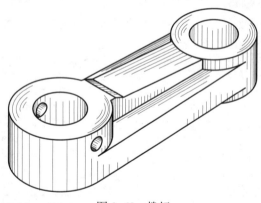

图 8-68　拨杆

1. 分析零件，确定表达方案

首先了解零件的名称、类型、在机器中的作用、使用材料及大致的加工方法。进而分析零件的结构、形状并确定零件的表达方案。

图8-68所示拨杆为典型的叉架类零件，表达方案为：主视图采用全剖视图，俯视图用基本视图加局部剖视图的表达方法，肋板的形状则由移出断面图表达。毛坯采用铸件，材料为HT150。

2. 画零件草图

画零件草图的步骤如下。

① 定位：根据零件的大小、视图的数量和绘图比例，画出各图形的定位基准线，并画出图框和标题栏，如图8-69（a）所示。

② 画各视图：先画主要结构，一般从主视图开始，并按投影对应关系绘出其他视图。作图时应注意零件上的细小结构，如倒角、倒圆、凸台、凹坑和退刀槽等。不应画出零件上的缺陷，如铸造缩孔、加工缺陷、使用磨损等。选择尺寸基准后，画出尺寸界线和尺寸线，并画出表面结构符号、几何公差框格、指引线和基准代号等，如图8-69（b）、（c）所示。

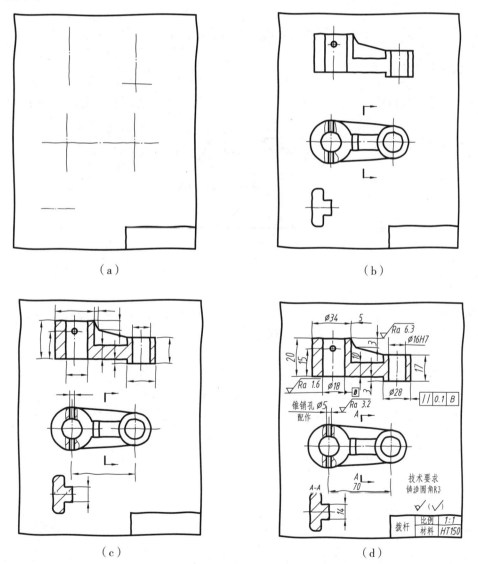

图 8-69　画零件草图的步骤

③ 测量并填写尺寸数值。

④ 注写技术要求。查阅相关资料后，注出尺寸公差、几何公差、表面结构参数及热处理等各项要求。

⑤ 检查并填写标题栏，如图8-69（d）所示。

3. 画零件图

在对零件草图进行审核后，便可根据草图画出零件的工作图。

8.7.2　零件尺寸的测量

测量尺寸的工具有直尺、钢角尺、内外卡钳、游标卡尺、螺纹规等。

1. 线性尺寸的测量

一般使用直尺测量，有时也需将直尺、钢角尺和三角板配合起来测量，如图8-70所示。

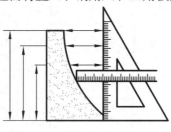

图 8-70　线性尺寸的测量方法

2. 直径的测量

用卡钳测量圆柱的直径时，应注意外卡钳的端面应与被测零件的轴线垂直。也可用游标卡尺精确测出内、外径，如图8-71所示。

 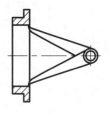 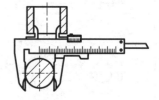

（a）外卡钳　　　　　　　　（b）内卡钳　　　　　　　　（c）游标卡尺

图 8-71　内、外径的测量方法

3. 壁厚的测量

当用卡钳直接测量壁厚不方便时，可按图8-72（a）所示方法进行测量，其壁厚 $X = A - B$。

4. 孔间距和孔中心高的测量

孔间距和孔中心高度的尺寸可用直尺、内卡钳、外卡钳配合使用读出，如图8-72（b）、（c）所示。

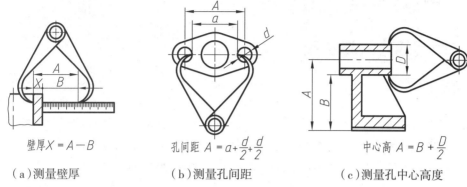

（a）测量壁厚　壁厚 $X = A - B$

（b）测量孔间距　孔间距 $A = a + \dfrac{d}{2} + \dfrac{d}{2}$

（c）测量孔中心高度　中心高 $A = B + \dfrac{D}{2}$

图 8-72　壁厚、孔间距和孔中心高的测量方法

5. 螺纹参数的测量

螺纹的线数和旋向凭目测即可确定，牙形若为标准螺纹可根据其类型确定牙形角。外螺纹的大径可用游标卡尺直接测量，内螺纹的大径可通过与之旋合的外螺纹的大径确定。没有外螺纹时，可测出其小径，再根据其类型和螺距查出其标准大径值。螺纹的螺距可用螺纹规测量，如图8-73所示。

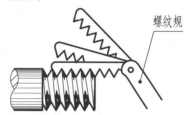

螺纹规

图 8-73　螺距的测量方法

注意

◆ 标注在图纸上的螺纹大径和螺距都应是标准值。因此，测量后应查阅有关标准，并对测量值做必要的调整。

8.8 读零件图

8.8.1 阅读零件图的目的

通过阅读零件图，能够了解以下主要内容。

● 零件的名称和材料。

● 根据各视图想象出零件的形状，分析零件在设备或部件中的作用以及零件各部分的功能。

● 通过零件图中的尺寸了解零件各部分的大小，并分析出各方向的主要尺寸基准。

● 明确制造零件的各项技术要求。

8.8.2 读图的方法与步骤

1. 看标题栏

从标题栏了解零件的名称、绘图比例、材料、重量及机器或部件的名称。根据典型零件的分类特点，对该零件的类型、用途及加工工艺形成初步的概念。图8-74所示的阀体为一个箱体类零件，材料为Zl103，铸造后经必要的机械加工而成。

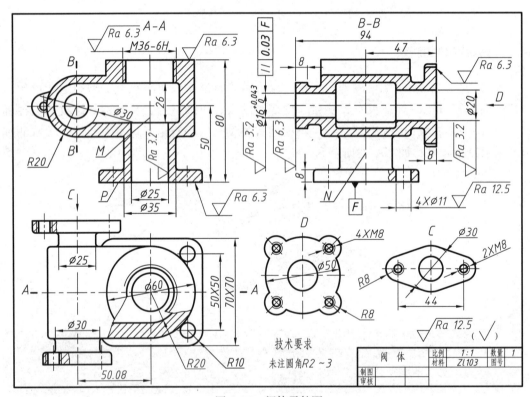

图 8-74 阀体零件图

2. 明确视图关系，分析表达方案

分析各视图，从中确定主视图和其他视图，并分析剖视图、断面图的剖切位置。

如图8-74所示的阀体，全剖的主视图表达了阀体空腔与交叉的两个孔（φ16、φ25）轴线的位置关系。左视图采用了全剖视图和局部剖视图画法，反映了阀体空腔与同一轴线上的两个孔（φ16、φ20）的位置关系，同时反映了阀体底部的安装孔。俯视图采用的是局部剖视图，该图既反映了阀体的壁厚，又保留了部分外形，同时将前后凸缘上的螺纹通孔表达清楚。C向和D向视图，分别反映了后方和前方凸缘的形状。通过以上分析，可以初步了解阀体的结构形状。

3. 分析视图，想象零件的整体形状

在分析视图的基础上想象出零件的整体形状，是读零件图的关键一步。看图时，需要对零件进行形体分析或线面分析。由组成零件的基本形体入手，由大到小、从整体到局部，逐步想象出零件的结构形状。图8-75所示为阀体的轴测图。

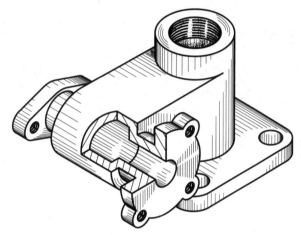

图8-75 阀体的轴测图

4. 分析尺寸

根据图中标注的尺寸，分析各方向的尺寸基准以及各尺寸作用。图8-74中阀体长度方向的尺寸基准为轴线M，宽度方向的尺寸基准为轴线N，高度方向的尺寸基准为底面P。

5. 看懂技术要求

根据图上标注的表面结构参数值、尺寸公差、几何公差及其他技术要求，进一步了解零件的结构特点和设计意图。如阀体中后凸缘孔φ16的精度要求最高，既有尺寸公差的要求（孔径要在φ16～φ16.043），也有几何公差的要求（轴线与基准F的平行度公差为0.03），同时表面结构要求也较高。

6. 归纳、总结

综合上面的分析，即可对该零件有全面完整的了解，达到读图要求。

第9章

装 配 图

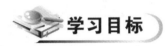 学习目标

本章将重点介绍装配图的基本知识、表达方法、尺寸和技术要求的标注方法，并介绍部件测绘及绘制和阅读装配图的步骤与方法。

学习要求

了解：装配图的基本知识和各种常见的装配结构。

掌握：装配图的表达方法、尺寸和技术要求的标注方法，并掌握部件测绘、绘制和阅读装配图的步骤与方法。

9.1 装配图概述

图9-1所示的机用虎钳由固定钳座、丝杆、活动钳身、螺钉和方形螺母及钳口板等零件组成，该部件的装配图如图9-2所示。

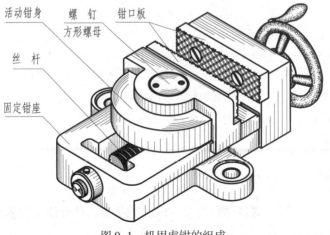

图 9-1 机用虎钳的组成

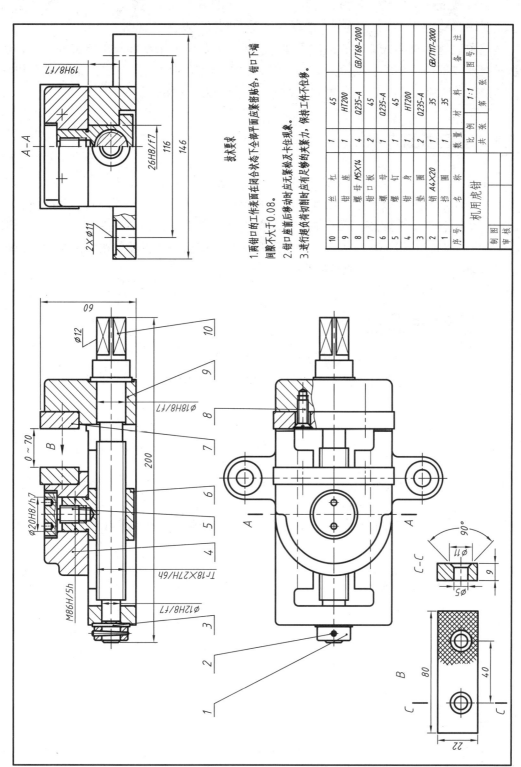

图 9-2　机用虎钳装配图

一台机器或一个部件都是由若干个零件按一定的装配关系装配而成的。这种表达机器（或部件）及其组成部分的连接、装配关系等的图样，称为装配图。

装配图表达了机器或部件的工作原理、装配关系、结构形状和技术要求等内容，用以指导机器或部件的装配、检验、调试、安装、维修等各项工作。因此，装配图是机械设计与制造、使用和维修，以及进行技术交流的重要技术文件。

9.1.1　装配图的作用

在工业生产中，无论是开发新产品，还是对其他产品进行仿造、改制，都要画出装配图。在产品的开发过程中，设计人员一般先根据产品的工作原理图画出装配草图，再由装配草图整理出装配图，最后根据装配图进行零件设计并画出零件图。在产品制造中，装配图是制定装配工艺规程，进行装配和检验的依据。在机器使用和维修时，也需要通过装配图了解机器的工作原理和构造。

9.1.2　装配图的内容

如图9-2所示，一张完整的装配图包括下列五个方面的内容。

- 一组视图：表达组成机器或部件的各零件之间的位置关系、装配关系、工作原理，以及主要零件的结构和形状。
- 必要的尺寸：反映装配体的性能、规格，以及装配、安装、检验等所需的尺寸。
- 技术要求：用文字或代号说明装配体在装配、安装、调试时应达到的要求及使用规范。
- 零件的序号和明细栏：组成装配体的各种零件都应按顺序编号，并在标题栏上方的明细栏中列出零件的序号、名称、数量、材料、规格等。
- 标题栏：注明装配体的名称、重量、画图比例，以及与设计、生产管理有关的内容。

9.2　装配图的表达方法

前面所介绍的各种表达方法，如视图、剖视图、断面图等，不仅适用于零件图，而且完全适用于装配图。此外，由于装配图与零件图的表达要求不同，因此装配图另有一些规定画法、特殊画法及简化画法。

9.2.1　规定画法

① 相邻零件的接触表面和配合表面只画一条线，不接触的表面和非配合的表面应画两条线，即使间隙很小，也应将其画出，如图9-3所示。

② 两个或两个以上的零件邻接时，剖面线的倾斜方向应相反或间隔不同。但同一零件在各视图上的剖面线方向和间隔必须一致，如图9-3所示。

③ 在装配图中，对于标准件（如螺栓、螺母、键和销等）和实心零件（如轴、连杆、手柄等），当剖切面通过其轴线作纵向剖切时均按不剖切绘制，如图9-4所示。如需要特别表明零件的结构，如凹槽、键槽、销孔等，则可采用局部剖视图表示。

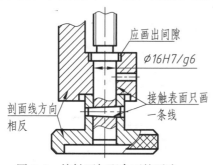

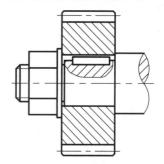

图 9-3　接触面与配合面的画法　　　　图 9-4　实心件和紧固件的画法

9.2.2　特殊画法

1. 沿零件结合面剖切（拆卸画法）

在装配图中，当某个零件遮住其他需要表达的结构时，可假想用剖切平面沿零件的结合面剖开。作图时应注意，零件结合面上不应画剖面线，但被剖切的部分，如螺杆、螺钉等必须画出剖面线。图9-5所示滑动轴承装配图中的俯视图，为了表示轴衬与轴承座的装配关系，右半部就是沿轴承盖与轴承座的结合面剖开的，图中被剖切的螺杆画上了剖面线。

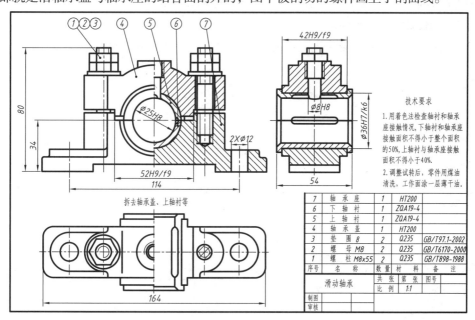

图 9-5　滑动轴承装配图

2. 假想画法

① 在装配图中为了表示运动零件的极限位置或运动范围，常将其画在一个极限位置上，另用双点画线画出零件的另一个极限位置，并注上尺寸，此表达方法称为假想画法。

例如，图9-6（a）中所示手柄的转动范围和图9-6（b）所示的铣床顶尖的轴向运动范围均用双点画线表示。

② 为了表示装配体与其他零（部）件的安装或装配关系，也可采用假想画法。例如，图9-6（a）中表示箱体安装在用双点画线表示的假想底座零件上。

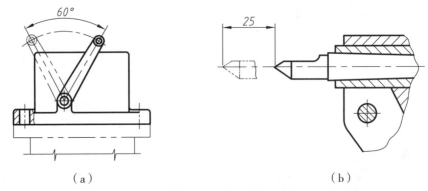

（a）   （b）

图 9-6　假想画法

9.2.3　简化画法

① 对于装配图中若干相同的零件组，如螺纹紧固件等，可详细地画出其中一组，其余只用点画线表示出位置即可，如图9-7所示的螺钉和轴承。

② 在装配图中，对断面厚度小于2mm的零件可以涂黑来代替剖面线。

③ 一般省略零件上的较小工艺结构，如倒角、退刀槽和小圆角等。

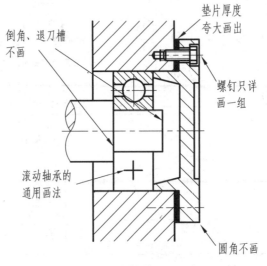

图 9-7　简化画法

9.3 装配图中的尺寸和技术要求

9.3.1 装配图中的尺寸

装配图主要用于表达零、部件的装配关系，因此尺寸标注的要求不同于零件图。一般只需标注装配体的性能尺寸、装配尺寸、安装尺寸、总体尺寸和其他一些重要的尺寸。

1. 性能（或规格）尺寸

性能尺寸表明了装配体的性能或规格，这些尺寸在设计时就已经确定，它是设计和选用产品的主要依据。如图9-5中所示的轴孔尺寸$\phi 25H8$，它反映了该部件所支承转轴的直径大小。

2. 装配尺寸

装配尺寸由两部分组成，一部分是零件间有极限与配合要求的尺寸，如图9-5所示滑动轴承装配图中的52H9/f9、$\phi 36H7/k6$等；另一部分是表示零件间和部件间安装时必须保证相对位置的尺寸，如滑动轴承装配图中轴孔中心高度的定位尺寸34。

3. 安装尺寸

安装尺寸表示将机器或部件安装到其他设备或基础上固定该装配体所需的尺寸，如图9-5所示滑动轴承装配图中的114、$2 \times \phi 12$等。

4. 总体尺寸

总体尺寸是表示装配体总长、总宽、总高的尺寸。它反映了机器或部件所占空间的大小，作为在包装、运输、安装及厂房设计时考虑的依据，如图9-5所示滑动轴承装配图中的164、54和80。

5. 其他重要尺寸

在零部件设计时，经过计算或根据某种需要往往还需确定一些重要尺寸（不属于上述四类尺寸）。例如，为了保证运动零件有足够运动空间的尺寸，安装零件需要的操作空间的尺寸以及齿轮的中心距等。应当指出，并不是每张装配图上都必须标注上述各类尺寸，并且装配图上的某一尺寸往往具有几种含义。因此，在标注装配图的尺寸时，应在掌握上述几类尺寸意义的基础上，分析机器或部件的具体情况，合理地进行标注。

9.3.2 装配图中的技术要求

装配图中的技术要求主要为说明机器或部件在装配、检验、使用时应达到的技术性能。一般有以下三个方面的内容。

- 装配过程中的注意事项和装配后应满足的要求。例如，应满足零件装配的加工要求、装配后的密封要求等。
- 检验、试验的条件，以及操作要求。
- 对产品的使用、维护、保养，以及运输方面的要求。

注意

◆ 技术要求一般用文字写在明细栏上方或图纸下方空白处。

9.4　装配图的零、部件序号及明细栏

为了便于图样的阅读和管理，以及做好生产前的准备工作，需要对装配图上的每个零件或部件编写序号，并填写明细栏（表）。

9.4.1　零、部件序号

1. 零、部件序号的编写方法

可按以下两种方法编写零、部件的序号。

- 将装配图上所有的零件包括标准件在内，按一定顺序编注序号，如图9-2所示。
- 将装配图上所有标准件的标记注写在图上，而将非标准件按顺序编注序号。

2. 标注零、部件序号的规定

① 零、部件序号（或代号）应标注在图形轮廓线外边，并填写在指引线一端的横线上或圆圈内，指引线、横线或圆均用细实线画出。指引线应从所指零件的可见轮廓线内引出，并在末端画一个小圆点，序号数字要比尺寸数字大一号或两号。当所指部分内不宜画圆点时（很薄的零件或涂黑的断面），可在指引线的末端画出箭头，并指向该部分的轮廓，如图9-8（a）所示。

② 指引线既不能相交，也不宜过长。当指引线通过有剖面线的区域时，尽量不与剖面线平行。必要时，指引线可画成折线，但只允许曲折一次，如图9-8（a）所示。

③ 对于一组紧固件（如螺栓、螺母、垫圈）以及装配关系清晰的零件组，允许采用公共指引线，如图9-8（b）所示。

④ 在装配图中，对同种规格的零件只编写一个序号，对同一标准的部件（如油杯、滚动轴承、电机等）也只编一个序号。

⑤ 序号应沿水平或竖直方向按顺时针或逆时针排列均匀整齐，如图9-2所示。

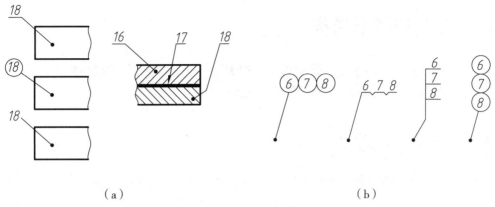

（a）　　　　　　　　　　　　　　　　　（b）

图 9-8　零、部件序号的标法

9.4.2　零件明细栏（表）

明细栏是机器或部件中全部零、部件的详细目录。国家标准规定的明细栏的尺寸和格式如图9-9所示。学习时可采用图9-10所示的简化明细栏。

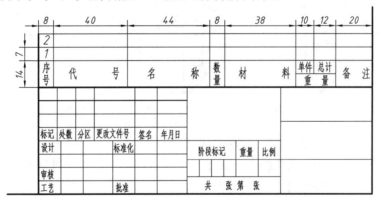

图 9-9　标准规定的明细栏

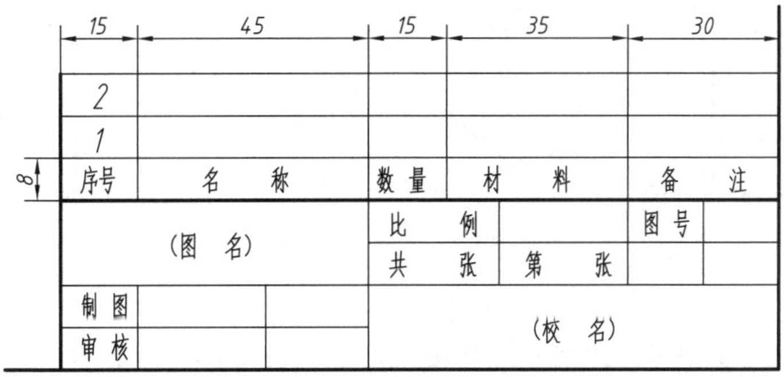

图 9-10　简化的明细栏

填写明细栏时，应按顺序自下而上编号，如位置不够，可将明细栏分段画在标题栏的左方。

9.5   常见的装配结构

为了保证机器或部件的性能，并方便加工零件及检修时拆装装配体，设计时应掌握装配工艺对零件结构的要求。下面简要介绍常见的装配结构。

9.5.1   装配工艺结构

① 在同一方向上，两个零件只能有一对接触表面，如图9-11所示。

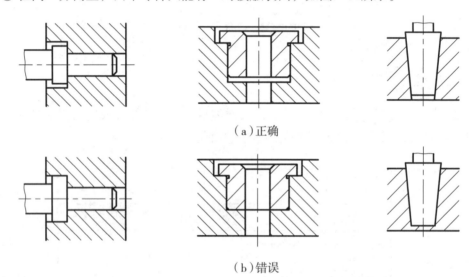

（a）正确

（b）错误

图 9-11   两个零件的接触面

② 当两个零件有一对相交的表面接触时，应在接触面的转角处制成倒角或在轴肩根部切槽，以保证两个零件接触良好，如图9-12所示。

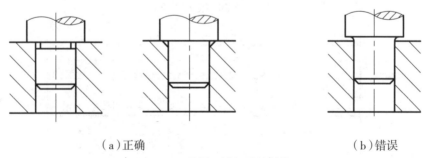

（a）正确   （b）错误

图 9-12   接触面转折处的结构

③ 为了保证拧紧螺纹，应适当加长螺纹尾部，也可在螺杆上加工出退刀槽，或在螺孔上做出凹坑或倒角，如图9-13所示。

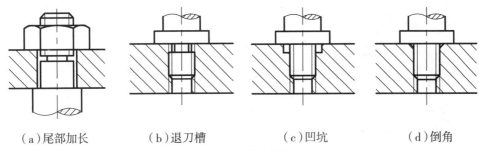

（a）尾部加长　　　（b）退刀槽　　　（c）凹坑　　　（d）倒角

图9-13　螺纹连接结构

④ 为了保证螺纹紧固件与被连接工件的表面接触良好，常在工件上做出沉孔、凹坑或凸台，如图9-14所示。

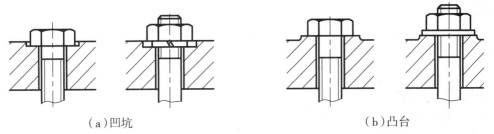

（a）凹坑　　　　　　　　　　　　（b）凸台

图9-14　凹坑和凸台结构

⑤ 在设计螺栓和螺钉连接的位置时，考虑拆装方便，应留出所需空间，如图9-15所示。

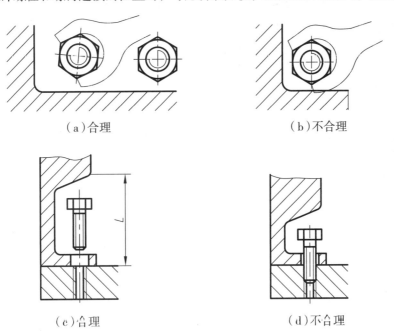

（a）合理　　　　　　　　　　　　（b）不合理

（c）合理　　　　　　　　　　　　（d）不合理

图9-15　留出扳手、螺钉的活动空间

⑥ 若螺栓头部全封在箱体内，则不便安装。为此，可在箱体上开一个手孔或改用双头螺柱连接，如图9-16所示。

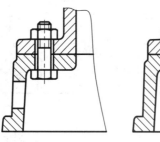

（a）合理　　　　　　　　　　　　　（b）不合理

图9-16　开手孔或采用螺柱连接

9.5.2　常见装置

1. 螺纹防松装置

机器在工作时，由于受冲击和振动等影响，会使螺纹松动，因此，经常采用图9-17所示的螺纹防松结构装置。

① 双螺母锁紧。依靠两个螺母拧紧后产生的轴向力，使螺母与螺栓牙之间的摩擦力增大而防止螺母自动松脱，如图9-17（a）所示。

② 弹簧垫圈锁紧。当螺母拧紧后，弹簧垫圈受压变平。由于垫圈对螺母施加的轴向力阻止了螺母的转动，因此可以防止其松脱，如图9-17（b）所示。

③ 开口销防松。开口销直接锁住了六角开槽螺母，使之不能松脱，如图9-17（c）所示。

④ 止动垫圈防松：此类装置常用于固定安装在轴端部的零件。如图9-17（d）所示，在开槽的轴端，止动垫圈与圆螺母联合使用，可直接锁住螺母。

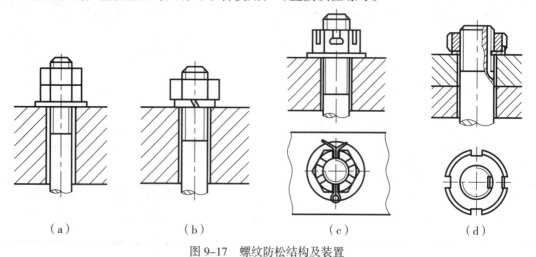

（a）　　　　　（b）　　　　　（c）　　　　　（d）

图9-17　螺纹防松结构及装置

2. 滚动轴承的固定装置

为了防止滚动轴承产生轴向窜动，须设置一定的结构来固定其内、外圈，常用的结构如图9-18所示。

　　图9-18（a）所示采用了轴肩和孔肩的固定方式，此时轴肩或孔肩的高度须小于轴承内圈或外圈的厚度。图9-18（b）所示为用弹性挡圈固定方式，图9-18（c）所示用轴端挡圈固定，图9-18（d）所示则采用套筒固定，图中双点画线表示轴端安装一个皮带轮，中间装有固定轴承内圈的套筒。

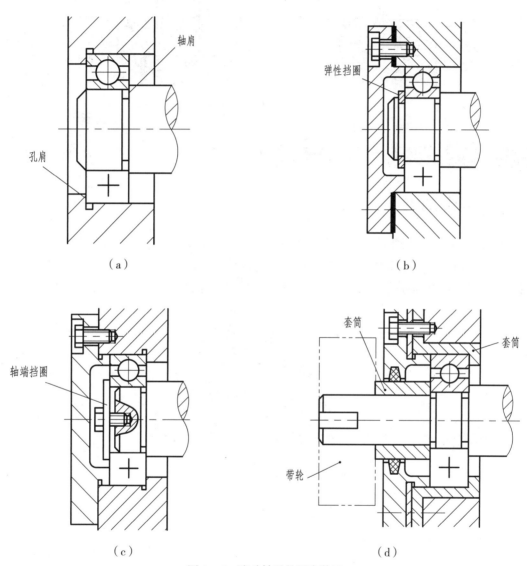

图 9-18　滚动轴承的固定装置

3. 密封装置

　　为了防止装配体内的润滑油外流以及外部的水汽、灰尘等侵入，常采用如图9-19所示的密封装置。

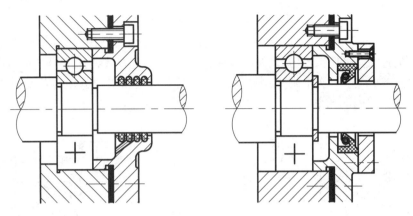

图 9-19 轴承的密封装置

9.6 部件测绘和装配图画法

9.6.1 部件测绘

　　根据现有的机器或部件画出草图并进行测量、标注尺寸等，然后绘制装配图和零件图的过程称为测绘。部件测绘工作对推广先进技术、改造现有设备等都具有重要的作用。下面以图9-20所示的滑动轴承为例，说明部件测绘的步骤和方法。

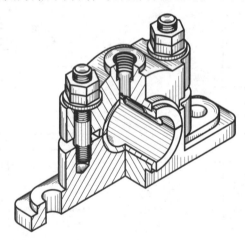

图 9-20 滑动轴承

1. 了解测绘对象

　　首先了解测绘部件的任务和目的，确定测绘工作的内容和要求。如果是为设计新产品提供参考图样，测绘时可进行修改；如果是为了补充图样或制作备件，则测绘结果必须准确，且不得修改。其次要对部件进行分析研究，了解其用途、性能、工作原理、结构特点及零件间的装配关系；并检测有关技术性能的一些重要的装配尺寸，如零件间的相对位置尺寸、极限尺寸及配合尺寸等，为下一步拆装和测绘做好准备。可以通过现场观察，分析该部件的结构和工作情况，也可阅读有关的说明书和资料，并参考同类产品的图纸。

滑动轴承是支承转轴的部件，其主体部分是轴承座和轴承盖。在座与盖中间有上、下两个半圆筒组成的轴衬，所支承的轴即在轴衬孔中转动。为了耐磨，轴衬用青铜制成。轴衬孔内设有存油的油槽，以供运转时轴、孔间的润滑。轴承盖与轴承座用一对双头螺柱连接。盖与座之间留有调整配合松紧程度的间隙。

2. 拆卸部件、画装配示意图

装配示意图是在部件拆卸过程中所画的记录图样。它的主要作用是避免由于零件拆卸后可能产生的错乱致使部件重新装配时发生困难，同时在画装配图时亦可作为参考。

装配示意图主要记录每个零件的名称、数量、位置、装配关系及拆卸顺序，而不反映整个部件的结构和各零件的具体形状。在示意图上应对各种零件进行编号，还要确定各标准件的规格、尺寸和数量，并标注在示意图上。

装配示意图的画法没有严格的规定，一般按国家标准规定的结构及组件的简图符号，并采用简化画法和习惯画法，画出零件的大致轮廓。图9-21所示为滑动轴承的装配示意图。

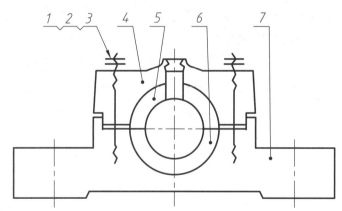

图9-21　滑动轴承的装配示意图
1—螺柱　2—螺母　3—垫圈　4—轴承盖
5—上轴衬　6—下轴衬　7—轴承座

在拆卸装配体时，首先要研究拆卸的顺序和方法，不可拆的连接及采用过盈配合的零件尽量不拆。拆卸时要用相应的工具，以保证原有零部件的精确度、密封性不受影响。拆卸后将各零件按部件、组件进行分组，对所有的零部件进行编号登记，标注零件名称，并给每个零件挂上记录标签，以便于部件的重新装配。

3. 画零件草图

由于测绘大都在现场进行，因此工作的时间和环境会受到一定限制。测绘的工作步骤一般是先画出各个零件的草图，然后根据零件草图和装配示意图画装配图，最后由装配图拆画出零件图。

零件草图是画装配图和零件工作图的主要依据，一般采用徒手、目测比例的画图方法。零件草图的内容与零件图是一致的。绘制的零件草图应结构表达完整、线型分明、尺寸齐全，并注明零件的名称、件数、材料，以及注写必要的技术要求。

零件草图的画图步骤如下。

① 对零件的结构进行分析，并画出图形。

② 选择恰当的尺寸基准，画出尺寸界线、尺寸线，并将量得的尺寸数据逐一填写上。

③ 确定零件的技术要求（表面结构要求、极限与配合、几何公差、热处理等）。

④ 对于零件上的倒角、倒圆、键槽、退刀槽等工艺结构，应通过查阅标准确定其尺寸。

9.6.2 装配图的画法

下面以图9-5所示的滑动轴承为例，说明装配图的画图步骤。

（1）确定绘图比例、图幅，画出图框等

装配图的表达方案确定后，应根据部件的真实大小及结构的复杂程度，确定适当的比例和图幅，并画出图框、标题栏和明细栏。

（2）合理布图，画出基准线

布置图形时，画出各视图的主要基准线，并留出零件编号、标注尺寸和技术要求等所需的位置，如图9-22所示。

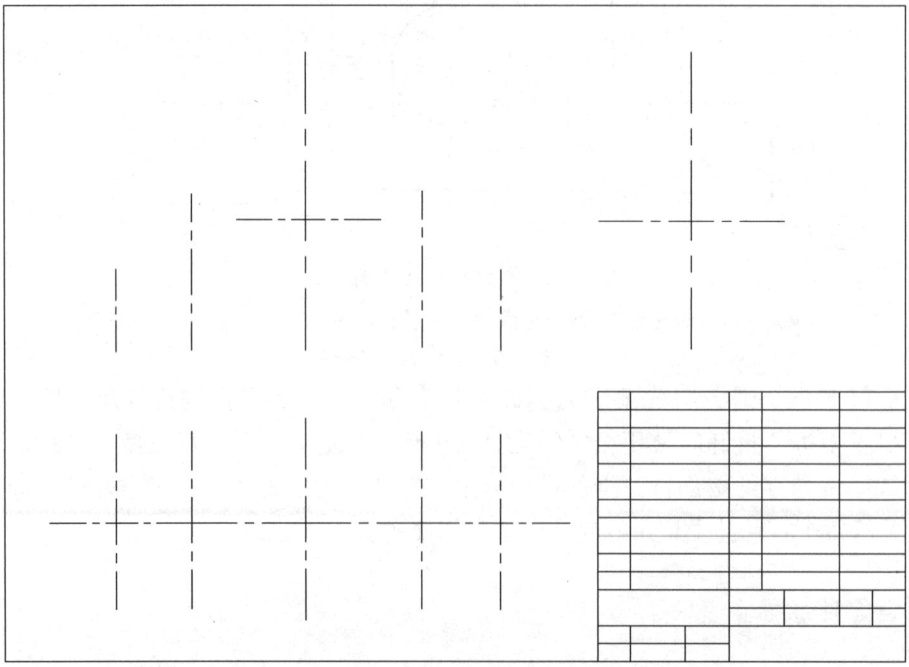

图 9-22　画出图框、标题栏、明细栏和主要基准线

（3）绘制部件的主要部分

根据部件的具体结构，确定主要装配干线。先画出干线上起定位作用的基准件，再画其他零件，以保证各零件间相互位置的准确。基准件可根据具体机器或部件分析判断，当装配基准件不明显时，则先画其中的主要零件。画图时，可从主视图画起，几个视图相互配合。也可先画出某一视图，再画其他视图。此时亦应注意各视图间的投影对应关系。

◆ 画图时，还要注意零件间的装配关系，两个相邻零件表面的接触情况，以及相互遮挡等问题。

（4）绘制部件的次要部分

待画完装配体的主要结构和重要零件后，再逐步画出次要的部分。

（5）标注尺寸、编写序号、填写标题栏、明细栏和技术要求

（6）检查校核、完成全图

装配图的底稿画完后，除检查零件的主要结构外，还要特别注意视图上细节部分有无遗漏和错误，经检查后便可描深图线。

滑动轴承装配图的作图步骤如图9-22～图9-25所示，完成后的装配图如图9-5所示。

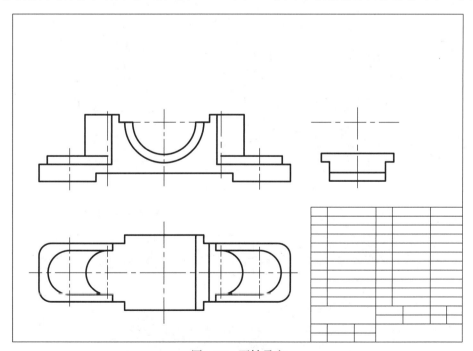

图9-23　画轴承座

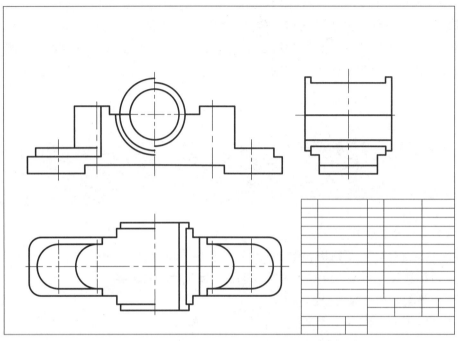

图 9-24 画出上、下轴衬

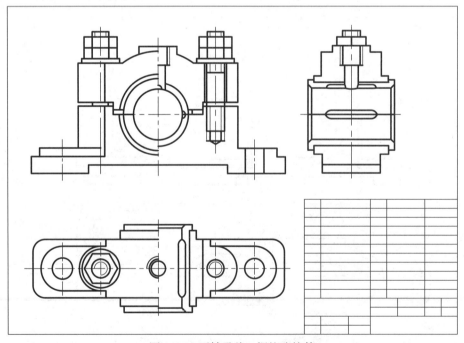

图 9-25 画轴承盖、螺柱连接等

9.7 读装配图和由装配图拆画零件图

通过装配图可以了解机器或部件的名称、规格、性能、功用和工作原理，并掌握装配体中各零件的作用、主要零件的结构形状和相互间的位置关系、装配关系、传动路线等内容。

9.7.1 读装配图的方法与步骤

下面以图9-2所示的机用虎钳和图9-26所示的齿轮减速器为例，介绍装配图的读图方法和步骤。

1. 概括了解并分析视图

① 通过标题栏和有关的说明书，可以了解机器（或部件）的名称、作用、性能及工作原理。

② 从零件的明细栏和图上零件的编号，了解标准件和非标准件的名称、数量及所在位置。

③ 确定主视图，并明确视图间的投影对应关系。分析各视图所采用的表达方法，以及各视图表达的重点内容。

机用虎钳用来夹紧工件，通常被固定在工作台上。该装配体由10种零件组成，其中的螺钉、圆锥销为标准件。

机用虎钳的装配图主要用了三个基本视图和一个局部视图表达。其中全剖的主视图反映了虎钳的工作原理和零件间的装配关系。俯视图则表达了固定钳身的结构形状，并用局部剖视图表达钳口板与钳座的局部结构。半剖的左视图反映了虎钳侧面的外形及剖切位置的内部结构，图中的局部剖视图表达出安装孔的形状和位置。局部视图则表达了钳口板的形状和尺寸。

2. 分析工作原理和装配关系

通过分析，可以了解部件的传动、支承、调整等的结构形式，各个零件间的接触面、配合面的连接方式和装配关系。此外，还要分析零件的结构形状和作用，以便进一步了解部件的工作原理。

分析的具体方法如下。

① 从反映装配关系比较明显的视图入手，结合其他视图分析出装配干线，并按各视图的投影对应关系分析主要零件的结构形状。

② 利用剖面线的不同方向和间隔，分清各个零件的轮廓形状。

③ 根据装配图上所标注的极限和配合代号，了解零件间的配合关系。

④ 根据零件序号和明细栏，了解零件的作用，确定零件在装配图中的位置。

由于装配图不能把所有的零件完全表达清楚，因此有时还要借助于零件图做进一步分析。

图9-2中的主视图反映了机用虎钳的工作原理。

当手轮（图中未画出）带动丝杆10旋转时，丝杆便带动螺母6并使活动钳身4沿钳座9导轨面沿水平方向左右移动，使钳口张开或闭合从而夹紧或卸下工件。虎钳的最大装夹厚度为70mm。

主视图还反映出主要零件的装配关系。

将螺母6装入钳座9的工字形槽内，再旋入丝杆10，并用挡圈1、垫圈3及销2将丝杆轴向固定。通过螺钉5将活动钳身4与螺母6连接，螺钉8将两块钳口板7分别与固定钳座和活动钳身连接。

3. 分析零件，读懂形状

分析零件的关键在于了解每个零件的结构形状和各零件间的装配关系。一般从装配干线上的主要零件开始。机用虎钳的主要零件有：固定钳座、螺母块、丝杆、活动钳身等。

① 固定钳座的下方为工字形槽，其内装有螺母块。由于螺母块带动活动钳身沿固定钳座的导轨移动，因此，导轨表面有较高的表面结构要求。

② 螺母块的结构为上圆下方。上部圆柱与活动钳身配合，有尺寸公差要求。此外，螺母块与丝杆旋合，其上的螺纹也有较高的表面结构要求。

③ 丝杆在钳座两端的圆柱孔内转动，两者之间采用的是基孔制（$\phi 12H8/f7$、$\phi 18H8/f7$）间隙配合。

4. 综合分析

对上述分析进行归纳总结后，便可对装配体形成一个完整的认识，全面读懂装配图。

图9-26为齿轮减速器，其装配图如图9-27所示。

从图9-27中的标题栏可知，该图为直齿轮减速器装配图。明细栏中列出了35种零件，其中标准件有12种。

减速器采用了三个基本视图。其中，主视图主要表达减速器的外形和主要尺寸，主视图中的五个局部剖视图分别表达了箱盖、箱体的壁厚、通气孔、视油孔和泄油孔各零件的装配关系，以及定位销、紧固螺栓的连接关系。

俯视图通过沿箱盖和箱体结合面的剖切画法，着重表达了减速器的工作情况，同时表达出两条传动轴上各零件的相对位置及装配关系。

左视图主要反映减速器侧面的外形，并采用局部剖视图表达键槽的形状，以及减速器安装孔的形状、位置和尺寸。

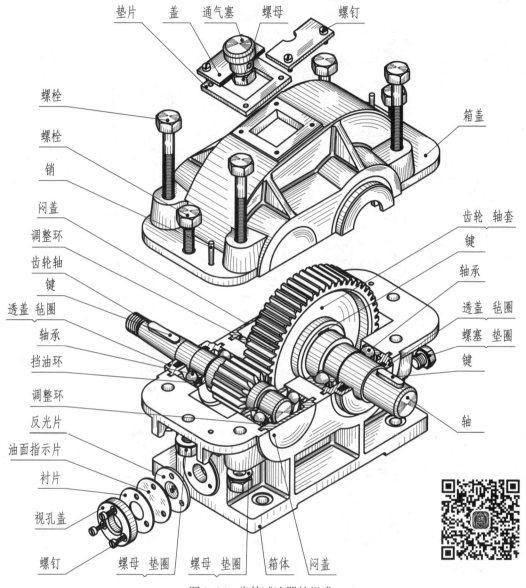

图 9-26　齿轮减速器的组成

　　齿轮减速器通过齿轮传动实现减速，并带动其他机械设备运转的部件。其传动路线如下：电动机（未画出）通过传动装置带动输入轴35、齿轮22，键24将降低后的转速传给输出轴26，输出轴26的转速便是带动其他设备运转的转速。

　　减速器各零件的装配关系：齿轮轴35装配线上有闷盖28、调整环29、滚动轴承30、挡油环31、透盖34及密封毛毡33等零件。滚动轴承装在箱体上，透盖34及闷盖28、调整环29压住轴承的外圈，轴承内圈则由挡油环定位。输出轴26装配线上的各零件与齿轮轴35上的类似，只是其上的齿轮22、滚动轴承27是通过透盖23、轴肩和轴套21实现轴向定位的。

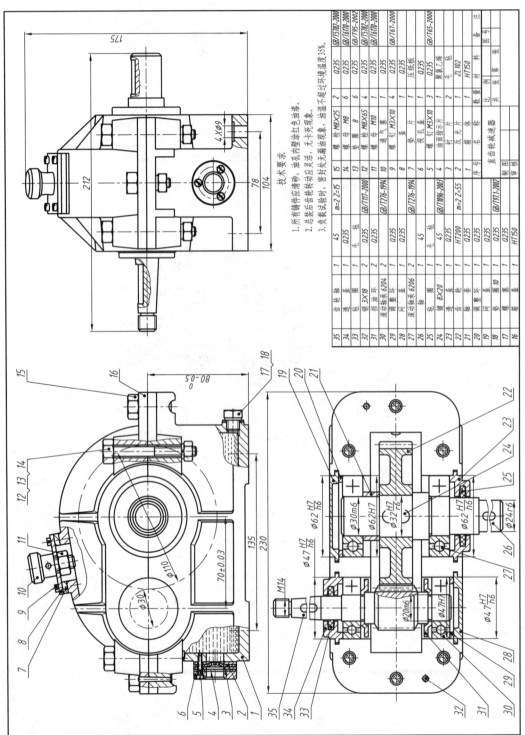

技术要求

1. 所有铸件应清砂、油孔内壁涂红色油漆。
2. 总装后齿轮转动应灵活，无卡死现象。
3. 负载试验时，密封处无漏油现象，油温不超过环境温度35℃。

图 9-27 齿轮减速器装配图

序号	名称	数量	材料	图号		序号	名称	数量	材料	图号
35	齿轮轴	1	45	m=2 Z=15		15	螺栓M8X25	2	Q235	GBT5782-2000
34	毡圈	1	毛毡			14	弹簧垫	6	Q235	GBT7171-2000
33	轴承盖	2	Q235			13	垫圈 8	6	Q235	GBT95-2002
32	挡油环 3X18	2	Q235			12	螺栓M8X65	4	Q235	GBT5782-2000
31	出油器	1	Q235	GBT1117-2000		11	螺母M10	1	Q235	GBT6171-2000
30	滚动轴承 6204	2		GBT276-1994		10	通气塞	1	Q235	
29	调整垫环	1	Q235			9	螺钉M3X10	4	Q235	GBT67-2000
28	齿轮	1	45			8	垫片	1	压纸板	
27	滚动轴承 6206	2		GBT276-1994		7	视孔盖	1	Q235	
26	毡圈	1	毛毡			6	螺钉 M3X10	3		GBT65-2000
25	轴承盖	1	Q235			5	螺钉标示	1		
24	键 8X20	1	45	GBT1096-2003		4	油面指示片	2	聚氯乙烯	
23	齿轮	1	HT200			3	衬垫	1	毛毡	
22	套杯	1	Q235			2	箱体	1	ZL102	
21	调整垫环	1	Q235	m=2 Z=55		1	箱座	1	HT150	
20	键	1	Q235							
19	调整垫环	1	Q235				齿轮减速器			
18	垫圈 10	1	Q235	GBT191.1-2002			直齿轮减速器			
17	螺母	1	Q235						比例	图号
16	箱盖	1	HT150						重量	共 张 第 张

制图
审核

轴26与齿轮22的配合为H7/r6，轴与轴承的配合均为m6，轴端部与联轴器（未画出）孔的配合为r6。

减速器箱盖16与箱体1通过圆锥销32定位，并用螺栓12、垫圈13和螺母14紧固。箱体孔与轴承的配合为H7，端盖与箱体孔的配合为H7/h6。

在减速器中，沿传动轴形成两条装配干线，其上的零件大都为回转体。因此，根据俯视图中各零件的剖切面形状，便可分析出它们的空间形状。

下面着重分析结构变化较大的减速器箱盖。

在分析减速器箱盖16的结构形状时，首先应注意图9-27主视图中箱盖与箱体的结合面，重点是结合面以上的部分。根据俯视图和左视图以及剖视图中剖面线的不同方向，可将轴、端盖、轴承、销、螺栓等零件分离出去，便可得到箱盖的三视图，如图9-28所示。

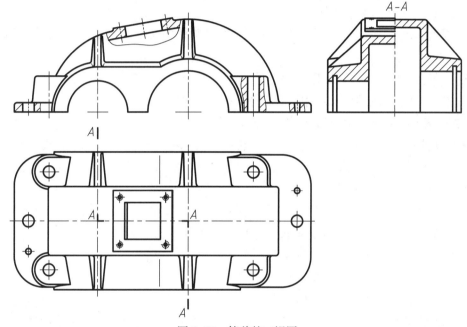

图 9-28　箱盖的三视图

通过以上分析可知，箱盖内部为一个空腔，其顶部左低右高且周围的壁厚均匀。为与两轴上的轴承配合，箱盖中间沿轴向开有两个半圆孔。外表面的前后各有两块肋板，顶部有一个方形通气槽。为了增大与箱体的结合面，箱盖周边有缘板，其上的凸台开有用于连接的螺栓孔。

减速器装配图中其他零件的结构形状，请读者结合图9-26自行分析。

9.7.2　由装配图拆画零件图

1. 拆画零件图的要求

① 画图前，应认真阅读装配图，全面了解设计意图和装配体的工作原理、装配关

系、技术要求及每个零件的结构形状。

② 画图时,不但要从设计方面考虑零件的作用和要求,而且要从工艺方面考虑零件的制造和装配,应使所画的零件图符合设计与工艺两方面的要求。

2. 拆画零件图的步骤

由装配图拆画零件图,应在读懂装配图的基础上进行。拆画零件图也是继续设计零件的过程,其主要步骤如下。

(1) 对装配体中的零件进行分类

根据零件的编号和明细栏,了解整台机器或部件所含零件的种数,并进行如下分类。

● 标准件:标准件大部分属于外购件,不需要画出零件图,只要将它们的序号及规定的标记代号列表即可。

● 常用零件:应画出常用件的零件图,并且须按照装配图提供的尺寸或设计计算的结果绘图(如齿轮等)。

● 一般零件:一般零件是拆画零件图的主要对象。对于装配体中的借用件或特殊件,如有现成的可以利用的零件图,则不必重新再画。

(2) 将要拆画的零件从装配图中分离出来

分离零件是拆画零件图的关键一步,它是在读懂装配图的基础上,按照零件各自真实结构和形状将其从装配图中分离出来。此时,应注意零件结构的完整性。

(3) 确定视图的表达方案

画零件图时,主要根据零件的结构形状确定其表达方案,而不强求与装配图上的一致。一般情况下,箱体类零件的主视图可以与装配图一致。对于轴套类零件,一般按加工位置选取主视图,如将丝杆水平放置。

(4) 拆画零件图应注意的事项

拆画零件图应注意以下几点。

● 可以利用零件对称性、常见结构的特点补画在装配图中被遮去的结构和线条。

● 在装配图上允许不画的某些标准结构,如倒角、圆角、退刀槽等,应在零件图中补画出来。

● 装配图中所注出的尺寸都是比较重要的,应在有关的零件图上直接注出这些尺寸。对于配合尺寸和某些相对位置尺寸要注出偏差值。与标准件相连接或配合的尺寸,如螺纹的有关尺寸、销孔直径等,应从相应的标准中查取。未标注的尺寸可用比例尺从装配图上直接量取标注。对于一些非重要尺寸应取为整数。

(5) 制定各项技术要求

零件图上的技术要求将直接影响零件的加工质量和使用性能。但此项工作涉及相关的加工、检验和装配等专业知识,初学者可通过查阅有关手册或参考其他同类型产品的图纸加以比较确定。

3. 拆画零件图示例

下面以拆画图9-2所示机用虎钳装配图中的固定钳座为例，说明拆画零件图的步骤和方法。

（1）分离零件

根据剖面线的方向及视图间的投影关系，从装配图中的主视图、左视图和俯视图中分离出固定钳座9的轮廓，如图9-29所示。

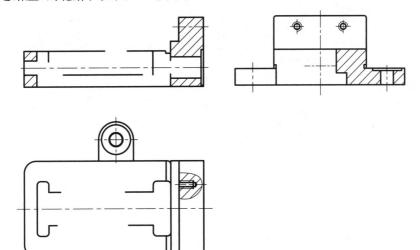

图 9-29　分离固定钳座

（2）确定表达方案

固定钳座的立体图如图9-30所示。

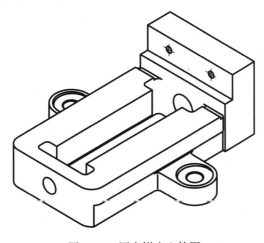

图 9-30　固定钳座立体图

根据零件图的视图表达方法，主视图按装配图中主视图的投射方向沿前后对称中心线全剖视画出；左视图采用 A－A 半剖视；俯视图主要表达固定钳座9的外形，并采用局部剖视图表达螺孔的结构。图9-31所示为固定钳座的零件图。

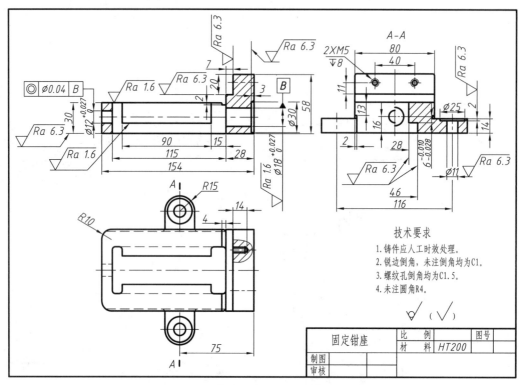

图9-31　固定钳座零件图

（3）尺寸标注

在固定钳座零件图上标注尺寸时，首先将装配图上已注出的与固定钳座有关的尺寸直接标出，如 ϕ12H8、ϕ18H8、116 等，并通过查表注出偏差数值。各螺孔的尺寸可根据明细栏中螺钉的规格确定，如 2×M5。未标注的尺寸可用比例尺从装配图上直接量取标注。

（4）注写技术要求

可参考有关表面结构资料，确定固定钳座各加工面的表面结构要求。最后根据钳座加工、检验、装配等要求及机用虎钳的工作情况，注出其他方面的技术要求。

第**10**章

表面展开图

学习目标

系统学习表面展开图的基本知识，用直角三角形法和旋转法求一般位置直线的实长，以及各种薄板制件的表面展开图的作图方法。

学习要求

了解：表面展开图的基本知识。

掌握：求一般位置直线实长的直角三角形法和旋转法，平面立体及圆柱管制件、圆锥管制件等的表面展开图的绘制方法。

10.1　表面展开图的基本知识

将立体表面的实际形状依次平铺在一个平面内，称为立体表面的展开。展开后画出的图形即为表面展开图，如图10-1所示。

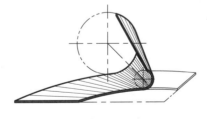

（a）锥管展开示意

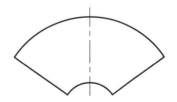

（b）锥管的展开

图10-1　制件的展开

工业生产中所用的许多薄板制件，如图10-2所示的集粉筒和三通管，一般按以下步骤加工而成。

① 画出制件的视图（称为施工图）。

② 根据视图按1∶1比例画出立体的展开图（称为放样图或放大样）。

③ 下料、成型。

④ 焊接或铆接。

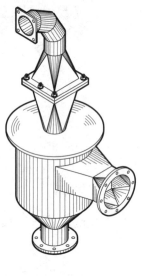

（a）集粉筒

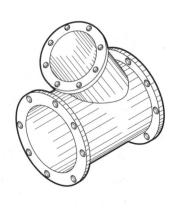

（b）三通管

图 10-2　薄板制件

　　制件的施工图表达的是成品的形状，也是绘制展开图的依据。而展开图则反映的是制件各表面的真实形状，图10-3所示为三通管的视图和表面展开图。

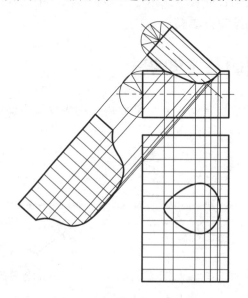

图 10-3　三通管的视图和表面展开图

　　制件的表面分为可展和不可展两种类型。平面及母线为直线且相邻的两条素线是平行或相交的曲面为可展的，如棱柱、棱锥、圆柱、圆锥等形体的表面。而相邻的两条素线是交叉或母线为曲线的表面是不可展的，如球面、环面和螺旋面等。对于不可展的表面通常采用近似方法展开。

生产实际中，绘制立体的表面展开图有以下两种作图方法。

- 计算法：利用数学方法计算出展开图上各点的坐标后，再按点的坐标绘画制件的展开图。随着计算机应用技术的普及，通常是编制出绘图程序后，由计算机完成各种运算并绘出展开图形。此方法的特点是作图准确、工作效率高。但由于需要相应的硬件和软件支持，故在应用上受到一定的局限。
- 图解法：为加工制件的传统方法，即按投影理论手工绘出制件的展开图。虽然此方法作图不够准确、效率也比较低，但简便灵活、易于掌握，是目前普遍采用的方法。

用图解法绘制展开图需要掌握以下知识。

- 求一般位置直线的实长：由于需要按制件的真实大小绘制展开图，因此在画展开图时，应首先求出投影图中不能反映实长线段的实际长度。
- 相交立体表面交线（相贯线）的画法：立体的表面交线为相交立体表面的分界线。为了准确画出立体的展开图，应在视图中求出表面交线（相贯线）的投影。

本章将介绍用图解的方法绘制各种立体的表面展开图的操作步骤与技巧。

10.2　求一般位置直线的实长

10.2.1　直角三角形法

如图10-4（a）所示，AB为一般位置直线。过B点作直线$BA_0 \ /\!/ \ ab$，三角形ABA_0为直角三角形，其斜边AB为实长，即为所求。直角边$A_0B=ab$（水平投影），另一条直角边$AA_0=Z_A-Z_B$。因此，根据上述分析便可求得AB直线的实长。

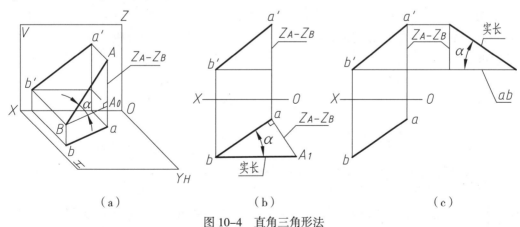

（a）　　　　　　　　　　（b）　　　　　　　　　　（c）

图10-4　直角三角形法

作图步骤如下。

① 过a点作ab的垂线，在垂线上量取Z_A-Z_B得A_1点。

② bA_1的连线即为AB线段的实长，如图10-4（b）所示。

注意

◆ 为保持视图的清晰，可按图10-4(c)所示方法，将求作线画在视图一旁。

10.2.2　旋转法

由于与投影面平行的直线在所平行的投影面上的投影反映实长，因此可采用图10-5所示的旋转法求一般位置直线的实长。即以通过直线一个端点（如A点）的铅垂线为轴线，将其旋转至与V面平行的位置后，直线的正面投影便可反映实长。

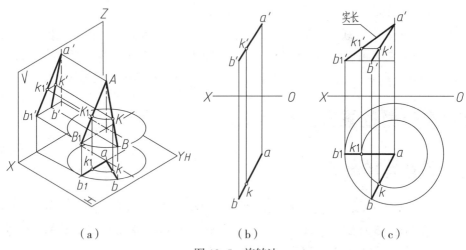

（a）　　　　　　　　（b）　　　　　　　　（c）

图10-5　旋转法

如图10-5（a）所示，由于旋转轴经过了端点A，故A点的位置在直线的旋转过程中保持不变。而B点绕旋转轴旋转的轨迹为一圆，该圆的水平投影反映实形，正面投影成一条直线。

旋转法的作图步骤如下。

① 如图10-5（c）所示，在俯视图中，以a点为轴心，将ab直线旋转至与X轴平行的位置，即ab_1∥OX轴。

② 过b′作OX轴的平行线，使其与过b_1所作的X轴的垂线（投影对应线）交于b_1′点。

③ 连接$a'b_1'$即为直线AB的实长。

④ 若AB直线上有一个K点，则K点随AB线一同旋转，求K点旋转后的位置只需过k′作X轴的平行线交$a'b_1'$于k_1'。在画圆锥的展开图时，便可利用此方法求得锥面上素线的断点在展开图中的位置。

10.3　平面体制件的表面展开

表面规整的平面立体如棱柱、棱锥的展开较为简单。图10-6（a）、（b）所示为一个斜口四棱柱管。由于两面视图反映出各条棱线的实长，因此可直接根据投影图绘出展开图，四棱柱管的展开图如图10-6（c）所示。

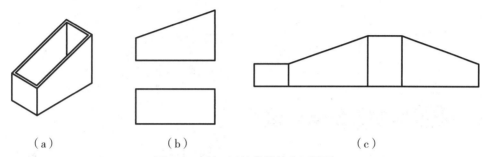

（a）　　　　　　　　　　（b）　　　　　　　　　　（c）

图 10-6　斜口四棱柱管的表面展开

在展开不规则平面体的表面时，应先求出视图中一般位置直线的实长，然后按三角形法依次展开各表面。图10-7所示为斜口变形接头，其展开图的作图分析与绘制步骤如下。

视图分析如下。

从图中可以看出立体的前面ABEF为两个相交平面，AF线是两个平面的交线。在画展开图前应先求出视图中一般位置直线AF、BF及CF的实长。

作图步骤如下。

① 用直角三角形法求出图中一般位置直线的实长，如图10-7所示。

② 从视图左边的对称中心12线开始按三角形法依次展开各表面，如图10-8所示。

③ 根据绘制的展开图下料后，再按交线位置成型。

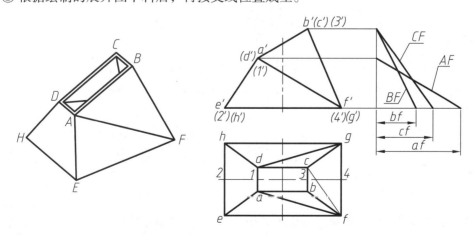

图 10-7　斜口变形接头

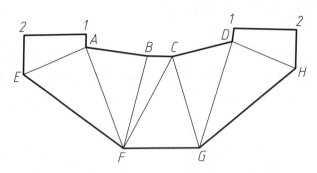

图 10-8　斜口变形接头的表面展开图

10.4　圆柱管制件的表面展开

圆柱管的表面展开采用的是平行线法，凡圆柱类制件均可按此方法绘制展开图。

图10-9所示为带有斜口的圆柱管，其展开图的作图分析与绘制步骤如下。

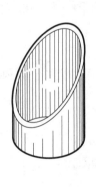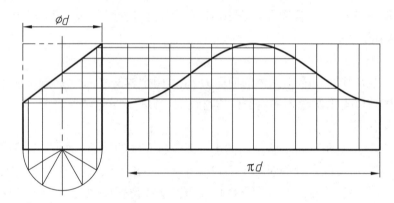

图 10-9　斜口圆柱管的表面展开图

作图分析如下。

完整的圆柱表面展开后为一个矩形，将其底边周长（πd）及投影图中的圆分成相同份数，求得展开图中各条等分线上的断点后，连接便是斜口圆柱管的展开图。

作图步骤如下。

① 将圆柱管的水平投影圆分成12等分，过各等分点在主视图上作出素线。

② 将圆柱底圆的展开长度πd也分成12等分，并过各等分点作素线，在其上求得断点的位置。

③ 光滑连接各断点，即得展开图。

多节圆柱弯管常用于通风、除尘的管道中。图10-10所示为五节直角弯管，其展开图的作图分析如下。

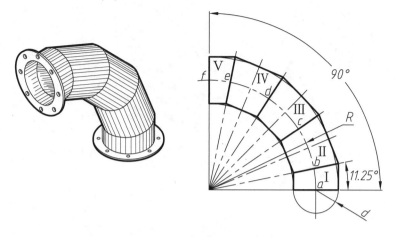

图 10-10 五节直角圆柱弯管

在五节等径直角弯管中，中间的三节为整节（两面带斜口），端部的两节为半节（一面带斜口）。半节斜面的倾斜角度为11.25°。若将各节一顺一倒排列便构成一条圆管。因此，如有现成的直圆管，即可按图10-11（a）所示位置截出各节后，再连接成直角弯管。也可按图10-11（b）所示方法展开。

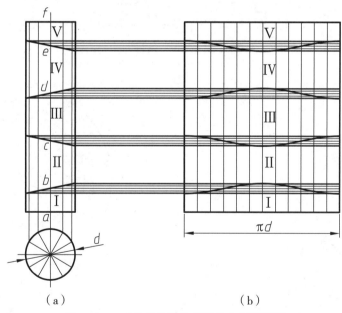

（a） （b）

图 10-11 五节直角圆柱弯管的表面展开图

10.5 圆锥管制件的表面展开

圆锥表面展开后为一个扇形，扇形角 $\theta = \dfrac{180 \times D}{L}$，展开方法如图10-12所示。

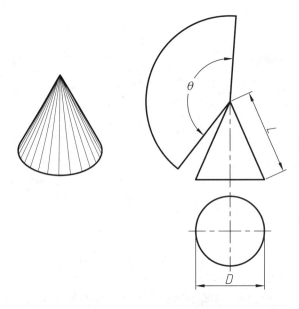

图 10-12　圆锥的表面展开图

绘制带有切口圆锥管的展开图时，先要确定切口上各点在展开图中的位置，然后连接各点。

如图10-13（a）、（b）所示，一个正圆锥被倾斜于轴线的平面截切，在锥面上形成一个椭圆。椭圆形切口在圆锥的展开图上为一条曲线。作图的要点在于确定椭圆上各点在展开图上的位置。

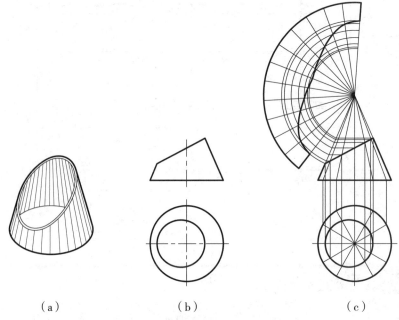

（a）　　　　　　　　（b）　　　　　　　　（c）

图 10-13　带有斜口的圆锥表面展开图

作图步骤如下。

① 作出完整圆锥的表面展开图（为一个扇形）。

② 将圆锥底圆及展开图中的扇形圆弧做相同等分（本例为12等分）。

③ 在视图中求出等分素线被截断部分的实长后，量取在展开图中相应的等分线上。

④ 依次光滑连接各点，如图10-13（c）所示。

图10-14所示为两节渐缩变形接头，若将接头中的第二节反向放置便可组成一个圆台，其表面展开是以图10-13所介绍的方法为基础，作图的要点是在视图中画出两节的交线。下面介绍该接头的表面展开方法。

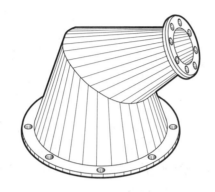

图 10-14　两节渐缩变形接头

设：圆锥大端直径为D，小端直径为d，两节的高度尺寸分别为H_1、H_2，斜管轴线与水平线的夹角为α。

作图步骤如下。

① 按d、D、H_1、H_2画一个圆台，如图10-15（a）所示。

② 以圆台轴线H_1高度点为圆心，绘制一个与圆台轮廓素线相切的圆，并根据α及H_2，过圆心作出斜管的轴线，如图10-15（b）所示。

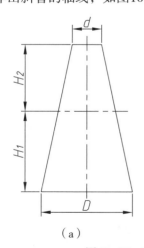

（a）

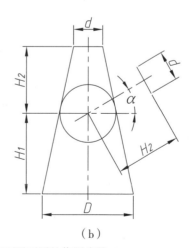

（b）

图 10-15　两节渐缩变形接头表面展开图的作图步骤

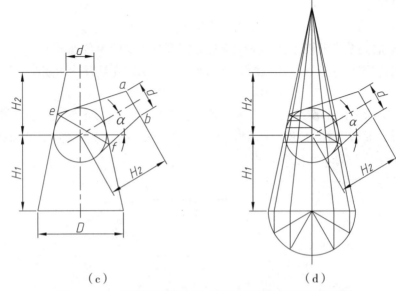

（c）　　　　　　　　　　　（d）

图 10-15　两节渐缩变形接头表面展开图的作图步骤（续）

③ 在斜管轴线上端H_2处作轴线的垂线，并以轴线为基准，在垂线两侧量取$d/2$后得a、b两点。分别过a、b点作圆的切线并延长，使之与圆台的轮廓素线相交于e、f点，连接e、f点即得两节的交线，如图10-15（c）所示。

④ 延长圆台两轮廓素线，得圆锥锥顶。并将圆锥底圆作等分，如图10-15（d）所示。

⑤ 按图10-13介绍的展开方法将圆锥展开，同时在展开图中确定交线上各点的位置，连接后效果如图10-16所示。

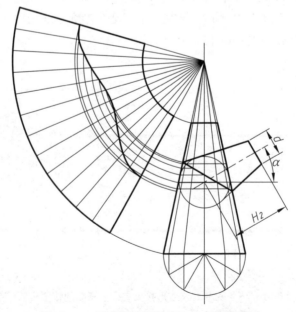

图 10-16　两节渐缩变形接头的表面展开图

10.6　异形管接头的表面展开

如果管道的断面形状发生变化，则需用异形管接头进行连接，应用较多的是圆方变形接头，如图10-17所示。

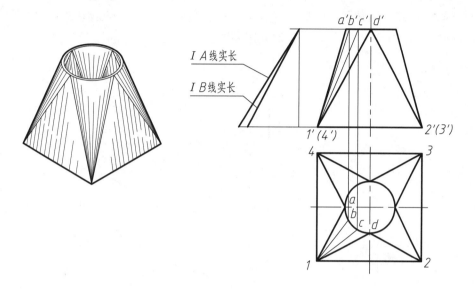

图 10-17　圆方变形管接头

圆方变形管接头可视为由4个平面截切一个圆台后所形成。为简化作图，用直线代替了截平面与圆角相交的曲线。画展开图时，将视图中的四个圆角分为若干小三角形，用近似方法依次求得其实形。

绘制圆方变形管接头表面展开图的步骤如下。

① 求出视图中的一般位置直线的实长。

② 依次画出圆角中的各小三角形的实形。

③ 光滑连接各点即得展开图，如图10-18所示。

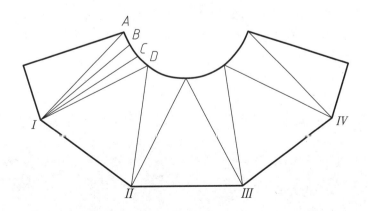

图 10-18　圆方变形管接头的表面展开图

10.7　绘制展开图应注意的事项

10.7.1　接缝位置的确定

对于同一制件，当选取不同的接缝位置时，会得到不同形状的展开图，如图10-19所示。从制件的加工工艺性能考虑，通常采用如图10-19（a）所示的接缝位置。

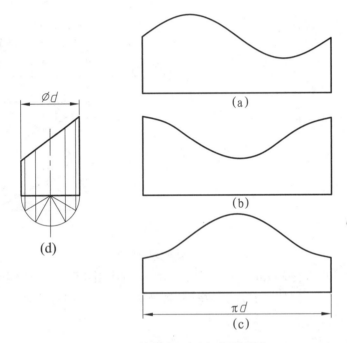

图 10-19　接缝位置与展开图的形状

10.7.2　板材厚度对制件加工的影响

制件都由具有一定厚度的板材加工而成。当板材厚度小于1.5mm时，可以忽略其对制件加工的影响。若使用较厚的板材加工制件，则板材的厚度就不可避免地会对展开图的尺寸和形状产生影响，必须采取相应的措施，即板厚处理。

注意

◆　板材可分为里皮、外皮和板厚中心层。当板材被卷曲时，里皮因受压使得长度缩短，而外皮受拉使其长度伸长，只有板材中心层的长度不变。因此，在绘制展开图时应该以中心层的尺寸为依据，如图10-20所示。

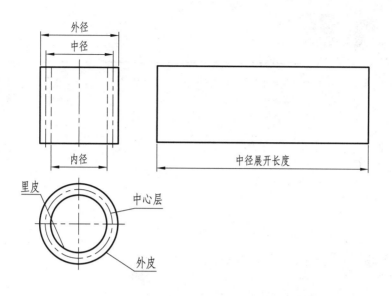

图10-20　板厚的表示方法

10.7.3　咬口形式及余量

咬口连接形式适用于厚度小于1.2mm的普通钢板、厚度小于1.5mm的铝板和厚度小于0.8mm的不锈钢板。常见的咬口形式如图10-21所示。

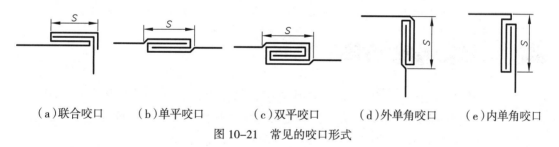

（a）联合咬口　　　（b）单平咬口　　　（c）双平咬口　　　（d）外单角咬口　　　（e）内单角咬口

图10-21　常见的咬口形式

咬口的形式不同，加工余量亦不相同，根据图10-21所示可以计算出相应的加工余量。咬口宽度S与板厚t之间的关系可以用经验公式计算，即$S=（8\sim12）t$。

第11章

焊接图

 学习目标

本章将重点介绍焊接图的画法与标注方法。

学习要求

了解：国家标准对于焊缝的规定画法、焊缝符号和焊接图的标注方法。

掌握：焊接图的表达方法。

11.1 焊缝的表达方法

焊接是将需要连接的金属零件在连接处局部加热至熔化或半熔化状态后，用加压或在其间用熔化的金属填充等方法，目的是使零件连接为一个整体。焊接是不可拆的连接，常用的焊接方法有电弧焊、气焊等。焊接图则是焊接加工所用的图样。

11.1.1 焊缝的规定画法（GB/T 324—2008）

1. 焊接接头形式

常见的焊接接头形式有对接接头、T形接头、角接接头和搭接接头等，如图11-1所示。

 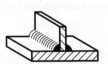 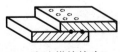

（a）对接接头　　　（b）T形接头　　　（c）角接接头　　　（d）搭接接头

图11-1　焊接的接头形式

2. 焊缝的规定画法

工件经焊接后所形成的接缝称为焊缝。焊缝的形式主要有对接焊缝（如图11－1（a）所示）、角焊缝（如图11－1（b）、（c）所示）和点焊缝（如图11－1（d）所示）。

绘制焊接图时，一般可按焊接件接触面的投影将焊缝画成一条轮廓线（不考虑焊缝的横截面形状及坡口），如图11－2（a）所示。如是点焊缝，则在图形的相应位置画出焊点的中心线或轴线，如图11－2（b）所示。

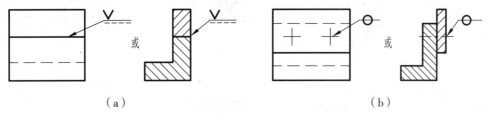

（a） （b）

图 11-2 焊缝的规定画法（一）

在图样中，可采用视图、剖视图或断面图的画法表示焊缝，也可以用轴测图示意，如图11－1所示。

在视图中，可用一组细实线段（允许徒手画）表示焊缝，也可采用线宽为粗实线的2～3倍的图线表示焊缝，但在同一张图样中，只允许采用一种画法。在剖视图或断面图上，金属的熔焊区通常涂黑表示，如图11－3所示。

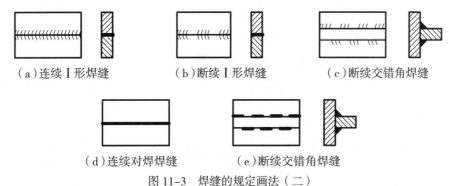

（a）连续Ⅰ形焊缝 （b）断续Ⅰ形焊缝 （c）断续交错角焊缝

（d）连续对焊焊缝 （e）断续交错角焊缝

图 11-3 焊缝的规定画法（二）

◆ 按规定画法在视图中表示焊缝后，一般仍应标注焊缝的符号，以便明确加工要求。

11.1.2 焊缝符号及焊缝尺寸

焊缝符号一般由基本符号和指引线组成，必要时还可以加上补充符号和焊缝尺寸符号。

1. 基本符号

基本符号是表示焊缝横截面形状的符号，常用基本符号的名称、焊缝形式及标注示例见表11-1。

表11-1　常用基本符号的名称、焊缝形式及标注示例

名称	符号	焊缝形式	标注示例
I 形焊缝			或
V形焊缝			或
单边V形焊缝			或
带钝边V形焊缝			或
带钝边单边V形焊缝			或
带钝边U形焊缝			或
带钝边J形焊缝			或

（续表）

名称	符号	焊缝形式	标注示例
角焊缝	$10d'$ $45°$		或
点焊缝	$\varnothing 13d'$		或

注：$d' = 1/10\,h$，h为字高。

当标注双面焊缝或接头时，可以将基本符号组合使用，如表11-2所示。

表11-2 基本符号的组合示例

名称	焊缝形式	符号
双面V形焊缝（X焊缝）		X
双面单V形焊缝（K焊缝）		K
带钝边的双面V形焊缝		Y
带钝边的双面单V形焊缝		K
带钝边的双面U形焊缝		

2. 补充符号

补充符号用以补充说明焊缝或接头的某些特征，如表面形状、衬垫、焊缝分布、施焊地点等。补充符号及其说明如表11-3所示。

表11-3 补充符号

名称	符号	说明
平面	———	焊缝表面平整（通常经过加工后）
凹面	⌣	焊缝表面凹陷
凸面	⌢	焊缝表面凸起

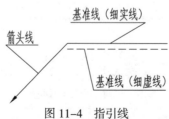

名称	符号	说明
圆滑过渡		焊趾处圆滑
永久衬垫	M	衬垫永久保留
临时衬垫	MR	衬垫在焊接完成后拆除
三面焊缝		三面带有焊缝
周围焊缝	○	沿着工件周围施焊的焊缝
现场焊缝		在现场焊接的焊缝
尾部		用以标注焊接方法、焊缝数量等信息

补充符号的应用示例如表11－4所示。

表11-4　补充符号应用示例

名称	焊缝形式	符号
平齐的V形焊缝		
凸起的V形焊缝		
凹陷的角焊缝		
表面圆滑过渡的角焊缝		

焊缝的基本符号和补充符号的线宽为图中字高的1/10。焊缝符号中，字体的字形、字高和字体的笔画宽度应与图样中标注尺寸的字形、字高和字体的笔画宽度相同。

3. 指引线

焊缝符号中的指引线一般由带箭头的箭头线和两条平行的基准线组成。基准线中一条为细实线，另一条为细虚线，如图11－4所示。

基准线（细实线）

箭头线

基准线（细虚线）

图 11-4　指引线

基准线一般和图样中标题栏的长边平行，必要时也可与长边垂直。基准线的虚线可画在细实线的上侧或下侧。

4. 焊缝尺寸

对于无严格要求的焊缝，一般不必标注焊缝的尺寸。如需注明焊缝尺寸时，焊缝的基本符号可以附带尺寸数字。常用焊缝尺寸符号如表11－5所示。

表11–5　常用焊缝尺寸符号

符号	名称	示意图	符号	名称	示意图
δ	工件厚度		N	相同焊缝数量	
α	坡口角度		S	焊缝有效厚度	
b	根部间隙		c	焊缝宽度	
p	钝边高度		R	根部半径	
l	焊缝长度		d	熔核直径	
n	焊缝段数		H	坡口深度	
e	焊缝间距		h	余高	
k	焊角尺寸		β	坡口面角度	

按GB/T 324—2008《焊缝符号表示法》的规定，焊缝横截面尺寸标注在基本符号的左侧，焊缝长度方向尺寸标注在基本符号的右侧；坡口角度及根部间隙尺寸标注在基本符号的上方或下方。

11.1.3　焊缝的标注方法

焊缝的代号一般由焊缝基本符号、指引线和焊缝尺寸符号等组成。

1. 基本符号与指引线

为了在图样上确切地表示焊缝的位置，标准规定：若焊缝在接头的箭头侧，基本符号应标注在基准线的实线侧，如图11－5（a）所示；若焊缝在接头的非箭头侧，则基本符号应标注在基准线的虚线侧，如图11－5（b）所示。

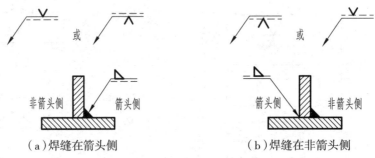

（a）焊缝在箭头侧　　　　　　　　　（b）焊缝在非箭头侧

图 11-5　基本符号的标注

2. 焊缝尺寸符号及数据

焊缝尺寸符号及相应数据在基准线上、下侧的排列顺序如图11－6所示。

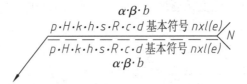

图 11-6　焊缝尺寸的排列顺序

常见焊缝的尺寸标注示例如表11－6所示。

表11-6　常见焊缝的尺寸标注示例

名称	示意图	尺寸符号	标注方法
对接焊缝		S：焊缝有效厚度	$S\curlyvee$

（续表）

名称	示意图	尺寸符号	标注方法
连续角焊缝	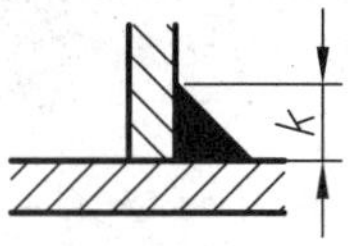	K: 焊脚尺寸	
断续角焊缝	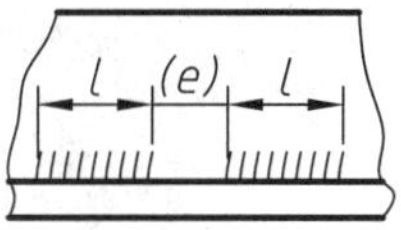 	l: 焊脚长度 e: 间距 n: 焊缝段数 K: 焊脚尺寸	 
交错断续角焊缝	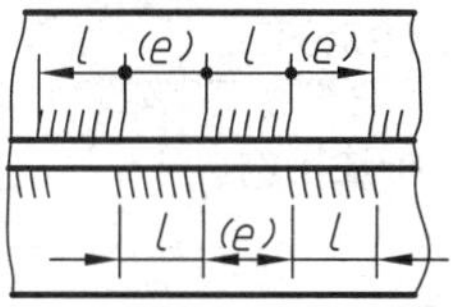	l: 焊脚长度 e: 间距 n: 焊缝段数 K: 焊脚尺寸	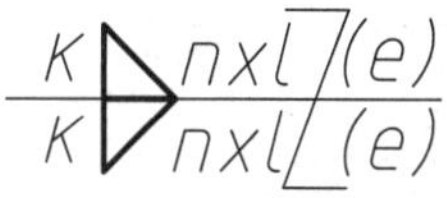 
点焊缝	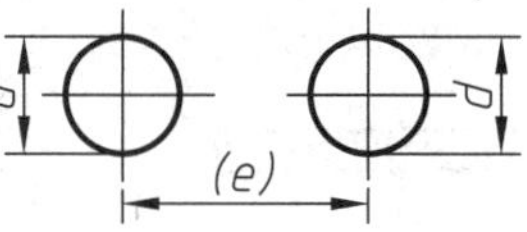	n: 焊点数量 e: 焊点间距 d: 熔核直径	

标注焊缝代号的注意事项如下。

① 当标注双面焊缝和对称角焊缝时，基准线中的虚线应省略不画，如图11-7所示。

图 11-7　省略基准线中的虚线

② 当需要标注表示焊接方法的数字代号或焊缝条数等内容时，可在基准线的细实线上增加尾部符号后注出，如图11-8所示。

图 11-8　焊接方法与焊缝条数的标注

◆ 各种焊接方法代号可以从GB/T 5185—2005《焊接及相关工艺方法代号》中查得。

③ 当图样上全部焊缝采用相同方法焊接时，可省略尾部符号及焊接方法数字代号的标注，但必须在技术要求或其他技术文件中注明"全部焊缝均采用……焊"等字样。当大部分焊缝采用相同焊接方法时，也可在技术要求中注明"除图样中注明的焊接方法外，其余焊缝采用……焊"等字样。

11.2 焊接图示例

11.2.1 常见焊缝的标注示例

常见焊缝的标注示例如表11-7所示。

表11-7 常见焊缝的标注示例

接头形式	焊缝示例	标注示例	说明
对接焊缝			V形焊缝，坡口角度为α，根部间隙为b，焊缝长度为l，焊缝间距为e
			I形焊缝，焊缝的有效厚度为S
			带钝边的X形焊缝，钝边高度为P，坡口角度为α，根部间隙为b，焊缝表面平齐
T形接头			在现场焊接，焊脚高度为K

（续表）

接头形式	焊缝示例	标注示例	说明
T 形 接 头	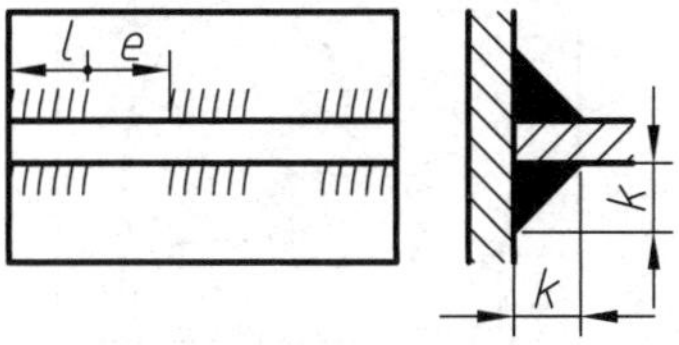	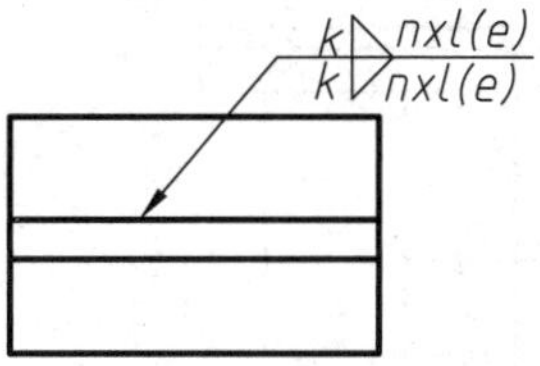	有n条双面断续链状角焊缝，焊缝长度为l，焊缝间距为e，焊脚高度为K
	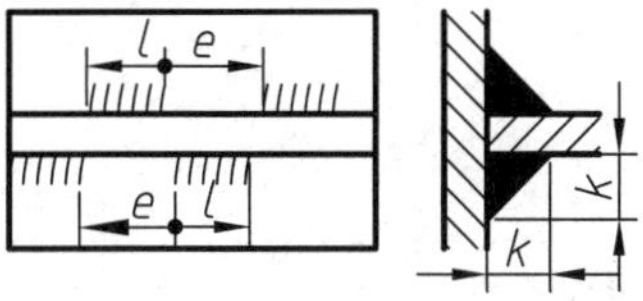	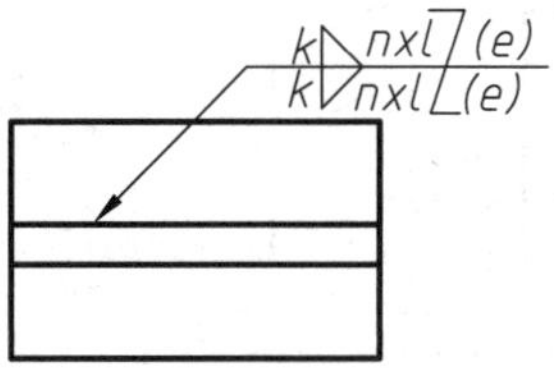	有n条交错断续角焊缝，焊缝长度为l，焊缝间距为e，焊脚高度为K
角 接 接 头	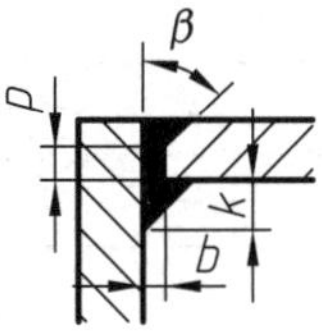	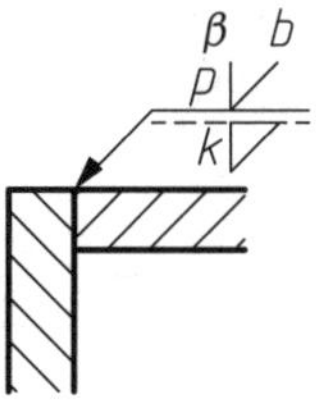	双面焊缝，上面为单边V形焊缝，钝边高度为P，根部间隙为b，下面为角焊缝，焊脚高度为K
搭 接 接 头	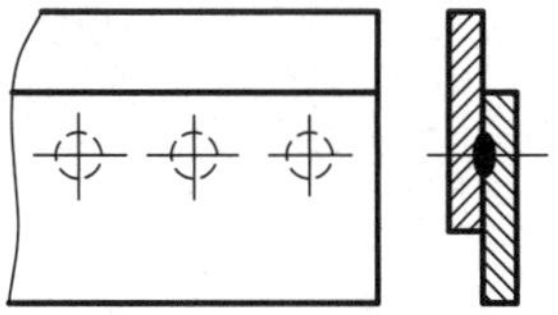	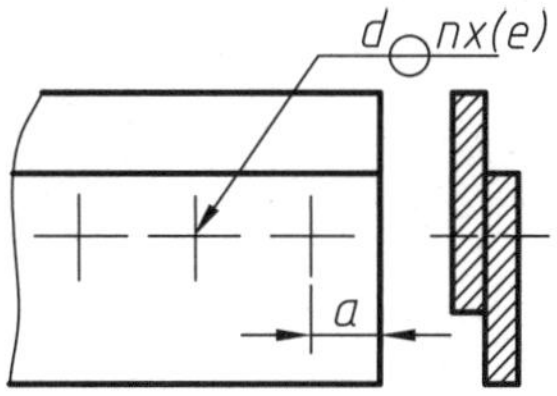	点焊，熔核直径为d，共n个焊点，焊点间距为e

11.2.2　焊接件图示例

图11-9所示为一个支架的焊接图，该支架由五部分焊接而成。

在图11-9中的主视图上标有三条焊缝，一处在件1和件2之间，沿件1周围用角焊缝焊接；另两处是件3和件4，采用角焊缝现场焊接。从A向视图看，有两处焊缝，均采用角焊缝三面焊接。

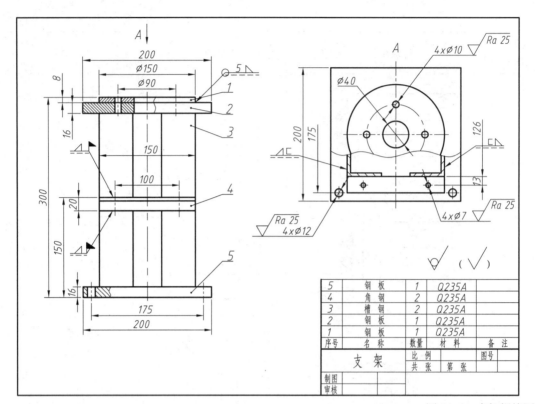

5	钢 板	1	Q235A	
4	角 钢	2	Q235A	
3	槽 钢	2	Q235A	
2	钢 板	1	Q235A	
1	钢 板	1	Q235A	
序号	名 称	数量	材 料	备 注

支 架		比 例		图号	
		共 张 第 张			
制图					
审核					

图 11-9 支架焊接图

第12章

房屋建筑图

学习目标

本章将重点介绍建筑施工图的基本知识和表达方法，并通过例图介绍阅读建筑施工图的方法与步骤。

学习要求

了解：建筑施工图的基本知识。

掌握：建筑施工图的表达方法，以及阅读建筑施工图的方法与步骤。

12.1 概述

人们的工作和日常生活都与房屋建筑有着密切的联系。工程技术人员在工作中有时也需要了解房屋建筑的基本知识，以便于阅读建筑施工图。

12.1.1 房屋的组成

虽然房屋的使用功能不尽相同，但它们的基本组成都是相似的。下面将以图12-1所示的学生宿舍为例，介绍房屋各组成部分的名称和作用。

1. 基础

基础是位于房屋室内地面以下的承重构件，它承受着房屋的全部载荷，并将这些载荷传递给地基。

2. 墙、柱、梁

在墙承重的建筑中，墙既是承重构件，又是围护构件。在框架承重的房屋中，柱是承重构件，而墙只是分隔房屋的隔墙或遮蔽风雨和阳光辐射的围护构件。按墙的位置不同，分为外墙和内墙。外墙起抵御风霜雨雪的作用，内墙则起分隔房屋的内部空间的作用。

墙按受力情况又可分为承重墙和非承重墙，承重墙承受上部传来的载荷，并传递给基础。墙按方向还可分为纵墙和横墙，最外侧的横墙又称山墙。

梁是用于支承其上的结构，并将所承受的载荷传递给墙或柱等承重构件。

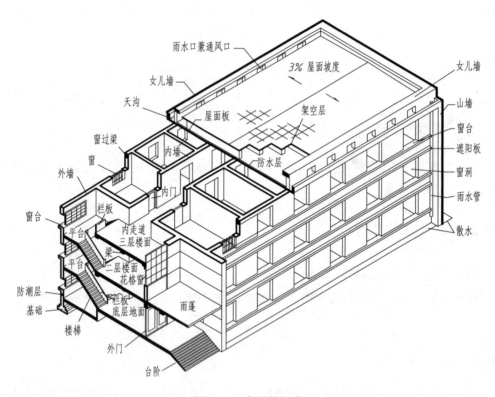

图 12-1　房屋的组成

3. 楼板和地面

楼板和地面将房屋的内部空间沿垂直方向分隔成若干层，并承受作用在其上的载荷，连同自重一起传递给墙或其他承重构件。

4. 楼梯

楼梯是沟通上下各楼层的交通设施。

5. 门、窗

门在房屋中主要起沟通室内、外的作用，也可用于通风。窗的主要作用是通风和采光，也可用于眺望。

6. 屋面

屋面又称为屋顶，屋顶是房屋最上部的承重构件。它将其上的荷载，连同自重一起传递给墙或其他承重构件，同时起抵御风霜雨雪和保温隔热等作用。

> ◆ 除上述六个主要部分外，房屋还有一些附属部分，如阳台、雨篷、雨水管、通风管、散水等，如图12-1所示。

12.1.2 房屋建筑图的分类

一套完整的房屋建筑图，按专业或作用不同，可分为以下几种。

● 首页图：包括图纸目录和设计说明书，一般置于整套图纸的最前面。

● 建筑施工图（简称建施）：建筑施工图主要用于表达建筑群体的总体布局，以及房屋的外部造型、内部布置、固定设施、构造做法和所用材料等。一般包括总平面图、建筑平面图、建筑立面图、建筑剖面图和建筑详图。

● 结构施工图（简称结施）：结构施工图主要表达承重构件的布置、类型、规格及其所用材料、配筋形式和施工要求等内容。一般包括结构平面布置图和各构件的结构详图。

● 设备施工图（简称设施）：设备施工图主要表达室内给排水、采暖通风、电气照明等设备的布置、安装要求和线路敷设等内容。一般包括给排水、采暖通风、电气照明等设施的平面布置图、系统图、构造和安装详图等。

● 装饰施工图（简称装施）：装饰施工图主要表达室内设施的平面布置及地面、墙面、顶棚的造型、细部结构、装修材料与做法等内容。一般包括装饰平面图、装饰立面图、装饰剖面图和装饰详图等。

12.2 房屋建筑图的有关规定

学习房屋建筑图，首先应了解建筑制图的有关标准和规定画法，并运用所学的投影理论知识，对建筑施工图加以分析，从而逐步掌握阅读和绘制房屋建筑图的方法。

12.2.1 建筑制图的基本标准

1. 图线

建筑制图中的常用线型除粗实线、细实线、细虚线外，还有中实线和中虚线等。粗实线、中实线和细实线的宽度比例为4∶2∶1。在同一张图样中，同类图线的宽度应一致。

> **注意**
> ◆ 尺寸起止处的45°斜线用中实线绘制。

2. 尺寸单位

建筑制图的尺寸单位有以下两种。

● 标高尺寸和总平面图中的尺寸单位为m。
● 其他图形中的尺寸单位为mm。

3. 比例

建筑图的常用比例，如表12-1所示。

表12-1　建筑制图常用比例

图名	比例
总平面图	1∶500　1∶1000　1∶2000
平面图、立面图、剖面图	1∶50　1∶100　1∶150　1∶200
详图	1∶1　1∶2　1∶5　1∶10　1∶15　1∶20　1∶25　1∶30　1∶50

12.2.2　建筑制图的有关规定

1. 基本视图名称

房屋建筑图是采用正投影方法绘制的。建筑制图各基本视图的名称为：正立面图、平面图、底面图、左侧立面图、右侧立面图和背立面图，如图12-2所示。

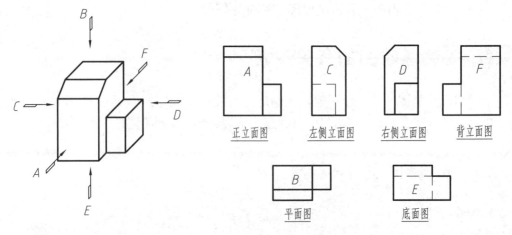

图 12-2　基本视图及其名称

2. 定位线轴与编号

在房屋建筑图中，为便于确定房屋各承重构件的位置，应画出房屋的基础、墙、柱、屋架等承重构件的轴线，并进行编号，这些轴线称为定位轴线。

定位轴线用细点画线绘制，其编号标注在轴线端部的细实线圆内，圆的直径为8～10mm，圆心在定位轴线的延长线或延长线的折线上。平面图中，横向排列的定位轴线用阿拉伯数字编号，从左至右依次编写；竖向排列的定位轴线用大写的拉丁字母编号，自下而上依次编写，并规定拉丁字母中的I、O、Z三个字母不得用作轴线编号，以免与数字1、0、2混淆。若房屋对称，平面图上的定位轴线编号标注在图形下方与左侧；若房屋不对称，平面图上不对称的两侧都要标注定位轴线编号，如图12-3所示。

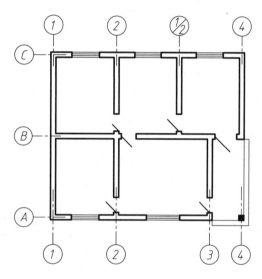

图12-3 定位轴线与编号

对于一些非承重的分隔墙或次要承重构件，可以用附加定位轴线确定其位置，附加定位轴线的编号用分数表示，圆内编号的含义如图12-4所示。

$\frac{1}{3}$ 表示3号轴线后附加的第一根轴线

$\frac{2}{B}$ 表示B号轴线后附加的第二根轴线

$\frac{1}{01}$ 表示1号轴线之前附加的第一根轴线

图12-4 附加定位轴线与编号

在绘制建筑详图时，若一个详图适用于几个定位轴线，则应同时注明各轴线的编号。对于通用的详图，其定位轴线端部只画圆，而不注写轴线的编号，如图12-5所示。

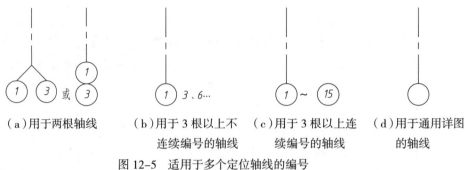

（a）用于两根轴线　　　　（b）用于3根以上不　　（c）用于3根以上连　　（d）用于通用详图
　　　　　　　　　　　　　　　连续编号的轴线　　　　续编号的轴线　　　　　的轴线

图12-5　适用于多个定位轴线的编号

3. 标高

标高是表示房屋高度的另一种尺寸标注形式。标高是由标高符号和标高数字组成的。标高符号是用细实线绘制的等腰三角形，如图12-6（a）所示。标高符号的直角尖端应指至所注的高度，方向可向上、向下。标高数字以米为单位，一般标注到小数点后三位数。零点标高应注写成±0.000，正数标高不注+，负数标高应注−，如图12-6（b）所示。总平面图上用涂黑的标高符号，标高数字可标注到小数点后两位数，如图12-6（c）所示。若在同一位置表示几个不同的标高时，标高数字可按图12-6（d）所示注写。

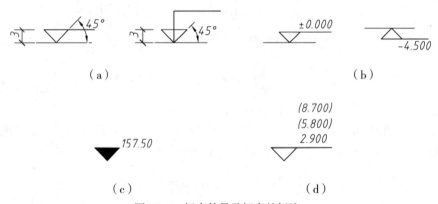

图12-6　标高符号及标高的标注

标高分为绝对标高和相对标高。我国以青岛附近的黄海平均海平面为绝对标高的零点，其他各地均以此点为基准。相对标高是以房屋底层室内主要地面的高度为零点，其他各层以此为基准。

标高另有建筑标高和结构标高之分。建筑标高是指各部位竣工后的表面高度（包括粉刷层的高度）。结构标高是指不包括粉刷层的构件的高度。在建筑施工图中一般标注建筑标高，而在结构施工图中一般标注结构标高。

4. 索引符号与详图符号

对图样中的某一局部构造或构件，如需另见详图时，要用索引符号注明需要详图的编号及详图所在的图纸号。在所画的详图上，用详图符号表示详图的位置和编号。通过索引符号和详图符号，建立详图与被索引图样之间的联系，以便相互对照查阅。

索引符号的圆及水平直径线均由细实线绘制，圆的直径为10mm，索引符号的引出线应指在需要另见详图的位置上。若索引出的详图采用的是标准图，应在索引符号的引出线上加注该标准图所在图册的编号。当索引的是剖面详图时，用粗实线表示剖切位置，引出线所在的一侧为剖视方向。圆内编号的含义如图12-7所示。

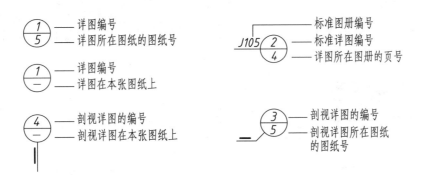

图 12-7　索引符号

详图可画在单独的图纸中，也可画在被索引的图上。应在详图上标注详图符号，详图符号一般由详图编号和被索引图的图号组成。详图符号是用粗实线绘制的直径为14mm的圆，如图12-8（a）所示。若详图与被索引的图在同一张图样中，则按图12-8（b）所示的方式标注。

图 12-8　详图符号

5. 建筑材料图例

标准规定当建筑物或建筑配件被剖切时，应在断面轮廓线内画出建筑材料图例，以表明所用的建筑材料。表12-2列出了常用的建筑材料图例。

表12-2 常用建筑材料图例

名称	图例	说明	名称	图例	说明
自然土		各种自然土	饰面砖	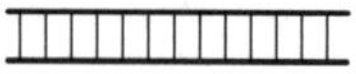	包括铺地砖、马赛克、陶瓷、锦砖及人造大理石等
夯实土			混凝土	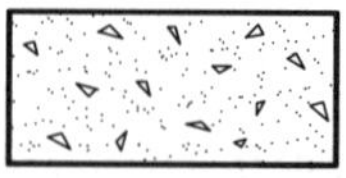	本图例仅适用于能承重的混凝土及钢筋混凝土，包括各种标号、骨料添加剂的混凝土。断面较窄时可涂黑
沙、灰尘	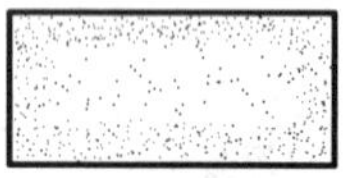		钢筋混凝土		
毛石	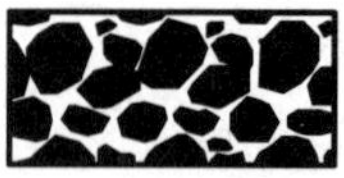		纤维材料	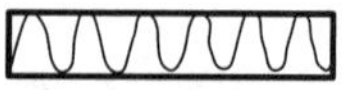	包括麻、丝、矿渣棉、木丝板、纤维板等
普通砖	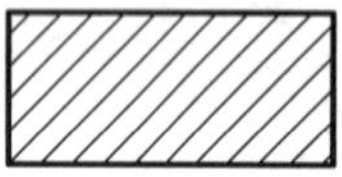	包括砌体、砌块，断面较窄时可涂红	金属	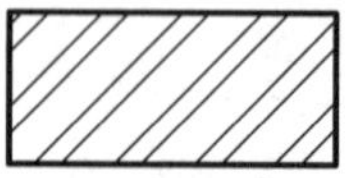	包括各种金属，较小时可涂黑
空心砖		包括多孔砖	木材	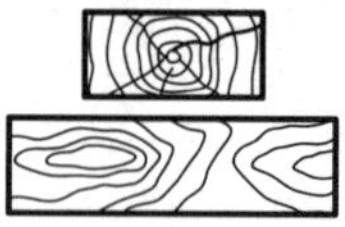	上图为横向断面下图为纵向断面

绘制材料图例时，应注意以下几点。

● 图例线应间隔均匀，疏密适度，表示清楚。

● 不同品种的同类材料所用同一图例时（如不同的混凝土、不同的木材、不同的金属等），应在图上附加必要的说明以示区别。

● 两个相同的图例相接时，图例线宜错开或倾斜方向相反，如图12-9（a）、（b）所示。

● 两个相邻的涂黑图例间应留有空隙，其宽度不得小于0.7mm，如图12-9（c）所示。

在下列情况下可不画建筑材料图例，但应加文字说明。

● 一张图纸内的图样只用一种图例时。

● 图形较小无法画出建筑材料图例时。

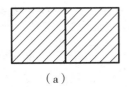
（a）

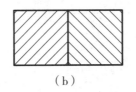
（b）

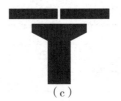
（c）

图 12-9　材料图例的规定画法

12.3　首页图和总平面图

12.3.1　首页图

首页图一般包括图纸目录和设计总说明，置于全套图纸之首。

图纸目录列出了全套图纸的类别、各类图纸的总数、每张图纸的图号、图名和图幅等。若构件采用的是标准图，则应列出其所在标准图集的名称、标准图的图名、图号或页次。图纸目录为查找图纸提供了方便。

设计总说明的内容包括：施工图的设计依据和房屋的结构形式；房屋设计规模和建筑面积；相对标高和绝对标高的关系；室内外构配件的用料说明、作法；施工要求及注意事项等。

12.3.2　总平面图

1. 总平面图的作用与表达方法

总平面图用以表示在某一区域内，建筑物的位置、朝向，以及与周围环境（如已有建筑物、道路和绿化布置等）的联系。总平面图是建筑设计和新建房屋施工定位的重要依据。

总平面图是采用水平投影方法，并结合相应的图例画出的图样，即在画有等高线或加上坐标方格网的地形图上，画出新建房屋及周围建筑和地形地物等的图样。

由于总平面图表示的范围比较大，所以一般采用1∶500、1∶1000、1∶2000的比例绘制。图中各种地物均用《建筑制图标准》中规定的图例表示，总平面图中的常用图例如表12-3所示。如果用到标准中没有规定的图例，须在图中另加图例说明。

表12-3　常用总平面图图例

名称	图例	说明	名称	图例	说明
新建的建筑物		① 上图为不画出入口的图例，下图为画出入口的图例； ② 需要时，可在图形内右上角以点数或数字(高层宜用数字)表示层数； ③ 用粗实线表示	原有的道路		用细实线表示
			计划扩建的道路		用中虚线表示
			人行道		用细实线表示

（续表）

名称	图例	说明	名称	图例	说明
原有的建筑物	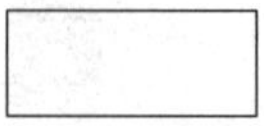	① 应注明拟利用者； ② 用细实线表示	拆除的道路		用细实线表示
计划扩建的预留地或建筑物		用中虚线表示	公路桥		用于旱桥时应注明
拆除的建筑物	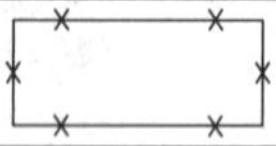	用细实线表示	敞棚或敞廊		
围墙及大门	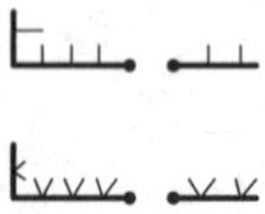	① 上图为砖石、混凝土或金属材料的围墙，下图为镀锌铁丝网、篱笆等围墙； ② 如仅表示围墙时不画大门	铺砖场地		
			针叶乔木		
坐标	X105.00 Y425.00 A131.51 B278.25	① 上图表示测量坐标； ② 下图表示施工坐标	阔叶灌木		
			针叶灌木		
填挖边坡	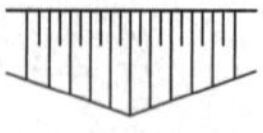	边坡较长时，可在一端或两端局部表示	阔叶灌木		
护坡					
新建的道路	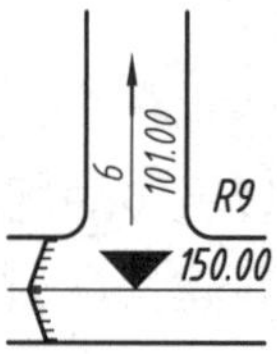 6 101.00 R9 150.00	① R9表示道路转弯半径为9m，150为路面中心标高，6表示6%，为纵向坡度，101.00表示变坡点间距离； ② 图中斜线为道路断面示意，根据实际需要绘制	修剪的树篱	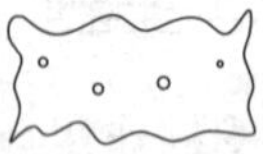	
			草地	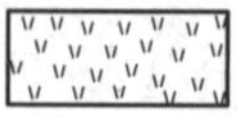	
			花坛	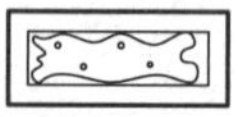	

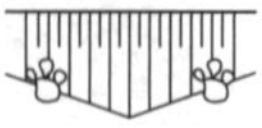

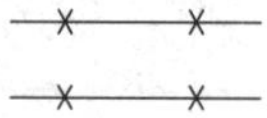

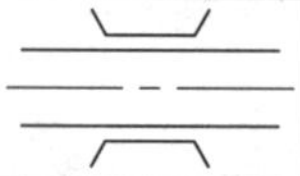

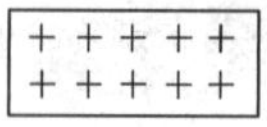

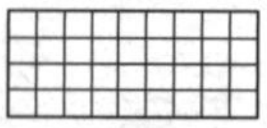

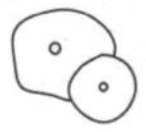

2. 总平面图的内容

下面以图12-10所示某中学的总平面图为例，说明总平面图的内容和读图方法。

（1）图名、比例和有关的文字说明

由图12-10所示的图名可知，该图是某学校的总平面布置图，绘图比例为1∶1000，尺寸单位为m。总平面图中包括教学区、生活区、运动场等，在总平面图的西边要新建三栋相同的学生宿舍。

（2）小区的风向、方位和用地范围

总平面图中的风向频率玫瑰图（简称风玫瑰图）表明了校区常年主导风向是西北风，夏季主导风向是东南风。

风玫瑰图是根据当地多年统计的各个方向吹风次数的百分数的平均值，是按一定比例绘制的，风的方向是从外吹向中心，实线表示全年风向频率，虚线表示6、7、8三个月的夏季风向频率。

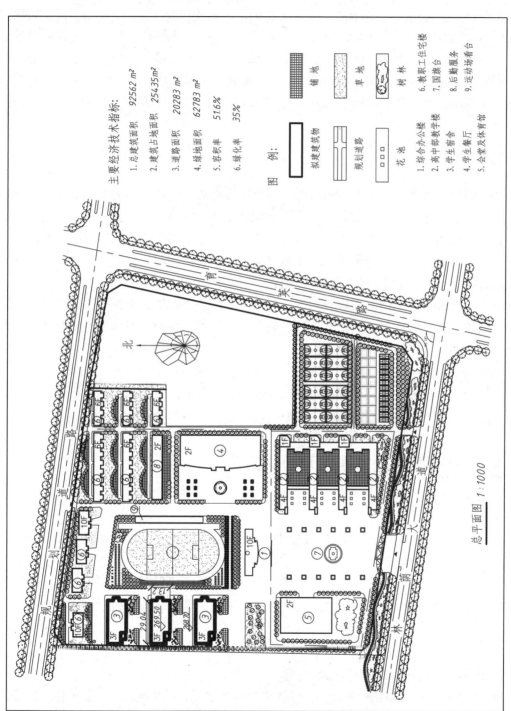

图 12-10 某学校总平面图

主要经济技术指标：

1. 总建筑面积 92562 m²
2. 建筑占地面积 25435 m²
3. 道路面积 20283 m²
4. 绿地面积 62783 m²
5. 容积率 51.6%
6. 绿化率 35%

图 例：

拟建建筑物

规划道路

花 池

铺 地

草 地

树 林

1. 综合办公楼
2. 高中部教学楼
3. 学生宿舍
4. 学生餐厅
5. 会堂及体育馆
6. 教职工住宅楼
7. 国旗台
8. 后勤服务
9. 运动场看台

总平面图 1:1000

由风玫瑰图上的指北针可以看出，校区位于南北东三条道路之间，大门开在南面，校区东北方有一块预留用地。

（3）新建房屋的平面形状、大小、朝向、层数、位置和室内外地面标高

由图12-10可以看出，新建三栋学生宿舍的平面形状相同，朝向为正南方向。每栋宿舍东西总长29.04m，南北总宽13.2m，占地面积383.33m²，共三层。房屋的位置可通过定位尺寸或坐标确定。新建三栋学生宿舍在校区西边，靠近西墙，宿舍东边为运动场。宿舍的底层室内地面的绝对标高为269.50m，室外地面的绝对标高为268.70m。室内地面高出室外地面0.8m。出入学生宿舍的道路布置在房屋南边，并与人行道相连。

12.4 建筑平面图

用一假想的水平剖切平面沿窗台以上适当位置将房屋剖开，移去上面部分，对剖切平面下边部分投射所画出的图形即为建筑平面图，简称平面图。

建筑平面图是建筑施工图中最基本的图样之一，它主要用来表示房屋的平面形状、大小和房间布置、墙和柱的位置、尺寸和材料，门窗的类型和位置等情况，是施工时定位放线、砌墙、门窗安装、编制预算、备料等工作的重要依据。

对于多层建筑，原则上要求画出每一层的平面图，并在图的下方标注图名。图名通常按层次来命名，如底层平面图、二层平面图等。习惯上将两层或多层平面布置完全相同的平面图用一个平面图来表示，称为标准层平面图，图名用×层～×层平面图表示；如果房屋的平面布置左右对称，则可将两层的平面图合并为一个图，左边画一层的一半，右边画另一层的一半，中间用对称线分界，在对称线的两端画上对称符号，并在图的下方分别注明图名，但底层平面图必须单独画出。

12.4.1 平面图的基本要求及表达方法

1. 基本要求

平面图常用1∶50、1∶100、1∶200的比例绘制。在图名下方画一条粗实线，并在图名右侧注写绘图比例。

在底层平面图上用指北针表示房屋的朝向。指北针用细实线绘制，圆的直径为24mm，指针尖端指向北，并在尖端处标注"北"字或字母N，指针尾部宽度为3mm。

2. 线型

平面图中一般采用以下三种图线线型。

● 粗实线：表示被剖切平面剖到的主要建筑构造（包括构配件），如墙体、柱等的轮廓线。

- 中实线：表示被剖到的次要建筑构造的轮廓线，以及建筑构配件的可见轮廓线，如楼梯、踏步、地面高低变化的分界线、厨房和卫生间内的设施、门的开启线等。
- 细实线：表示固定设施外轮廓线内的图线等。

3. 常用图例

为了能在平面图、立面图或剖面图中清楚地表明各种建筑构、配件，《建筑制图标准》规定了一系列的图形符号（称为图例），常用的建筑构、配件图例如表12-4所示。

表12-4　建筑构件及配件图例

| 孔槽道 | 可见检查孔 | 不可见检查孔 | 孔洞 | 坑槽 | 坡道 |
| | 墙预留洞 | | 预留槽 | 烟道 | 通风道 |

| 楼梯 | 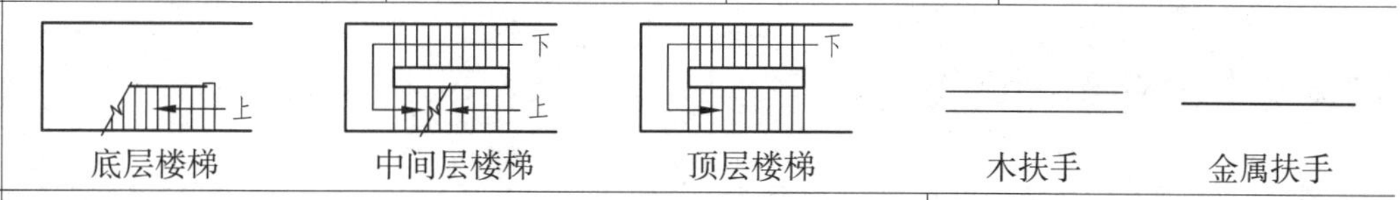 底层楼梯 | 中间层楼梯 | 顶层楼梯 | 木扶手 | 金属扶手 |

| 单扇门 | 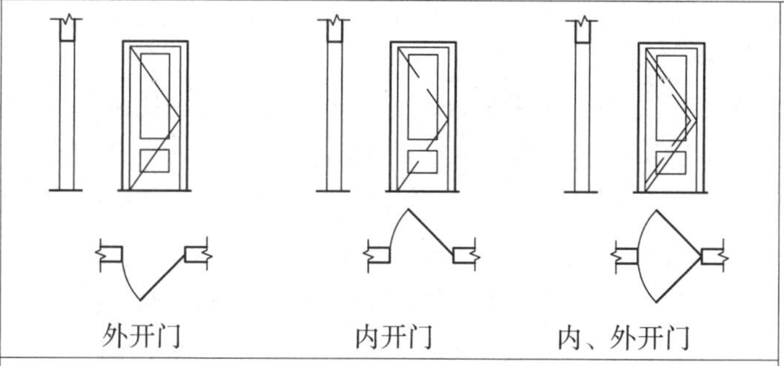 外开门 | 内开门 | 内、外开门 | 说明：
① 门的名称代号用 M 表示；
② 剖面图中左为外、右为内，平面图中下为外、上为内；
③ 立面图上开启方向线交角的一侧为安装合页的一侧。实线为外开，虚线为内开；
④ 平面图上的开启弧线及立面图上的开启方向线，在一般设计图上不需要表示，仅在制作图上表示；
⑤ 立面形式应按实际情况绘制 |
| 双扇门 | 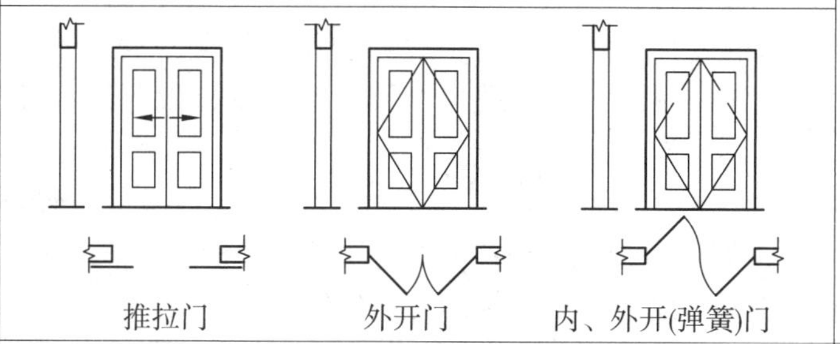 推拉门 | 外开门 | 内、外开(弹簧)门 | |

| 窗 | 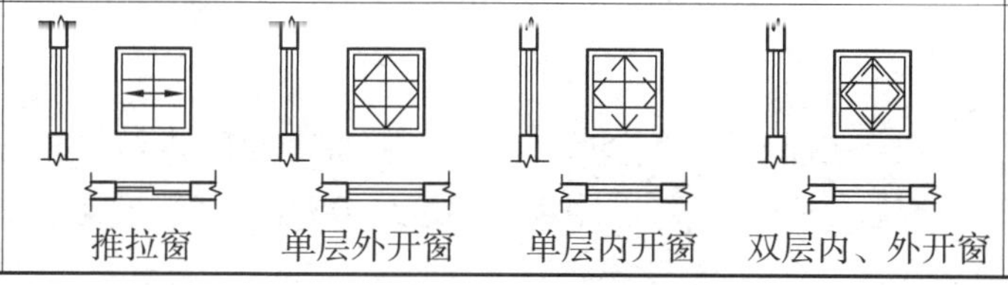 推拉窗 | 单层外开窗 | 单层内开窗 | 双层内、外开窗 | 说明：
① 窗的名称代号用 C 表示；
② 其他同门的规定一样 |

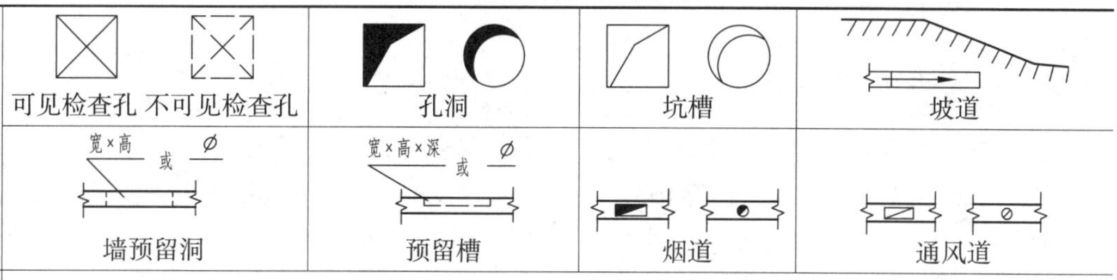

4.平面图的尺寸注法

平面图上的尺寸有外部尺寸、内部尺寸和标高三种。

- 外部尺寸：外部尺寸在水平方向和竖直方向上一般各有三道。靠近墙的第一道尺寸为细部尺寸；第二道尺寸为轴线间距尺寸（一般横向轴线间距尺寸称为"开间"，纵向轴线间距尺寸称为"进深"）；第三道尺寸为总体尺寸。
- 内部尺寸：内部尺寸表示了各房间的长、宽方向的净空尺寸、墙体厚度尺寸、墙体与定位轴线之间的位置尺寸以及室内的门洞、窗洞及固定设施的大小和位置尺寸等。
- 标高：在平面图中应分别标注建筑物各部分，如楼面、楼梯平台面、阳台面等处的相对标高。

5.门窗编号及说明

为了编制预算及备料，在平面图中应对门、窗进行编号。门用M1、M2、M3…表示；窗用C1、C2、C3…表示；门连窗用MC1、MC2、MC3…表示。其中字母代表名称，数字代表种类。门、窗的数量及详细尺寸一般在图样中的门、窗表中注明。

12.4.2 平面图的阅读

建筑平面图的读识是进行施工的重要环节，下面以图12-11所示的学生宿舍楼的底层平面图为例，介绍平面图读识的步骤与方法。

① 从图12-11所示图名可了解本图为中学学生宿舍的底层平面图，绘图比例是1∶100。

② 通过图中的指北针可知，本例房屋坐北朝南。

③ 从平面图中可看出房屋的平面形状和总长、总宽尺寸，并可计算出房屋的占地面积。图中所示建筑基本为一个矩形，总长29.04m，总宽13.20m，占地面积383.33m²。

④ 从平面图中还可了解到房屋内部的房间布局、用途、数量及其相互间的联系情况。本宿舍南北两面各有6间宿舍，中间是走廊。卫生间设在西边。门厅的北面是楼梯间。

⑤ 从图中定位轴线的编号及其间距尺寸，可了解到各承重构件的位置及房间的大小。

⑥ 从所标注尺寸，可了解到各房间的开间、进深以及门窗和室内设备的位置、大小等。

⑦ 从图中门窗的图例及其编号，可了解到本层所用门窗的类型、数量及其位置。

⑧ 还可从图中了解其他细节，如楼梯、墙洞和各种卫生设备等的配置和位置情况。

⑨ 图中还表示出室外台阶、花池、散水和雨水管的大小与位置。

⑩ 底层平面图上还应标出剖面图的剖切位置，如1-1、2-2等，以便与剖面图对照查阅。

在本例中，从图12-11可看出各房间的开间均为3.6m，南面房间的进深是5.4m，北面房间的进深是4.5m。窗C1宽度为1.5m，窗边距离轴线为1.05m。盥洗室地面标高为-0.020m。

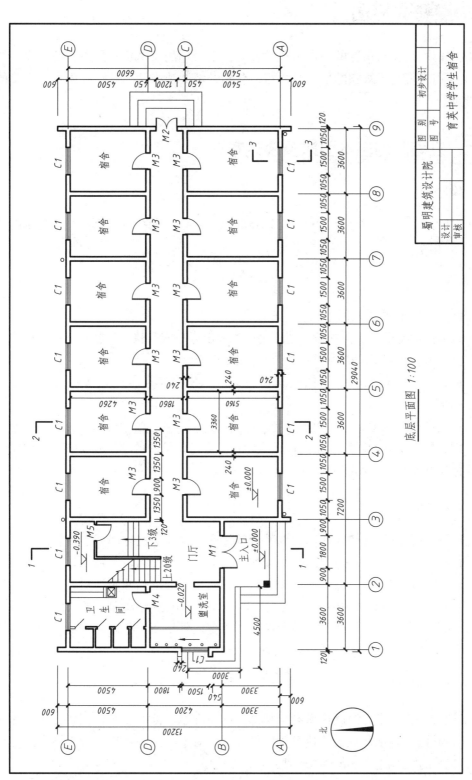

底层平面图　1:100

图12-11　底层平面图

12.5 建筑立面图

建筑立面图是在与房屋的立面平行的投影面上所作的房屋正投影图,简称立面图。立面图主要用来表达建筑物的形状与外貌,包括外墙的装饰,门、窗、阳台、雨篷的形状及位置等。

12.5.1 立面图的基本要求及表达方法

1. 比例

立面图通常采用1∶50、1∶100、1∶200的比例绘制。所用的比例应与该建筑的平面图相同以便于阅读。

2. 命名

立面图的图名通常采用以下三种方式命名。

- 以墙面的特征命名:一般将建筑物的主要出入口或反映其外貌特征的立面称为正立面图,与其对应的为背立面图、侧立面图等。
- 以其地理方位命名:根据建筑物的方位、朝向来命名,如南立面图、北立面图等。
- 以两端轴线编号命名:用建筑物某一立面的两端轴线的编号命名,如①~⑧立面图、⑥~①立面图等。根据标准规定,凡有定位轴线的建筑物,宜根据两端轴线的编号来确定立面图的名称。

3. 尺寸标注

一般只在立面图的外侧标注出主要部分的标高尺寸,如室外地面、台阶、门窗洞、雨篷、阳台、屋顶、墙面上的引条线等。如外墙上有预留孔洞,除标注标高外,还应标出其定形尺寸和定位尺寸。为方便读图,常将各层相同构造的标高注写在一起,排列在同一条铅垂线上。如图12-12所示,立面图的右侧注写了室外地面、各层阳台底面和阳台栏板顶面及女儿墙顶面的标高;左侧则注写了室内外地面、各层窗洞的底面和顶面等的标高。

4. 立面图的图示方法

立面图应按正投影方法画出所有可见部分的轮廓线。但由于其比例较小,因此一些细部可简单画出,对于常见的构造可用图例表示。对于相同的构造可画出一个或几个完整图例,其余的则画出其外形轮廓即可,并予以定位。

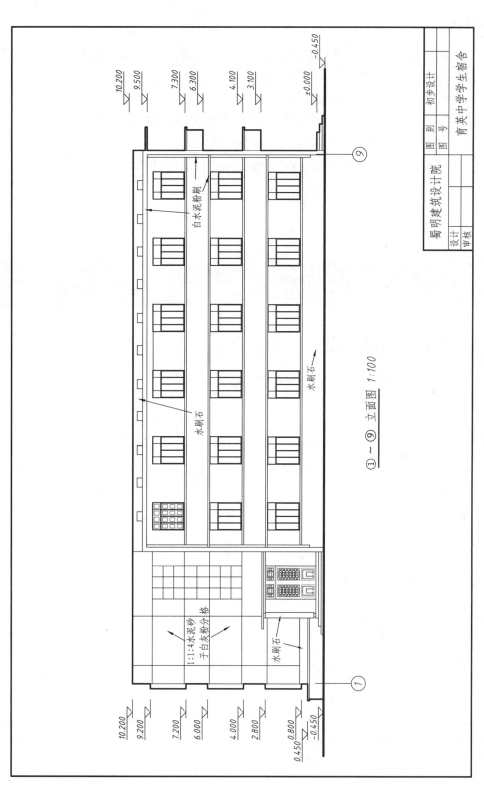

图 12-12　立面图

5. 线型

绘制立面图通常采用以下四种实线线型，以达到主次分明、图形清晰、重点突出的效果。

- 粗实线：建筑立面的外轮廓线。
- 中粗实线：建筑立面的外轮廓线之内凹进或凸出墙面的轮廓线，以及门窗洞、雨篷、阳台、遮阳板等建筑设施或构配件的轮廓线。
- 细实线：较小构配件和细部的轮廓线，如门窗扇的图例线、栏杆、雨水管及墙面分格线等。
- 加粗实线：表示地平线。

注意

◆ 建筑立面图中，外墙面的装修常用指引线做出文字说明。

12.5.2 立面图的阅读方法

下面将以本章实例的①～⑨立面图为例（如图12-12所示），说明立面图的内容及其阅读方法。

① 对照图12-11所示的平面图可知，该立面为南立面图，绘图比例与平面图的比例相同（1：100）。

② 从图中可看到该房屋的整个外貌形状，也可了解该房屋的门窗、雨篷、阳台、台阶及勒脚等细部的形式和位置。

③ 通常在立面图中标注室外地坪、出入口地面、勒脚、窗台、门窗顶及檐口等处的标高。

④ 可用材料图例或文字说明外墙的装修方法。

⑤ 在立面图中一般还有表示详图位置及编号的索引符号。

12.6 建筑剖面图

假想用一个垂直于外墙轴线的剖切面，将房屋剖开，移去一部分而将剩余部分向选定的投影面投射，所得的图形称为建筑剖面图，简称剖面图。

建筑剖面图主要用来表示房屋内部的结构形式、分层情况和各部位的联系、材料、高度等。建筑剖面图是表达房屋建筑的基本图样之一，它与建筑平面图、建筑立面图相互配合，表示房屋的全局。

12.6.1 剖面图的基本要求及表达方法

1. 基本要求

剖面图常用1∶50、1∶100、1∶200的比例绘制。剖切位置符号应标注在该建筑物的底层平面图上。通常在建筑物的楼梯间、出入口或沿高度方向变化较大的位置剖切。

2. 表达方法

当剖面图采用大于1∶50的比例时，应画出建筑材料图例。若比例小于1∶50，通常不画被剖切墙、柱的材料图例，而将钢筋混凝土构件的断面涂黑。

◆ 应在剖面图的下方标注带有粗实线的图名，如"1–1剖面图"，并在图名右侧注写绘图比例。

3. 线型

剖面图中凡是被剖切到的墙、板、梁等构件的断面轮廓均用粗实线绘制，其他图线的应用情况与立面图相同。

4. 尺寸标注

在建筑剖面图中应标注房屋沿垂直方向的内、外部尺寸和各主要部位的标高。

一般在外墙竖直方向标出三道外部尺寸，第一道为细部尺寸，第二道为层高尺寸，第三道为总高尺寸。在图中还应注明室内外地面、楼面、楼梯平台、阳台地面、屋面、雨篷底面等处的标高。此外，还应标注剖切平面所通过的定位轴线的编号及轴线间距尺寸等。

12.6.2 剖面图的阅读

下面将以本章实例1–1剖面图为例（如图12-13所示），说明剖面图的阅读方法。

① 与平面图上的剖切位置线和轴线编号相对照，可知1–1剖面图是用一个横向剖切平面通过楼梯间剖切，并向左投射后得到的。剖面图的绘图比例与平面图、立面图的比例相同，均为1∶100。有时为了图示清楚，也可用较大的比例（如1∶50等）画出。

② 从图中可看出房屋从地面到屋面的内部构造和结构形式，如各层梁、板、楼梯、屋面的结构形式、位置，以及与墙（柱）的相互关系等。

③ 图中标出了房屋外部和内部的尺寸和标高。

④ 房屋的楼地面、屋面等是用多层材料构成的，一般应在剖面图中加以说明。说明方法是用一条引出线指向所说明的部位，并按其构造的层次顺序，逐层加以文字说明，如图12-13中楼板和屋面的构造说明。

⑤ 一般在屋面、散水、排水沟与出入口的坡道等倾斜的地方，标注斜面的坡度。

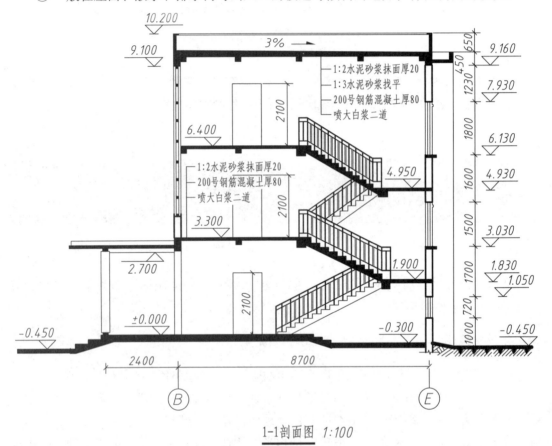

1-1剖面图 *1:100*

图 12-13　剖面图

上面所介绍的平面图、立面图和剖面图为建筑施工图中的基本图样，是房屋施工的主要依据。

12.7　建筑详图

12.7.1　概述

由于建筑平面图、建筑立面图和建筑剖面图所采用的比例较小，不能将房屋的一些细部结构表达清楚，因此，在建筑施工图中通常采用详图来表示细部结构。

将建筑中的一些细部结构或构造，采用较大的比例将其形状、大小、材料和做法详细地表达出来，以满足施工的要求，此类图样称为建筑详图，简称"详图"，又称为大样图或节点图。

建筑详图的数量视房屋结构的复杂程度和平、立、剖面图的比例确定，一般有墙身详图、楼梯详图、阳台详图、门窗详图等。

建筑详图通常采用1∶1、1∶5、1∶10、1∶20的比例绘制。

12.7.2 详图的阅读方法

下面将以本章所举的学生宿舍中的楼梯详图为例，说明建筑详图的内容与阅读方法。

楼梯详图一般包括楼梯平面图、剖面图及踏步、栏杆详图等，并尽可能画在一张图纸内。楼梯详图的内容及其表达方式如下。

1. 楼梯平面图

一般每一层都要画出楼梯的平面图。三层以上的房屋，若中间各层的楼梯位置及其梯段数、踏步数和大小都相同时，通常只画出底层、中间层和顶层三个平面图，如图12-14所示。

楼梯平面图的剖切位置在该层往上走的第一个梯段的中间。标准规定，各层被剖切到的梯段，均在平面图中以45°折断线表示。在每一梯段处画一个长箭头，并注写"上×级"或"下×级"。例如，"上20级"表示往上走20步级可达上一层楼，"下20级"表示往下走20步级可达下一层楼。

楼梯平面图中，除应标注楼梯间的开间和进深尺寸、楼地面和平台面的标高尺寸外，还要注出各细部的详细尺寸。通常把梯段长度尺寸与踏面数、踏面宽的尺寸合并写在一起。如底层平面图中的11×260=2860，表示该梯段有11个踏面，而每一个踏面宽为260mm，梯段长为2860mm。

通常，将平面图画在同一张图纸内，并互相对齐。这样既便于阅读，又可省略标注一些重复的尺寸，如图12-14所示。

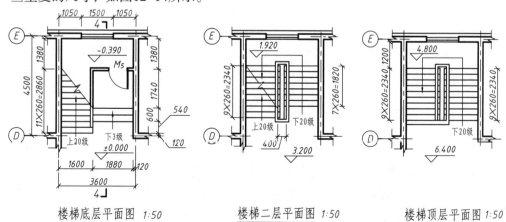

楼梯底层平面图 1:50   楼梯二层平面图 1:50   楼梯顶层平面图 1:50

图 12-14 楼梯平面图

2. 楼梯剖面图

假想用一个铅垂面，通过各层的一个梯段将楼梯剖开，向另一个未剖到的梯段方向投射，所作的剖面图即为楼梯剖面图，如图12-15所示。楼梯剖面图可表达出梯段、平台、栏杆等的构造情况及它们的相互关系，以及楼梯的梯段数、步级数、楼梯的类型及其结构形式。

在楼梯剖面图中还应注明地面、平台、楼面等处的标高和梯段、栏杆的高度尺寸，如图12-15所示。

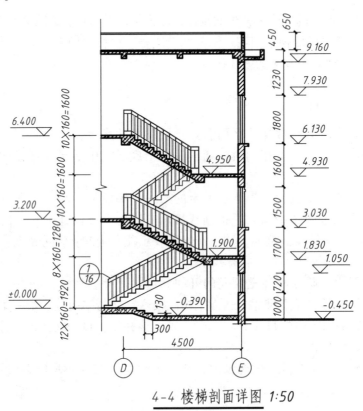

4-4 楼梯剖面详图 1:50

图 12-15　楼梯剖面图

在多层房屋中，若中间各层的楼梯构造相同，则只需画出底层、中间层和顶层的剖面图，中间则用折断线断开。

3. 楼梯踏步、栏板及扶手详图

楼梯踏步、栏板及扶手详图的作用如下。

● 踏步详图：踏步是由踏面和踢面组成的。在居住建筑中，一般踏面宽b为250～300mm，踢面高h为150～175mm。

● 栏板与扶手详图：为了行人上下安全，在梯段或平台临空的一侧，都应设栏杆
（或栏板），并装有扶手。本例楼梯的栏杆和扶手的形式、大小、所用材料，以
及它们与踏步的连接等情况的详图，如图12-16所示。

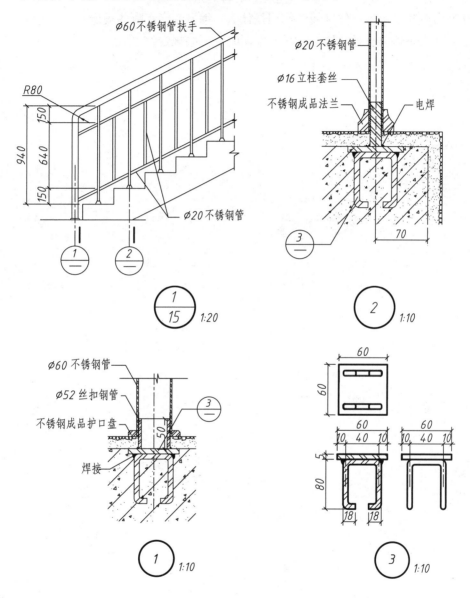

图 12-16　楼梯扶手详图

本章简要介绍了建筑施工图的基本知识和表达方法，以帮助非建筑专业学生了解建
筑图的种类、画法及阅读方法。

要看懂建筑施工图，不但要掌握其表达方法和图示特点，熟识常用的图例、符号、
代号、线型、尺寸和比例等的含义，而且应将各种图样结合起来进行分析，才能较全面
地掌握其所表达的内容。

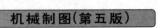

复习思考题

12.1 房屋建筑图的分类? 它们各包括哪些内容?

12.2 房屋建筑图中定位轴线的作用是什么? 编号顺序有哪些规定?

12.3 什么是索引符号与详图符号? 编制时有哪些规定?

参考文献

[1] 刘力. 机械制图 [M]. 北京：高等教育出版社，2000.

[2] 朱福熙. 建筑制图 [M]. 北京：高等教育出版社，1991.

[3] 王怀德. 机械制图新旧标准代换教程 [M]. 北京：中国标准出版社，2003.

[4] 杨老记，李俊武. 简明机械制图手册 [M]. 北京：机械工业出版社，2009.

[5] 蒋知民，张洪鏸. 怎样识读《机械制图》新标准 [M]. 北京：机械工业出版社，2009.

[6] 高贵生. AutoCAD 绘图与三维建模实例 [M]. 北京：人民邮电出版社，2003.

[7] 洪友伦. AutoCAD 二次开发实用教程 [M]. 成都：西南交通大学出版社，2007.

附录

一、螺纹

附表1　普通螺纹直径与螺距标准组合（摘自 GB/T 193 ～ 196—2003）　　（单位：mm）

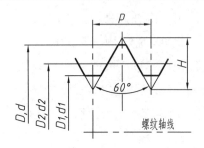

D–内螺纹大径
d–外螺纹大径（顶径）
D_2–内螺纹中径
d_2–外螺纹中径
D_1–内螺纹小径（顶径）
d_1–外螺纹小径
p– 螺距
H– 原始三角形高度

标记示例：

粗牙普通外螺纹、公称直径 d=10mm、右旋、中径公差带为 5g、顶径公差带为 6g、短旋合长度
M10–5g6g–S

细牙普通内螺纹、公称直径 D=10mm、螺距 P=1mm、左旋、中径及顶径公差带均为 6H、中等旋合长度
M10×1–6H–LH

粗牙普通内螺纹、公称直径 D=14mm、导程 Ph=6mm、螺距 P=2mm、左旋、中径及顶径公差带均为 7H、长旋合长度
M14×Ph6P2–7H–L–LH

公称直径 D、d			螺距 P		粗牙螺纹中径 D_2、d_2	粗牙螺纹小径 D_1、d_1
第一系列	第二系列	第三系列	粗牙	细牙		
4	—	—	0.7		3.545	3.242
—	4.5	—	0.75	0.5	4.030	3.688
5	—	—	0.8		4.480	4.134
6	—	—	1		5.350	4.917
—	7	—	1	0.75	6.350	5.917
8	—	—	1.25	1、0.75	7.188	6.647
10	—	—	1.5	1.25、1、0.75	9.026	8.376
—	—	11	1.5	1、0.75	10.026	9.376
12	—	—	1.75	1.5、1.25、1	10.863	10.106
—	14	—	2		12.701	11.835
—	—	15	—	1.5、1	—	—
16	—	—	2	1.5、1	14.701	13.835
—	—	17	—	1.5、1	—	—
—	18	—			16.376	15.294
20	—	—	2.5	2、1.5、1	18.376	17.294
—	22	—			20.376	19.294
24	—	—	3	2、1.5、1	22.051	20.752
—	—	25	—	2、1.5、1	—	—
—	—	26	—	1.5	—	—
—	27	—	3	2、1.5、1	25.051	23.752
—	—	28	—	2、1.5、1	—	—
30	—	—	3.5	（3）、2、1.5、1	27.727	26.211
—	32	—	—	2、1.5	—	—
—	33	—	3.5	（3）、2、1.5	30.727	29.211
—	—	35	—	1.5	—	—
36	—	—	4	3、2、1.5	33.402	31.670

注：1. 优先选用第一系列，其次是第二系列，最后选用第三系列；
　　2. 尽可能避免选用括号内的螺距。

附表 2　梯形螺纹直径与螺距标准组合（摘自 GB/T 5796—2005）　　　　　（单位：mm）

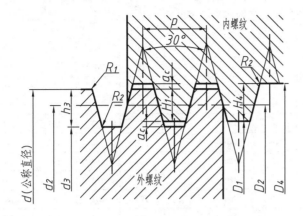

d–外螺纹大径（公称直径）

d_2–外螺纹中径　　　d_3–外螺纹小径

D_1–内螺纹小径　　　D_2–内螺纹中径

D_4–内螺纹大径

H_1–基本牙型牙高　　H_4–内螺纹牙高

h_3– 外螺纹牙高　　　p– 螺距

a_c– 牙顶间隙

标记示例：

单线梯形内螺纹、公称直径 d = 40mm、螺距 P = 7mm、右旋、中径公差带为 7H、中等旋合长度

Tr40 × 7–7H

双线梯形外螺纹、公称直径 d = 60mm、导程为 18mm、螺距 P = 9mm、左旋、中径公差带为 8e、长旋合长度

Tr60 × 18（P9）LH–8e–L

梯形螺纹的公称直径 d 与螺距 p							
公称直径 d			螺距 P	公称直径 d			螺距 P
第一系列	第二系列	第三系列		第一系列	第二系列	第三系列	
8	—	—	1.5	100	110	150	4、12、20
10	9	—	1.5、2	120	130	115、125	6、14、22
—	11	—	2、3	140	—	135、145	6、14、24
12	14	—	2、3	—	150	155	6、16、24
16、20	18	—	2、4	160	170	165	6、16、28
24、28	22、26	—	3、5、8	—	—	175	8、16、28
32、36	30、34	—	3、6、10	180	—	—	8、18、28
40	38、42	—	3、7、10	200	190	185、195	8、18、32
44	—	—	3、7、12	220	210、230	—	8、20、36
48、52	46、50	—	3、8、12	240	—	—	8、22、36
60	55	—	3、9、14	260	250	—	12、22、40
70、80	65、75	—	4、10、16	280	270	—	12、24、40
90	85、95	—	4、12、18	300	290	—	12、24、44

（续表）

梯形螺纹的基本尺寸（第一系列公称直径d与优先选用螺距p）

公称直径 d	螺距 p	螺纹中径 $d_2 = D_2$	内螺纹大径 D_4	螺纹小径		公称直径 d	螺距 p	螺纹中径 $d_2 = D_2$	内螺纹大径 D_4	螺纹小径	
				d_3	D_1					d_3	D_1
8	1.5	7.25	8.3	6.2	6.5	70	10	65	71	59	60
10	2	9	10.5	7.5	8	80		75	81	69	70
12	3	10.5	12.5	8.5	9	90	12	84	90	77	78
16	4	14	16.5	11.5	12	100		94	101	87	88
20		18	20.5	15.5	16	120	14	113	122	104	106
24	5	21.5	24.5	18.5	19	140		133	142	124	126
28		25.5	28.5	22.5	23	160	16	150	162	142	144
32	6	29	33	25	26	180	18	171	182	160	162
36		33	37	29	30	200		190	202	180	182
40	7	36.5	41	32	33	220	20	210	222	198	200
44		40.5	45	36	37	240	22	229	242	216	218
48	8	44	49	39	40	260		249	262	236	238
52		48	53	43	44	280	24	268	282	254	256
60	9	55.5	61	50	51	300		288	302	274	276

注：1. 优先选用第一系列的直径，其次选用第二系列的直径，在新产品设计中不宜选用第三系列直径；

2. 优先选用带有底纹数字的螺距。

附表 3　管螺纹

55° 密封管螺纹

（摘自 GB/T 7306—2000）

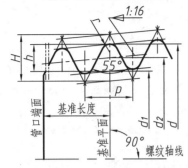

55° 非螺纹密封的管螺纹

（摘自 GB/T 7307—2001）

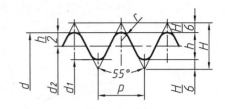

标记示例：

R1（尺寸代号 1，右旋圆锥外螺纹）

Rc2–LH（尺寸代号 2，左旋圆锥内螺纹）

Rp2（尺寸代号 2，右旋圆柱内螺纹）

标记示例：

G1（尺寸代号 1、右旋内螺纹）

G1A（尺寸代号 1、A 级右旋外螺纹）

G2B–LH（尺寸代号 2、B 级左旋外螺纹）

尺寸代号	基准平面内的直径（GB/T 7306）基本直径（GB/T 7307）			螺距 P mm	牙高 h mm	圆弧半径 r mm	每25.4mm 内所包含的牙数 n	外螺纹有效螺纹长度 mm （GB/T 7306）	基准的基本长度 mm （GB/T 7306）
	大径 $d=D$ mm	中径 $d_2=D_2$ mm	小径 $d_1=D_1$ mm						
1/16	7.723	7.142	6.561	0.907	0.581	0.125	28	6.5	4.0
1/8	9.728	9.147	8.566						
1/4	13.157	12.301	11.445	1.337	0.856	0.184	19	9.7	6.0
3/8	16.662	15.806	14.950					10.1	6.4
1/2	20.955	19.793	18.631	1.814	1.162	0.249	14	13.2	8.2
3/4	26.441	25.279	24.117					14.5	9.5
1	33.249	31.770	30.291	2.309	1.479	0.317	11	16.8	10.4
1¼	41.910	40.431	38.952					19.1	12.7
1½	47.803	46.324	44.845						
2	59.614	58.135	56.656					23.4	15.9
2½	75.184	73.705	72.226					26.7	17.5
3	87.884	86.405	84.926					29.8	20.6
4	113.030	111.551	110.072					35.8	25.4
5	138.430	136.951	135.472					40.1	28.6
6	163.830	162.351	160.872						

注：1. R_1 为与圆柱内螺纹相配合的圆锥外螺纹特征代号，R_2 与圆锥内螺纹相配合的为圆锥外螺纹特征代号，R_c 为圆锥内螺纹特征代号，R_p 为圆柱内螺纹特征代号；

2. 55° 非螺纹密封管螺纹的螺纹公差等级代号：外螺纹分 A、B 两级进行标记，内螺纹不标记公差等级代号。

机械制图（第五版）

二、常用的标准件

附表 4　六角头螺栓（一）　（单位：mm）

六角头螺栓—A 和 B 级（摘自 GB/T 5782—2000）

六角头螺栓—细牙—A 和 B 级（摘自 GB/T 5785—2000）

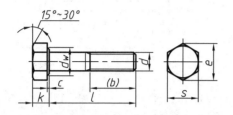

标记示例：

螺纹规格 d=M12、公称长度 l=80mm、性能等级为 8.8 级、表面氧化、产品等级为 A 级的六角头螺栓

螺栓 GB/T 5782　M12×80

六角头螺栓—全螺纹—A 和 B 级（摘自 GB/T 5783—2000）

六角头螺栓—细牙—全螺纹—A 和 B 级（摘自 GB/T 5786—2000）

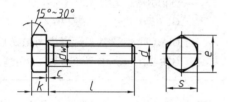

标记示例：

螺纹规格 d=M12×1.5、公称长度 l=80mm、细牙螺纹、性能等级为 8.8 级、表面氧化、全螺纹、产品等级为 A 级的六角头螺栓

螺栓 GB/T 5786　M12×1.5×80

螺纹规格	d	M4	M5	M6	M8	M10	M12	M16	M20	M24	M30	M36	M42	M48
	$d×P$	—	—	—	M8×1	M10×1	M12×1.5	M16×1.5	M20×1.5	M24×2	M30×2	M36×3	M42×3	M48×3
$b_{参考}$	$l≤125$	14	16	18	22	26	30	38	46	54	66	—	—	—
	$125<l≤200$	20	22	24	28	32	36	44	52	60	72	84	96	108
	$l>200$	33	35	37	41	45	49	57	65	73	85	97	109	121
	c_{max}	0.4	0.5		0.6				0.8				1	
	$k_{公称}$	2.8	3.5	4	5.3	6.4	7.5	10	12.5	15	18.7	22.5	26	30
	$c_{公称}$	7	8	10	13	16	18	24	30	36	46	55	65	75
e_{min}	A	7.66	8.79	11.05	14.38	17.77	20.03	26.75	33.53	39.98	—	—	—	—
	B	7.5	8.63	10.89	14.2	17.59	19.85	26.17	32.95	39.55	50.85	60.79	71.3	82.6
d_{wmin}	A	5.88	6.88	8.88	11.63	14.63	16.63	22.49	28.19	33.61	—	—	—	—
	B	5.74	6.74	8.74	11.47	14.47	16.47	22	27.7	33.25	42.75	51.11	59.95	69.45
$l_{范围}$	GB/T 5782	25~40	25~50	30~60	40~80	45~100	50~120	65~160	80~200	90~240	110~300	140~360	160~440	180~480
	GB/T 5785	—	—	—						100~240	120~300			200~480
	GB/T 5783	8~40	10~50	12~60	16~80	20~100	25~120	30~150	40~150	50~150	50~250	80~500	100~500	
	GB/T 5786							35~150			40~200		90~420	100~480
$l_{系列}$	GB/T 5782 GB/T 5785	25~70（5进位）、70~160（10进位）、160~500（20进位）												
	GB/T 5783 GB/T 5786	6、8、10、12、16、18、20~70（5进位）、70~160（10进位）、160~500（20进位）												

注：1. P- 螺距；

　　2. 螺纹公差：6g；机械性能等级：5.6、8.8、9.8、10.9；

　　3. 产品等级：A 级用于 $d≤24mm$ 和 $l≤10d$ 或 $≤150mm$（按较小值）；

　　　　　　　　B 级用于 $d>24mm$ 和 $l>10d$ 或 $>150mm$（按较小值）。

六角头螺栓–C 级（摘自 GB/T 5780—2000）

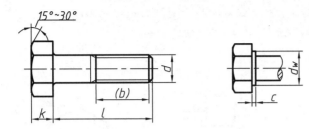

标记示例：

螺纹规格 d = M12、公称长度 l = 80mm、性能等级为 4.8 级、不经表面处理、产品等级为 C 级的六角头螺栓

螺栓 GB/T 5780　M12×80

六角头螺栓 – 全螺纹 –C 级（摘自 GB/T 5781—2000）

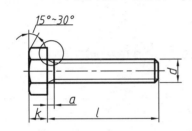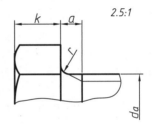

2.5:1

标记示例：

螺纹规格 d = M12、公称长度 l = 80mm、性能等级为 4.8 级、不经表面处理、全螺纹、产品等级为 C 级的六角头螺栓

螺栓 GB/T 5781　M12×80

螺纹规格 d		M5	M6	M8	M10	M12	M16	M20	M24	M30	M36	M42	M48
螺距 p		0.8	1	1.25	1.5	1.75	2	2.5	3	3.5	4	4.5	5
$b_{参考}$	$l \leq 125$	16	18	22	26	30	38	46	54	66	—	—	—
	$125 < l \leq 200$	22	24	28	32	36	44	52	60	72	84	96	108
	$l > 200$	35	37	41	45	49	57	65	73	85	97	109	121
$k_{公称}$		3.5	4.0	5.3	6.4	7.5	10	12.5	15	18.7	22.5	26	30
s_{max}		8	10	13	16	18	24	30	36	46	55	65	75
e_{max}		8.63	10.89	14.2	17.59	19.85	26.17	32.95	39.55	50.85	60.79	71.3	82.6
c_{min}		0.5			0.6			0.8				1	
$l_{范围}$	GB/T 5780	25~50	30~60	40~80	45~100	55~120	65~160	80~200	100~240	120~300	140~360	180~420	200~480
	GB/T 5781	10~50	12~60	16~80	20~100	25~120	30~160	40~200	50~240	60~240	70~360	80~420	100~480
$l_{系列}$		10、12、16、20~70（5进位）、70~160（10进位）、100~500（20进位）											

注：1. 螺纹公差：8g；

　　2. 机械性能等级：3.6、4.6、4.8；

　　3. 产品等级：C 级。

附表6　1型六角螺母　　　　　　　　　　　　　　（单位：mm）

1 型六角螺母 –A 级和 B 级（摘自 GB/T 6170—2000）

1 型六角螺母 – 细牙 –A 级和 B 级（摘自 GB/T 6171—2000）

1 型六角螺母 –C 级（摘自 GB/T 41—2000）

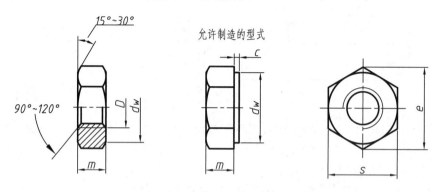

标记示例：

螺纹规格 D = M12、性能等级为 8 级、不经表面处理、A 级的 1 型六角螺母

螺母 GB/T 6170　M12

螺纹规格	D	M4	M5	M6	M8	M10	M12	M16	M20	M24	M30	M36	M42	M48
	$D \times P$	—	—	—	M8×1	M10×1	M12×1.5	M16×1.5	M20×2	M24×2	M30×2	M36×3	M42×3	M48×3
c		0.4	0.5				0.6				0.8			1
S_{max}		7	8	10	13	16	18	24	30	36	46	55	65	75
e_{min}	A、B级	7.66	8.79	11.05	14.38	17.77	20.03	26.75	32.95	39.55	50.85	60.79	71.3	82.6
	C级	—	8.63	10.89	14.2	17.59	19.85	26.17						
m_{max}	A、B级	3.2	4.7	5.2	6.8	8.4	10.8	14.8	18	21.5	25.6	31	34	38
	C级	—	5.6	6.4	7.9	9.5	12.2	15.9	19	22.3	26.4	31.9	34.9	38.9
$d_{w\,min}$	A、B级	5.9	6.9	8.9	11.6	14.6	16.6	22.5	27.7	33.3	42.8	51.1	60	69.5
	C级	—	6.9	8.7	11.5	14.5	16.5	22						

注：1. P – 螺距；

2. A 级用于 $D \le 16$mm 的螺母；B 级用于 $D > 16$mm 的螺母；C 级用于 $D \ge 5$mm 的螺母；

3. 螺纹公差：A、B 级为 6H，C 级为 7H；机械性能等级；A、B 级为 6、8、10 级，C 级为 4、5 级。

附表 7　双头螺柱（摘自 GB/T 897 ～ 900—1989）　　　　　　　　　（单位：mm）

$b_{\mathrm{m}} = 1d$（GB/T 897—1988）　　　$b_{\mathrm{m}} = 1.25d$（GB/T 898—1988）

$b_{\mathrm{m}} = 1.5d$（GB/T 899—1988）　　　$b_{\mathrm{m}} = 2d$（GB/T 900—1988）

A 型　　　　　　　　　　　　　　　　　B 型

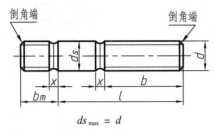

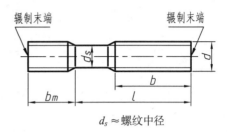

$ds_{\max} = d$　　　　　　　　　　　　$d_s \approx$ 螺纹中径

标记示例：

两端均为粗牙普通螺纹、$d = 10\mathrm{mm}$、$l = 50\mathrm{mm}$、性能等级为 4.8 级、不经表面处理、B 型、$b_{\mathrm{m}} = 2d$ 的双头螺柱

螺柱 GB/T 900　M10 × 50

旋入机体一端为粗牙普通螺纹、旋入螺母端为螺距 $P = 1\mathrm{mm}$ 的细牙普通螺纹、$d = 10\mathrm{mm}$、$l = 50\mathrm{mm}$、性能等级为 4.8 级、不经表面处理、A 型、$b_{\mathrm{m}} = 1.5d$ 的双头螺柱

螺柱 GB/T 899　AM10–10 × 1 × 50

螺纹规格 d	b_{m}（旋入机体端长度）				l/b（螺柱长度/旋螺母端长度）
	GB/T 897	GB/T 898	GB/T 899	GB/T 900	
M4	—	—	6	8	$\frac{16\sim22}{8}$　$\frac{25\sim40}{14}$
M5	5	6	8	10	$\frac{16\sim22}{10}$　$\frac{25\sim50}{16}$
M6	6	8	10	12	$\frac{20\sim22}{10}$　$\frac{25\sim30}{14}$　$\frac{32\sim75}{18}$
M8	8	10	12	16	$\frac{20\sim22}{12}$　$\frac{25\sim30}{16}$　$\frac{32\sim90}{22}$
M10	10	12	15	20	$\frac{25\sim28}{14}$　$\frac{30\sim38}{16}$　$\frac{40\sim120}{26}$　$\frac{130}{32}$
M12	12	15	18	24	$\frac{25\sim30}{14}$　$\frac{32\sim40}{16}$　$\frac{45\sim120}{26}$　$\frac{130\sim180}{32}$
M16	16	20	24	32	$\frac{30\sim38}{16}$　$\frac{40\sim55}{20}$　$\frac{60\sim120}{30}$　$\frac{130\sim200}{36}$
M20	20	25	30	40	$\frac{35\sim40}{20}$　$\frac{45\sim65}{30}$　$\frac{70\sim120}{38}$　$\frac{130\sim200}{44}$
（M24）	24	30	36	48	$\frac{45\sim50}{25}$　$\frac{55\sim75}{35}$　$\frac{80\sim120}{46}$　$\frac{130\sim200}{52}$
M30	30	38	45	60	$\frac{60\sim65}{40}$　$\frac{70\sim90}{50}$　$\frac{95\sim120}{66}$　$\frac{130\sim200}{72}$　$\frac{210\sim250}{85}$
M36	36	45	54	72	$\frac{65\sim75}{45}$　$\frac{80\sim110}{60}$　$\frac{120}{78}$　$\frac{130\sim200}{84}$　$\frac{210\sim300}{97}$
M42	42	52	63	84	$\frac{70\sim80}{50}$　$\frac{85\sim110}{70}$　$\frac{120}{90}$　$\frac{130\sim200}{96}$　$\frac{210\sim300}{109}$
M48	48	60	72	96	$\frac{80\sim90}{60}$　$\frac{95\sim110}{80}$　$\frac{120}{102}$　$\frac{130\sim200}{108}$　$\frac{210\sim300}{121}$
$l_{系列}$	12、（14）、16、（18）、20、（22）、25、（28）、30、（32）、35、（38）、40、45、50、（55）、60、（65）、70、（75）、80、（85）、90、（95）、100～260（10进位）、280、300				

注：1. 尽可能不采用括号内的规格；

　　2. $b_{\mathrm{m}} = 1d$，一般用于钢对钢；$b_{\mathrm{m}} = （1.25\sim1.5）d$，一般用于钢对铸铁；$b_{\mathrm{m}} = 2d$，一般用于钢对铝合金。

附表8　螺钉（一）　　　　　　　　　　　　　　　（单位：mm）

开槽盘头螺钉	开槽沉头螺钉	开槽半沉头螺钉
（摘自 GB/T 67—2000）	（摘自 GB/T 68—2000）	（摘自 GB/T 69—2000）

 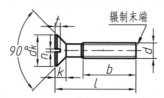 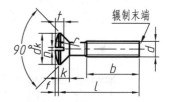

标记示例：

螺纹规格 d = M5、l = 20mm、性能等级为 4.8 级、不经表面处理的 A 级开槽盘头螺钉

螺钉 GB/T 67　M5 × 60

螺纹规格 d	b_{min}	n公称	f	r	k_{max}		dk_{max}		t_{min}			$l_{范围}$		全螺纹时最大长度	
			GB/T 69	GB/T 67	GB/T 68 GB/T 69	GB/T 67	GB/T 68 GB/T 69	GB/T 67	GB/T 68	GB/T 69	GB/T 67	GB/T 68 GB/T 69	GB/T 67	GB/T 68 GB/T 69
M2	25	0.5	0.5	0.5	1.3	1.2	4	3.8	0.5	0.4	0.8	2.5~20	3~20	30	
M3		0.8	0.7	0.7	1.8	1.65	5.6	5.5	0.7	0.6	1.2	4~30	5~30		
M4		1.2	1	1	2.4	2.7	8	8.4	1	1	1.6	5~40	6~40	40	45
M5			1.2	1.3	3		9.5	9.3	1.2	1.1	2	6~50	8~50		
M6	38	1.6	1.4	1.5	3.6	3.3	12	11.3	1.4	1.2	2.4	8~60	8~60		
M8		2	2	2	4.8	4.65	16	15.8	1.9	1.8	3.2	10~80			
M10		2.5	2.3	2.5	6	5	20	18.3	2.4	2	3.8				
$l_{系列}$	2、2.5、3、4、5、6、8、10、12、（14）、16、20~50（5进位）、（55）、60、（65）、70、（75）、80														

注：螺纹公差：6g；机械性能等级：4.8、5.8；产品等级：A。

附表9　螺钉（二）　　　　　　　　　　　　　　　（单位：mm）

开槽锥端紧定螺钉	开槽平端紧定螺钉	开槽长圆柱端紧定螺钉
（摘自 GB/T 71—1985）	（摘自 GB/T 73—1985）	（摘自 GB/T 75—1985）

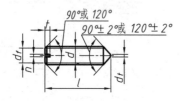 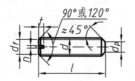 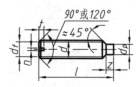

标记示例：

螺纹规格 d = M5、公称长度 l = 12mm、性能等级为 14H 级、表面氧化的开槽锥端紧定螺钉

螺钉 GB/T 71　M5 × 20

螺纹规格 d	螺距 P	d_f	$d_{t max}$	$d_{p max}$	n公称	t_{max}	Z_{max}	$l_{范围}$		
								GB/T 71	GB/T 73	GB/T 75
M2	0.4	螺纹小径	0.2	1	0.25	0.84	1.25	3~10	2~10	3~10
M3	0.5		0.3	2	0.4	1.05	1.75	4~16	3~16	5~16
M4	0.7		0.4	2.5	0.6	1.42	2.25	6~20	4~20	6~20
M5	0.8		0.5	3.5	0.8	1.63	2.75	8~25	5~25	8~25
M6	1		1.5	4	1	2	3.25	8~30	6~30	8~30
M8	1.25		2	5.5	1.2	2.5	4.3	10~40	8~40	10~40
M10	1.5		2.5	7	1.6	3	5.3	12~50	10~50	12~50
M12	1.75		3	8.5	2	3.6	6.3	14~60	12~60	14~60
$l_{系列}$	2、2.5、3、4、5、6、8、10、12、（14）、16、20、25、30、35、40、45、50、（55）、60									

注：螺纹公差：6g；机械性能等级：14H、22H；产品等级：A。

附表 10　内六角圆柱头螺钉（摘自 GB/T 70.1—2008）　　　　　　（单位：mm）

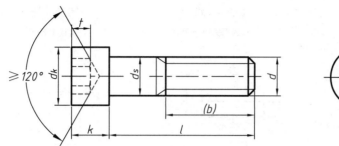

标记示例：

螺纹规格 d = M5、公称长度 l = 20mm 、性能等级为 8.8 级、表面氧化的 A 级内六角圆柱头螺钉

螺钉 GB/T 70.1　M5×20

螺纹规格 d		M3	M4	M5	M6	M8	M10	M12	M16	M20	M24	M30	M36
螺距 P		0.5	0.7	0.8	1	1.25	1.5	1.75	2	2.5	3	3.5	4
$b_{参考}$		18	20	22	24	28	32	36	44	52	60	72	84
$d_{k\,max}$	光滑头部	5.5	7	8.5	10	13	16	18	24	30	36	45	54
	滚花头部	5.68	7.22	8.72	10.22	13.27	16.27	18.27	24.33	30.33	36.39	45.39	54.46
k	max	3	4	5	6	8	10	12	16	20	24	30	36
	min	2.86	3.82	4.82	5.7	7.64	9.64	11.57	15.57	19.48	23.48	29.48	35.38
t_{min}		1.3	2	2.5	3	4	5	6	8	10	12	15.5	19
$S_{公称}$		2.5	3	4	5	6	8	10	14	17	19	22	27
e_{min}		2.87	3.44	4.58	5.72	6.68	9.15	11.43	16	19.44	21.73	25.15	30.85
d_s	max	3	4	5	6	8	10	12	16	20	24	30	36
	min	2.86	3.82	4.82	5.82	7.78	9.78	11.73	15.73	19.67	23.67	29.67	35.61
$l_{范围}$		5~30	6~40	8~50	10~60	12~80	16~100	20~120	25~160	30~200	40~240	45~300	55~300
全螺纹时最大长度		20	25	25	30	35	40	50	60	70	80	100	110
$l_{系列}$		5、6、8、10、12、16、20~70（5进位）、70~160（10进位）、160~300（20进位）											

注：1. 机械性能等级：8.8、10.9、12.9 ；

2. 螺纹公差：12.9 级为 5g、6g，其他等级为 6g ；

3. 产品等级：A。

附表 11　垫圈　　　　　　　　　　　　　　　　　　　　　　　（单位：mm）

小垫圈 –A 级

（摘自 GB/T 848—2002）

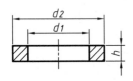

平垫圈 –A 级

（摘自 GB/T 97.1—2002）

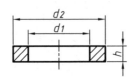

平垫圈 倒角型 –A 级

（摘自 GB/T 97.2—2002）

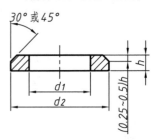

标记示例：

小系列，公称规格 8mm、由钢制造的硬度等级为 200HV 级、不经表面处理、产品等级为 A 级平垫圈

垫圈　GB/T 848　8

小系列，公称规格 8mm、由 A2 组不锈钢制造的硬度等级为 200HV 级、不经表面处理、产品等级为 A 级平垫圈

垫圈　GB/T 848　8　A2

标准系列，公称规格 8mm、由钢制造的硬度等级为 200HV 级、不经表面处理、产品等级为 A 级倒角型平垫圈

垫圈　GB/T 97.2　8

公称规格 （螺纹大径d）		3	4	5	6	8	10	12	16	20	24	30	36
d_1	min （公称）	3.2	4.3	5.3	6.4	8.4	10.5	13	17	21	25	31	37
	max	3.38	4.48	5.48	6.62	8.62	10.77	13.27	17.27	21.33	25.33	31.39	37.62
d_2 GB/T 848	max （公称）	6	8	9	11	15	18	20	28	34	39	50	60
	min	5.7	7.64	8.64	10.57	14.57	17.57	19.48	27.48	33.38	38.38	49.38	58.8
d_2 GB/T 97.1 GB/T 97.2	max （公称）	7	9	10	12	16	20	24	30	37	44	56	66
	min	6.64	8.64	9.64	11.57	15.57	19.48	23.48	29.48	36.68	43.38	55.26	64.8
h GB/T 848	公称	0.5	0.5	1	1.6	1.6	1.6	2	2.5	3	4	4	5
	max	0.55	0.55	1.1	1.8	1.8	1.8	2.2	2.7	3.3	4.3	4.3	5.6
	min	0.45	0.45	0.9	1.4	1.4	1.4	1.8	2.3	2.7	3.7	3.7	4.4
h GB/T 97.1 GB/T 97.2	公称	0.5	0.5	1	1.6	1.6	2	2.5	3	3	4	4	5
	max	0.55	0.55	1.1	1.8	1.8	2.2	2.7	3.3	3.3	4.3	4.3	5.6
	min	0.45	0.45	0.9	1.4	1.4	1.8	2.3	2.7	2.7	3.7	3.7	4.4

注：性能等级 200HV 表示材料的硬度，HV 表示维氏硬度，200 为硬度值，有 200HV 和 300HV 两种。

附表 12　标准型弹簧垫圈（摘自 GB/T 93–1987）　　　　　　　　（单位：mm）

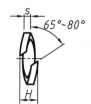 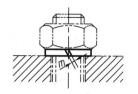

标记示例：

公称尺寸 10mm、材料为 65Mn、表面氧化的标准型弹簧垫圈

垫圈 GB/T 93　10

规　格 （螺纹大径 d）		4	5	6	8	10	12	16	20	24	30	36	42	48
d	min	4.1	5.1	6.1	8.1	10.2	12.2	16.2	20.2	24.5	30.5	36.5	42.5	48.5
	max	4.4	5.4	6.68	8.68	10.9	12.9	16.9	21.04	25.5	31.5	37.7	43.7	49.7
S, b	公称	1.1	1.3	1.6	2.1	2.6	3.1	4.1	5	6	7.5	9	10.5	12
	min	1	1.2	1.5	2	2.45	2.95	3.9	4.8	5.8	7.2	8.7	10.2	11.7
	max	1.2	1.4	1.7	2.2	2.75	3.25	4.3	5.2	6.2	7.8	9.3	10.8	12.3
H	min	2.2	2.6	3.2	4.2	5.2	6.2	8.2	10	12	15	18	21	24
	max	2.75	3.25	4	5.25	6.5	7.75	10.25	12.5	15	18.75	22.5	26.25	30
$m \leqslant$		0.55	0.65	0.8	1.05	1.3	1.55	2.05	2.5	3	3.75	4.5	5.25	6

附表 13　圆柱销（不淬硬钢和奥氏体不锈钢）（摘自 GB/T 119.1—2000）　　（单位：mm）

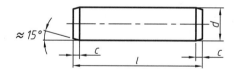 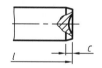

标记示例：

公称直径 d = 6mm、公差为 m6、公称长度 l = 30mm、材料为钢、不经表面处理的圆柱销

销 GB/T 119.1　6m6×30

公称直径 d = 6mm、公差为 m6、公称长度 l = 30mm、材料为 A1 组奥氏体不锈钢、表面简单处理的圆柱销

销 GB/T 119.1　6m6×30 − A1

d（公称） m6/h8	2	2.5	3	4	5	6	8	10	12	16	20	25	30	40	50
$c \approx$	0.35	0.4	0.5	0.63	0.8	1.2	1.6	2	2.5	3	3.5	4	5	6.3	8
l范围	6~20	6~24	8~30	8~40	10~50	10~60	14~80	18~95	22~140	26~180	35~200	50~200	60~200	65~200	65~200
l系列	2、3、4、5、6、8、10、12、14、16、18、20、22、24、26、28、30、32、35、40、45、50、55、60、65、70、75、80、85、 90、95、100、120、140、160、180、200														

附表 14　圆锥销（摘自 GB/T 117—2000）　　（单位：mm）

A 型　　　　　　　　　　　B 型

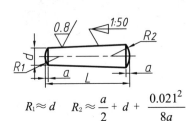
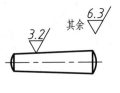

$$R_1 \approx d \qquad R_2 \approx \frac{a}{2} + d + \frac{0.021^2}{8a}$$

标记示例：

公称直径 d = 10mm、公称长度 l = 60mm、材料为 35 钢、热处理硬度 28 ~ 38HRC、表面氧化处理的 A 型圆锥销

销 GB/T 117　10×60

d（公称）h10	2	2.5	3	4	5	6	8	10	12	16	20	25	30	40	50
$a\approx$	0.25	0.3	0.4	0.5	0.63	0.8	1	1.2	1.6	2	2.5	3	4	5	6.3
$l_{范围}$	10~35		12~45	14~60	18~60	22~90	22~120	26~160	32~180	40~200	45~200	50~200	55~200	60~35	65~200
$l_{系列}$	2、3、4、5、6、8、10、12、14、16、18、20、22、24、26、28、30、32、35、40、45、50、55、60、65、70、75、80、85、90、95、100、120、140、160、180、200														

附表 15　开口销（摘自 GB/T 91—2000)　　（单位：mm）

允许制造的形式

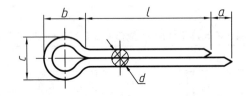

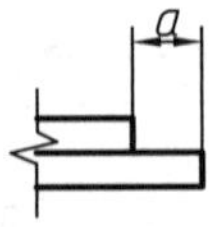

标记示例：

公称直径 d = 5mm、长度 l = 50mm、材料为 Q235、不经表面处理的开口销

销 GB/T 91　5×50

公称规格（销孔直径）		0.6	0.8	1	1.2	1.6	2	2.5	3.2	4	5	6.3	8	10	13
d（销径）	max	0.5	0.7	0.9	1	1.4	1.8	2.3	2.9	3.7	4.6	5.9	7.5	9.5	12.4
	min	0.4	0.6	0.8	0.9	1.3	1.7	2.1	2.7	3.5	4.4	5.7	7.3	9.3	12.1
c	max	1.0	1.4	1.8	2.0	2.8	3.6	4.6	5.8	7.4	9.2	11.8	15.0	19.0	24.8
	min	0.9	1.2	1.6	1.7	2.4	3.2	4.0	5.1	6.5	8.0	10.3	13.1	16.6	21.7
$b\approx$		2	2.4	3	3	3.2	4	5	6.4	8	10	12.6	16	20	26
a	max	1.6					2.5			3.2	4			6.3	
	min	0.8					1.25			1.6	2			3.15	
$l_{范围}$		4~12	5~16	6~20	8~25	8~32	10~40	12~50	14~63	18~80	22~100	30~125	40~160	45~200	70~250
$l_{系列}$		4、5、6、8、10、12、14、16、18、20、22、25、28、32、36、40、45、50、56、63、71、80、90、100、112、125、140、160、180、200、224、250、280													

附表16　普通平键键槽的尺寸与公差（摘自 GB/T 1095～1096—2003）　　（单位：mm）

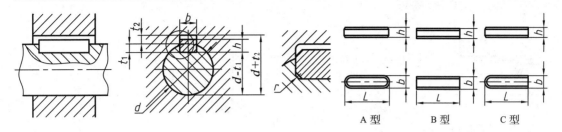

标记示例：

宽度 b=16mm、高度 h=10mm、长度 L=100mm 的普通 A 型平键的标记为：GB/T 1096 键 16×10×100

宽度 b=16mm、高度 h=10mm、长度 L=100mm 的普通 B 型平键的标记为：GB/T 1096 键 B16×7×100

宽度 b=16mm、高度 h=10mm、长度 L=100mm 的普通 C 型平键的标记为：GB/T 1096 键 C16×10×100

键尺寸 $b×h$	键槽										
	宽 度 b						深 度				半径 r
	基本尺寸	极限偏差					轴 t_1		毂 t_2		
		正常联结		紧密联结	松联结		基本尺寸	极限偏差	基本尺寸	极限偏差	
		轴 N9	毂 JS9	轴和毂 P9	轴 H9	毂 D10					min	max
4×4	4	0 −0.030	±0.015	−0.012 −0.042	+0.030 0	+0.078 +0.030	2.5	+0.1 0	1.8	+0.1 0	0.08	0.16
5×5	5						3.0		2.3			
6×6	6						3.5		2.8		0.16	0.25
8×7	8	0 −0.036	±0.018	−0.015 −0.051	+0.036 0	+0.098 +0.040	4.0		3.3			
10×8	10						5.0		3.3			
12×8	12	0 −0.043	±0.0215	−0.018 −0.061	+0.043 0	+0.120 +0.050	5.0		3.3			
14×9	14						5.5		3.8		0.25	0.40
16×10	16						6.0		4.3			
18×11	18						7.0	+0.2 0	4.4	+0.2 0		
20×12	20	0 −0.052	±0.026	−0.022 −0.074	+0.052 0	+0.149 +0.065	7.5		4.9			
22×14	22						9		5.4		0.40	0.60
25×14	25						9		5.4			
28×16	28						10		6.4			
32×18	32	0 −0.062	±0.031	−0.026 −0.088	+0.062 0	+0.180 +0.080	11		7.4			
36×20	36						12		8.4			
40×22	40						13		9.4		0.7	1.00
45×25	45						15		10.4			
50×28	50						17		11.4			
56×32	56	0 −0.074	±0.037	−0.032 −0.106	+0.074 0	+0.220 +0.100	20	+0.3 0	12.4	+0.3 0		
63×32	63						20		12.4		1.20	1.60
70×36	70						22		14.4			
80×40	80						25		15.4			
90×45	90	0 −0.087	±0.0435	−0.037 −0.124	+0.087 0	+0.260 +0.120	28		17.4		2.00	2.50
100×50	100						31		19.5			

注：1. 在图样中轴槽深用 $d-t_1$ 标注，轮毂槽深用 $d+t_2$ 标注。$d-t_1$ 和 $d+t_2$ 两组组合尺寸的极限偏差按相应的 t_1 和 t_2 的极限偏差选取，但 $d-t_1$ 的极限偏差值应取负偏差；

2. 轴槽、轮毂槽的键槽宽度 b 两侧的表面粗糙度 Ra 值推荐为 1.6~3.2μm，轴槽底面、轮毂槽底面的表面粗糙度参数 Ra 值推荐为 6.3μm；

3. 轴槽和毂槽的宽度 b 对轴线与轮毂轴心线的对称度，一般可按 GB/T 1184—1996 表 B4 中对称度公差 7~9 级选取。

附表 17　半圆键键槽的尺寸与公差（摘自 GB/T 1098—2003、GB/T1099.1—2003）（单位：mm）

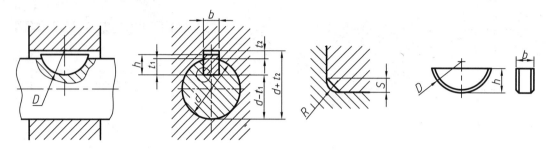

标记示例：

宽度 b=6mm、高度 h=10mm、直径 D=25mm 的普通型半圆键的标记为：GB/T 1099.1　键 $6 \times 10 \times 25$

键尺寸 $b \times h \times D$	键 槽										半径 R	
	宽 度 b						深 度					
	基本尺寸	正常联结		紧密联结	松联结		轴 t_1		毂 t_2			
		轴 N9	毂 JS9	轴和毂 P9	轴 H9	毂 D10	基本尺寸	极限偏差	基本尺寸	极限偏差	max	min
$1 \times 1.4 \times 4$ $1 \times 1.1 \times 4$	1						1.0		0.6			
$1.5 \times 2.6 \times 7$ $1.5 \times 2.1 \times 7$	1.5						2.0		0.8			
$2 \times 2.6 \times 7$ $2 \times 2.1 \times 7$	2						1.8	+0.1 0	1.0			
$2 \times 3.7 \times 10$ $2 \times 3 \times 10$	2	-0.004 -0.029	± 0.0125	-0.006 -0.031	$+0.025$ 0	$+0.060$ $+0.020$	2.9		1.0		0.16	0.08
$2.5 \times 3.7 \times 10$ $2.5 \times 3 \times 10$	2.5						2.7		1.2			
$3 \times 5 \times 13$ $3 \times 4 \times 13$	3						3.8		1.4			
$3 \times 6.5 \times 16$ $3 \times 5.2 \times 16$	3						5.3		1.4	+0.1 0		
$4 \times 6.5 \times 16$ $4 \times 5.2 \times 16$	4						5.0	+0.2 0	1.8			
$4 \times 7.5 \times 19$ $4 \times 6 \times 19$	4						6.0		1.8			
$5 \times 6.5 \times 16$ $5 \times 5.2 \times 16$	5						4.5		2.3			
$5 \times 7.5 \times 19$ $5 \times 6 \times 19$	5	0 0.030	± 0.015	-0.012 -0.042	$+0.030$ 0	$+0.078$ $+0.030$	5.5		2.3		0.25	0.16
$5 \times 9 \times 22$ $5 \times 7.2 \times 22$	5						7.0		2.3			
$6 \times 9 \times 22$ $6 \times 7.2 \times 25$	6						6.5		2.8			
$6 \times 10 \times 25$ $6 \times 8 \times 25$	6						7.5	+0.3 0	2.8			
$8 \times 11 \times 28$ $8 \times 8.8 \times 28$	8	0 -0.036	± 0.018	-0.015 -0.051	$+0.062$ 0	$+0.098$ $+0.040$	8.0		3.3	+0.2 0	0.40	0.25
$10 \times 13 \times 32$ $10 \times 10.4 \times 32$	10						10		3.3			

注：1. 在图样中，轴槽深用 $d-t_1$ 标注，轮毂槽深用 $d+t_2$ 标注。$d-t_1$ 和 $d+t_2$ 两组合尺寸的极限偏差按相应的 t_1 和 t_2 的极限偏差选取，但 $d-t_1$ 的极限偏差值应取负值；

　　2. 轴槽、轮毂槽的键槽宽度 b 两侧的表面粗糙度 Ra 值推荐为 1.6~3.2μm, 轴槽底面、轮毂槽底面表面粗糙度参数 Ra 值推荐为 6.3μm；

　　3. 轴槽和毂槽的宽度 b 对轴线及轮毂轴心线的对称度，一般可按 GB/T 1184—1996 表 B4 中对称度公差 7~9 级选取。

附表 18　滚动轴承

深沟球轴承　60000 型

（摘自 GB/T 276—1994）

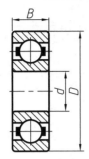 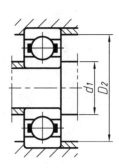

标记示例：

滚动轴承 6310 GB/T 276—1994

轴承型号	基本尺寸/mm			安装尺寸/mm		轴承型号	基本尺寸/mm			安装尺寸/mm	
	d	D	B	d_1	D_2		d	D	B	d_1	D_2
尺寸系列〔（0）2〕						尺寸系列〔（0）3〕					
6200	10	30	9	15	25	6300	10	35	11	15	30
6201	12	32	10	17	27	6301	12	37	12	18	31
6202	15	35	11	20	30	6302	15	42	13	21	36
6203	17	40	12	22	35	6303	17	47	14	23	41
6204	20	47	14	25	52	6304	20	52	15	27	45
6205	25	52	15	31	46	6305	25	62	17	32	55
6206	30	62	16	36	56	6306	30	72	19	37	65
6207	35	72	17	42	65	6307	35	80	21	44	71
6208	40	80	18	47	73	6308	40	90	23	49	81
6209	45	85	19	52	78	6309	45	100	25	54	91
6210	50	90	20	57	83	6310	50	110	27	60	100
6211	55	100	21	64	91	6311	55	120	29	65	110
6212	60	110	22	69	101	6312	60	130	31	72	118
6213	65	120	23	74	111	6313	65	140	33	77	128
6214	70	125	24	79	116	6314	70	150	35	82	138
6215	75	130	25	84	121	6315	75	160	37	87	148
6216	80	140	26	90	130	6316	80	170	39	92	158
6217	85	150	28	92	140	6317	85	180	41	99	166
6218	90	160	30	100	150	6318	90	190	43	104	176
6219	95	170	32	107	158	6319	95	200	45	109	186
6220	100	180	34	112	168	6320	100	215	47	114	201

（续表）

圆锥滚子轴承　30000 型

（摘自 GB/T 297—1994）

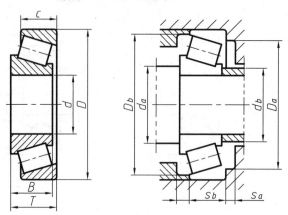

标记示例：

滚动轴承 30205　GB/T 297—1994

轴承型号	基本尺寸/mm					安装尺寸/mm						轴承型号	基本尺寸/mm					安装尺寸/mm					
	d	D	T	B	C	d_a	d_b	D_a	D_b	s_a	s_b		d	D	T	B	C	d_a	d_b	D_a	D_b	s_a	s_b
尺寸系列〔02〕												尺寸系列〔03〕										
30202	15	35	11.75	11	10	—	—	—	—	—	—	30302	15	42	14.25	13	11	21	22	36	38	2	3.5
30203	17	40	13.25	12	11	23	23	34	37	2	2.5	30303	17	47	15.25	14	12	23	25	41	43	3	3.5
30204	20	47	15.25	14	12	26	27	41	43	2	3.5	30304	20	52	16.25	15	13	27	28	45	48	3	3.5
30205	25	52	16.25	15	13	31	31	46	48	2	3.5	30305	25	62	18.25	17	15	32	31	55	59	3	5.5
30206	30	62	17.25	16	14	36	37	56	58	2	3.5	30306	30	72	20.75	19	16	37	40	65	66	3	5
30207	35	72	18.25	17	15	42	44	65	67	3	3.5	30307	35	80	22.75	21	18	44	45	71	74	3	5
30208	40	80	19.75	18	16	47	49	73	75	3	4	30308	40	90	25.25	23	20	49	52	81	84	3	5.5
30209	45	85	20.75	19	16	52	53	78	80	3	5	30309	45	100	27.25	25	22	54	59	91	94	3	5.5
30210	50	90	21.75	20	17	57	58	83	86	3	5	30310	50	110	29.25	27	23	60	65	100	103	4	6.5
30211	55	100	22.75	21	18	64	64	91	95	4	5	30311	55	120	31.50	29	25	65	70	110	112	4	6.5
30212	60	110	23.75	22	19	69	69	101	103	4	5	30312	60	130	33.5	31	26	72	77	118	121	5	7.5
30213	65	120	24.75	23	20	74	77	111	113	4	5	30313	65	140	36	33	28	77	83	128	131	5	8
30214	70	125	26.25	24	21	79	81	116	118	4	5.5	30314	70	150	38	35	30	82	89	138	140	5	8
30215	75	130	27.25	25	22	84	86	121	124	4	5.5	30315	75	160	40	37	31	87	95	148	149	5	9
30216	80	140	28.25	26	22	90	91	130	133	4	6	30316	80	170	42.5	39	33	92	102	158	159	5	9.5
30217	85	150	30.5	28	24	95	97	140	141	5	6.5	30317	85	180	44.5	41	34	99	107	166	168	6	10.5
30218	90	160	32.5	30	26	100	103	150	151	5	6.5	30318	90	190	46.5	43	36	104	113	176	177	6	10.5
30219	95	170	34.5	32	27	107	109	158	160	5	7.5	30319	95	200	49.5	45	38	109	118	186	185	6	11.5
30220	100	180	37	34	29	112	115	168	169	5	8	30320	100	215	51.5	47	39	114	127	201	198	6	12.5

（续表）

推力球轴承　50000 型

（摘自 GB/T 301—1995）

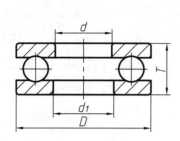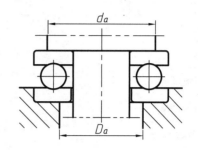

标记示例：

滚动轴承 51305 GB/T 301—1995

轴承型号	基本尺寸/mm				安装尺寸/mm		轴承型号	基本尺寸/mm				安装尺寸/mm	
	d	D	T	d_1	d_a	D_a		d	D	T	d_1	d_a	D_a
尺寸系列〔12〕							尺寸系列〔13〕						
51200	10	26	11	26	20	16	—	—	—	—	—	—	—
51201	12	28	11	28	22	18	—	—	—	—	—	—	—
51202	15	32	12	17	25	22	—	—	—	—	—	—	—
51203	17	35	12	19	28	24	—	—	—	—	—	—	—
51204	20	40	14	22	32	28	51304	20	47	18	22	36	31
51205	25	47	15	27	38	34	51305	25	52	18	27	41	36
51206	30	52	16	32	43	39	51306	30	60	21	32	48	42
51207	35	62	18	37	51	46	51307	35	68	24	37	55	48
51208	40	68	19	42	57	51	51308	40	78	26	42	63	55
51209	45	73	20	47	62	56	51309	45	85	28	47	69	61
51210	50	78	22	52	67	61	51310	50	95	31	52	77	68
51211	55	90	25	57	76	69	51311	55	105	35	57	85	75
51212	60	95	26	62	81	74	51312	60	110	35	62	90	80
51213	65	100	27	67	86	79	51313	65	115	36	67	95	95
51214	70	105	27	72	91	84	51314	70	125	40	72	103	92
51215	75	110	27	77	96	89	51315	75	135	44	77	111	99
51216	80	115	28	82	101	94	51316	80	140	44	82	116	104
51217	85	125	31	88	109	101	51317	85	150	49	88	124	111
51218	90	135	35	93	117	108	51318	90	155	50	93	129	116
—	—	—	—	—	—	—	—	—	—	—	—	—	—
51220	100	150	38	103	130	120	51320	100	170	55	103	142	128

三、表面结构

附表19 表面结构要求的表面特征、加工方法及应用示例

表面微观特征		Ra/μm	加工方法	应用示例
粗糙表面	明显可见刀痕	25	粗车、粗刨、粗铣、钻、毛锉、锯	半成品粗加工表面,非配合的加工表面,如轴端面、倒角、钻孔、齿轮侧面、键槽底面等
半光表面	可见刀痕	12.5	车、刨、铣、镗、钻、粗铰	轴上的非配合表面、紧固件的自由装配表面、轴及孔的退刀槽等
	可见加工痕迹	6.3	车、刨、铣、镗、磨、拉、粗刮、滚压	半精加工表面,箱体、支架、盖、套筒等和其他零件结合而无配合要求的表面等
	微见加工痕迹	3.2	车、刨、铣、镗、磨、拉、刮、滚压、铣齿	接近于精加工的表面,箱体上安装轴承的表面、齿轮工作面等
光表面	看不清加工痕迹	1.6	车、铣、镗、磨、拉、刮、精铰、磨齿、	圆柱销及圆锥销表面、与滚动轴承配合的表面、普通车床导轨面、内外花键定心表面等
	可辨加工痕迹方向	0.8	精铰、精镗、磨、刮	要求配合性质稳定的配合表面、工作时受交变应力作用的重要零件及高精度车床导轨面
	微辨加工痕迹方向	0.4	精磨、珩磨、研磨	精密车床主轴锥孔、顶尖圆锥面、发动机曲轴、凸轮轴工作表面、高精度齿轮表面
极光表面	不可辨加工痕迹方向	0.2	精磨、研磨、普通抛光	精密车床主轴颈表面、一般量规工作表面、汽缸套内表面、活塞销表面等
	暗光泽面	0.1	超精磨、镜面磨削、精抛光	精密车床主轴颈表面、滚动轴承的滚珠、高压油泵中柱塞孔和柱塞配合的表面
	亮光泽面	0.05		
	镜状光泽面	0.025	镜面磨削、超精研	高精密量仪、量块的工作表面

四、极限与配合

附表20 标准公差数值(摘自 GB/T 1800.3—1998)

基本尺寸/mm		标准公差等级																
		IT1	IT2	IT3	IT4	IT5	IT6	IT7	IT8	IT9	IT10	IT11	IT12	IT13	IT14	IT15	IT16	IT17	IT18
大于	至	μm											mm						
–	3	0.8	1.2	2	3	4	6	10	14	25	40	60	0.1	0.14	0.25	0.4	0.6	1	1.4
3	6	1	1.5	2.5	4	5	8	12	18	30	48	75	0.12	0.18	0.3	0.45	0.75	1.2	1.8
6	10	1	1.5	2.5	4	6	9	15	22	36	58	90	0.15	0.22	0.36	0.58	0.9	1.5	2.2
10	18	1.2	2	3	5	8	11	18	27	43	70	110	0.18	0.27	0.43	0.7	1.1	1.8	2.7
18	30	1.5	2.5	4	6	9	13	21	33	52	84	130	0.21	0.33	0.52	0.84	1.3	2.1	3.3
30	50	1.5	2.5	4	7	11	16	25	39	62	100	160	0.25	0.39	0.62	1	1.6	2.5	3.9
50	80	2	3	5	8	13	19	30	46	74	120	190	0.3	0.46	0.74	1.2	1.9	3	4.6
80	120	2.5	4	6	10	15	22	35	54	87	140	220	0.35	0.54	0.87	1.4	2.2	3.5	5.4
120	180	3.5	5	8	12	18	25	40	63	100	160	250	0.4	0.63	1	1.6	2.5	4	6.3
180	250	4.5	7	10	14	20	29	46	72	115	185	290	0.46	0.72	1.15	1.85	2.6	4.6	7.2
250	315	6	8	12	16	23	32	52	81	130	210	320	0.52	0.81	1.3	2.1	3.2	5.2	8.1
315	400	7	9	13	18	25	36	57	89	140	230	360	0.57	0.89	1.4	2.3	3.6	5.7	8.9
400	500	8	10	15	20	27	40	63	97	155	250	400	0.63	0.97	1.55	2.5	4	6.3	9.7

注:基本尺寸小于 1mm 时,无 IT14 至 IT18。

附表 21　优先及常用配合轴的极限偏差表

代号		a	b	c	d	e	f	g	h							
基本尺寸/mm		公差														
大于	至	11	11	11	9	8	7	6	5	6	7	8	9	10	11	12
—	3	−270 −330	−140 −200	−60 −120	−20 −45	−14 −28	−6 −16	−2 −8	0 −4	0 −6	0 −10	0 −14	0 −25	0 −40	0 −60	0 −100
3	6	−270 −345	−140 −215	−70 −145	−30 −60	−20 −38	−10 −22	−4 −12	0 −5	0 −8	0 −12	0 −18	0 −30	0 −48	0 −75	0 −120
6	10	−280 −370	−150 −240	−80 −170	−40 −76	−25 −47	−13 −28	−5 −14	0 −6	0 −9	0 −15	0 −22	0 −36	0 −58	0 −90	0 −150
10	14	−290 −400	−150 −260	−95 −205	−50 −93	−32 −59	−16 −34	−6 −17	0 −8	0 −11	0 −18	0 −27	0 −43	0 −70	0 −110	0 −180
14	18	−290 −400	−150 −260	−95 −205	−50 −93	−32 −59	−16 −34	−6 −17	0 −8	0 −11	0 −18	0 −27	0 −43	0 −70	0 −110	0 −180
18	24	−300 −430	−160 −290	−110 −240	−65 −117	−40 −73	−20 −41	−7 −20	0 −9	0 −13	0 −21	0 −33	0 −52	0 −84	0 −130	0 −210
24	30	−300 −430	−160 −290	−110 −240	−65 −117	−40 −73	−20 −41	−7 −20	0 −9	0 −13	0 −21	0 −33	0 −52	0 −84	0 −130	0 −210
30	40	−310 −470	−170 −330	−120 −280	−80 −142	−50 −89	−25 −50	−9 −25	0 −11	0 −16	0 −25	0 −39	0 −62	0 −100	0 −160	0 −250
40	50	−320 −480	−180 −340	−130 −290	−80 −142	−50 −89	−25 −50	−9 −25	0 −11	0 −16	0 −25	0 −39	0 −62	0 −100	0 −160	0 −250
50	65	−340 −530	−190 −380	−140 −330	−100 −174	−60 −106	−30 −60	−10 −29	0 −13	0 −19	0 −30	0 −46	0 −74	0 −120	0 −190	0 −300
65	80	−360 −550	−200 −390	−150 −340	−100 −174	−60 −106	−30 −60	−10 −29	0 −13	0 −19	0 −30	0 −46	0 −74	0 −120	0 −190	0 −300
80	100	−380 −600	−220 −440	−170 −390	−120 −207	−72 −126	−36 −71	−12 −34	0 −15	0 −22	0 −35	0 −54	0 −87	0 −140	0 −220	0 −350
100	120	−410 −630	−240 −460	−180 −400	−120 −207	−72 −126	−36 −71	−12 −34	0 −15	0 −22	0 −35	0 −54	0 −87	0 −140	0 −220	0 −350
120	140	−460 −710	−260 −510	−200 −450	−145 −245	−85 −148	−43 −83	−14 −39	0 −18	0 −25	0 −40	0 −63	0 −100	0 −160	0 −250	0 −400
140	160	−520 −770	−280 −530	−210 −460	−145 −245	−85 −148	−43 −83	−14 −39	0 −18	0 −25	0 −40	0 −63	0 −100	0 −160	0 −250	0 −400
160	180	−580 −830	−310 −560	−230 −480	−145 −245	−85 −148	−43 −83	−14 −39	0 −18	0 −25	0 −40	0 −63	0 −100	0 −160	0 −250	0 −400
180	200	−660 −950	−340 −630	−240 −530	−170 −285	−100 −172	−50 −96	−15 −44	0 −20	0 −29	0 −46	0 −72	0 −115	0 −185	0 −290	0 −460
200	225	−740 −1030	−380 −670	−260 −550	−170 −285	−100 −172	−50 −96	−15 −44	0 −20	0 −29	0 −46	0 −72	0 −115	0 −185	0 −290	0 −460
225	250	−820 −1110	−420 −710	−280 −570	−170 −285	−100 −172	−50 −96	−15 −44	0 −20	0 −29	0 −46	0 −72	0 −115	0 −185	0 −290	0 −460
250	280	−920 −1240	−480 −800	−300 −620	−190 −320	−110 −191	−56 −108	−17 −49	0 −23	0 −32	0 −52	0 −81	0 −130	0 −210	0 −320	0 −520
280	315	−1050 −1370	−540 −860	−330 −650	−190 −320	−110 −191	−56 −108	−17 −49	0 −23	0 −32	0 −52	0 −81	0 −130	0 −210	0 −320	0 −520
315	355	−1200 −1560	−600 −960	−360 −720	−210 −350	−125 −214	−62 −119	−18 −54	0 −25	0 −36	0 −57	0 −89	0 −140	0 −230	0 −360	0 −570
355	400	−1350 −1710	−680 −1040	−400 −760	−210 −350	−125 −214	−62 −119	−18 −54	0 −25	0 −36	0 −57	0 −89	0 −140	0 −230	0 −360	0 −570
400	450	−1500 −1900	−760 −1160	−440 −840	−230 −385	−135 −232	−68 −131	−20 −60	0 −27	0 −40	0 −63	0 −97	0 −155	0 −250	0 −400	0 −630
450	500	−1650 −2050	−840 −1240	−480 −880	−230 −385	−135 −232	−68 −131	−20 −60	0 −27	0 −40	0 −63	0 −97	0 −155	0 −250	0 −400	0 −630

注：带有底纹者为优先选用的，其他为常用的。

μm

js	k	m	n	p	r	s	t	u	v	x	y	z
						等级						
6	6	6	6	6	6	6	6	6	6	6	6	6
±3	+6/0	+8/+2	+10/+4	+12/+6	+16/+10	+20/+14	—	+24/+18	—	+26/+20	—	+32/+26
±4	+9/+1	+12/+4	+16/+8	+20/+12	+23/+15	+27/+19	—	+31/+23	—	+36/+28	—	+43/+35
±4.5	+10/+1	+15/+6	+19/+10	+24/+15	+28/+19	+32/+23	—	+37/+28	—	+43/+34	—	+51/+42
±5.5	+12/+1	+18/+7	+23/+12	+29/+18	+34/+23	+39/+28	—	+44/+33	—	+51/+40	—	+61/+50
								—		+50/+39	+56/+45	—	+71/+60
±6.5	+15/+2	+21/+8	+28/+15	+35/+22	+41/+28	+48/+35	—	+54/+41	+60/+47	+67/+54	+76/+63	+86/+73
							+54/+41	+61/+48	+68/+55	+77/+64	+88/+75	+101/+88
±8	+18/+2	+25/+9	+33/+17	+42/+26	+50/+34	+59/+43	+64/+48	+76/+60	+84/+68	+96/+80	+110/+94	+128/+112
							+70/+54	+86/+70	+97/+81	+113/+97	+130/+114	+152/+136
±9.5	+21/+2	+30/+11	+39/+20	+51/+32	+60/+41	+72/+53	+85/+66	+106/+87	+121/+102	+141/+122	+163/+144	+191/+172
					+62/+43	+78/+59	+94/+75	+121/+102	+139/+120	+165/+146	+193/+174	+229/+210
±11	+25/+3	+35/+13	+45/+23	+59/+37	+73/+51	+93/+71	+113/+91	+146/+124	+168/+146	+200/+178	+236/+214	+280/+258
					+76/+54	+101/+79	+126/+104	+166/+144	+194/+172	+232/+210	+276/+254	+332/+310
±12.5	+28/+3	+40/+15	+52/+27	+68/+43	+88/+63	+117/+92	+147/+122	+195/+170	+227/+202	+273/+248	+325/+300	+390/+365
					+90/+65	+125/+100	+159/+134	+215/+190	+253/+228	+305/+280	+365/+340	+440/+415
					+93/+68	+133/+108	+171/+146	+235/+210	+277/+252	+335/+310	+405/+380	+490/+465
±14.5	+33/+4	+46/+17	+60/+31	+79/+50	+106/+77	+151/+122	+195/+166	+265/+236	+313/+284	+379/+350	+454/+425	+549/+520
					+109/+80	+159/+130	+209/+180	+287/+258	+339/+310	+414/+385	+499/+470	+604/+575
					+113/+84	+169/+140	+225/+196	+313/+284	+369/+340	+454/+425	+549/+520	+669/+640
±16	+36/+4	+52/+20	+66/+34	+88/+56	+126/+94	+190/+158	+250/+218	+347/+315	+417/+385	+507/+475	+612/+580	+742/+710
					+130/+98	+202/+170	+272/+240	+382/+350	+457/+425	+557/+525	+682/+650	+822/+790
±18	+40/+4	+57/+21	+73/+37	+98/+62	+144/+108	+226/+190	+304/+268	+426/+390	+511/+475	+626/+590	+766/+730	+936/+900
					+150/+114	+244/+208	+330/+294	+471/+435	+566/+530	+696/+660	+856/+820	+1036/+1000
±20	+45/+5	+63/+23	+80/+40	+108/+68	+166/+126	+272/+232	+370/+330	+530/+490	+635/+595	+780/+740	+960/+920	+1140/+1100
					+172/+132	+292/+252	+400/+360	+580/+540	+700/+660	+860/+820	+1040/+1000	+1290/+1250

附表 22　优先及常用配合孔的极限偏差表

代号		A	B	C	D	E	F	G	H						
基本尺寸 /mm		公差													
大于	至	11	11	11	9	8	8	7	6	7	8	9	10	11	12
—	3	+330 +270	+200 +140	+120 +60	+45 +20	+28 +14	+20 +6	+12 +2	+6 0	+10 0	+14 0	+25 0	+40 0	+60 0	+100 0
3	6	+345 +270	+215 +140	+145 +70	+60 +30	+38 +20	+28 +10	+16 +4	+8 0	+12 0	+18 0	+30 0	+48 0	+75 0	+120 0
6	10	+370 +280	+240 +150	+170 +80	+76 +40	+47 +25	+35 +13	+20 +5	+9 0	+15 0	+22 0	+36 0	+58 0	+90 0	+150 0
10	14	+400 +290	+260 +150	+205 +95	+93 +50	+59 +32	+43 +16	+24 +6	+11 0	+18 0	+27 0	+43 0	+70 0	+110 0	+180 0
14	18	+400 +290	+260 +150	+205 +95	+93 +50	+59 +32	+43 +16	+24 +6	+11 0	+18 0	+27 0	+43 0	+70 0	+110 0	+180 0
18	24	+430 +300	+290 +160	+240 +110	+117 +65	+73 +40	+53 +20	+28 +7	+13 0	+21 0	+33 0	+52 0	+84 0	+130 0	+210 0
24	30	+430 +300	+290 +160	+240 +110	+117 +65	+73 +40	+53 +20	+28 +7	+13 0	+21 0	+33 0	+52 0	+84 0	+130 0	+210 0
30	40	+470 +310	+330 +170	+280 +120	+142 +80	+89 +50	+64 +25	+34 +9	+16 0	+25 0	+39 0	+62 0	+100 0	+160 0	+250 0
40	50	+480 +320	+340 +180	+290 +130	+142 +80	+89 +50	+64 +25	+34 +9	+16 0	+25 0	+39 0	+62 0	+100 0	+160 0	+250 0
50	65	+530 +340	+380 +190	+330 +140	+174 +100	+106 +60	+76 +30	+40 +10	+19 0	+30 0	+46 0	+74 0	+120 0	+190 0	+300 0
65	80	+550 +360	+390 +200	+340 +150	+174 +100	+106 +60	+76 +30	+40 +10	+19 0	+30 0	+46 0	+74 0	+120 0	+190 0	+300 0
80	100	+600 +380	+440 +220	+390 +170	+207 +120	+126 +72	+90 +36	+47 +12	+22 0	+35 0	+54 0	+87 0	+140 0	+220 0	+350 0
100	120	+630 +410	+460 +240	+400 +180	+207 +120	+126 +72	+90 +36	+47 +12	+22 0	+35 0	+54 0	+87 0	+140 0	+220 0	+350 0
120	140	+710 +460	+510 +260	+450 +200	+245 +145	+148 +85	+106 +43	+54 +14	+25 0	+40 0	+63 0	+100 0	+160 0	+250 0	+400 0
140	160	+770 +520	+530 +280	+460 +210	+245 +145	+148 +85	+106 +43	+54 +14	+25 0	+40 0	+63 0	+100 0	+160 0	+250 0	+400 0
160	180	+830 +580	+560 +310	+480 +230	+245 +145	+148 +85	+106 +43	+54 +14	+25 0	+40 0	+63 0	+100 0	+160 0	+250 0	+400 0
180	200	+950 +660	+630 +340	+530 +240	+285 +170	+172 +100	+122 +50	+61 +15	+29 0	+46 0	+72 0	+115 0	+185 0	+290 0	+460 0
200	225	+1030 +740	+670 +380	+550 +260	+285 +170	+172 +100	+122 +50	+61 +15	+29 0	+46 0	+72 0	+115 0	+185 0	+290 0	+460 0
225	250	+1110 +820	+710 +420	+570 +280	+285 +170	+172 +100	+122 +50	+61 +15	+29 0	+46 0	+72 0	+115 0	+185 0	+290 0	+460 0
250	280	+1240 +920	+800 +480	+620 +300	+320 +190	+191 +110	+137 +56	+69 +17	+32 0	+52 0	+81 0	+130 0	+210 0	+320 0	+520 0
280	315	+1370 +1050	+860 +540	+650 +330	+320 +190	+191 +110	+137 +56	+69 +17	+32 0	+52 0	+81 0	+130 0	+210 0	+320 0	+520 0
315	355	+1560 +1200	+960 +600	+720 +360	+350 +210	+214 +125	+151 +62	+75 +18	+36 0	+57 0	+89 0	+140 0	+230 0	+360 0	+570 0
355	400	+1710 +1350	+1040 +680	+760 +400	+350 +210	+214 +125	+151 +62	+75 +18	+36 0	+57 0	+89 0	+140 0	+230 0	+360 0	+570 0
400	450	+1900 +1500	+1160 +760	+840 +440	+385 +230	+232 +135	+165 +68	+83 +20	+40 0	+63 0	+97 0	+155 0	+250 0	+400 0	+630 0
450	500	+2050 +1650	+1240 +840	+880 +480	+385 +230	+232 +135	+165 +68	+83 +20	+40 0	+63 0	+97 0	+155 0	+250 0	+400 0	+630 0

注:带有底纹者为优先选用的,其他为常用的。

μm

JS		K			M	N		P		R	S	T	U
								等级					
6	7	6	7	8	7	6	7	6	7	7	7	7	7
±3	±5	0 / -6	0 / -10	0 / -14	-2 / -12	-4 / -10	-4 / -14	-6 / -12	-6 / -16	-10 / -20	-14 / -24	—	-18 / -28
±4	±6	+2 / -6	+3 / -9	+5 / -13	0 / -12	-5 / -13	-4 / -16	-9 / -17	-8 / -20	-11 / -23	-15 / -27	—	-19 / -31
±4.5	±7	+2 / -7	+5 / -10	+6 / -16	0 / -15	-7 / -16	-4 / -19	-12 / -21	-9 / -24	-13 / -28	-17 / -32	—	-22 / -37
±5.5	±9	+2 / -9	+6 / -12	+8 / -19	0 / -18	-9 / -20	-5 / -23	-15 / -26	-11 / -29	-16 / -34	-21 / -39	—	-26 / -44
±6.5	±10	+2 / -11	+6 / -15	+10 / -23	0 / -21	-11 / -24	-7 / -28	-18 / -31	-14 / -35	-20 / -41	-27 / -48	—	-33 / -54
												-33 / -54	-40 / -61
±8	±12	+3 / -13	+7 / -18	+12 / -27	0 / -25	-12 / -28	-8 / -33	-21 / -37	-17 / -42	-25 / -50	-34 / -59	-39 / -64	-51 / -76
												-45 / -70	-61 / -86
±9.5	±15	+4 / -15	+9 / -21	+14 / -32	0 / -30	-14 / -33	-9 / -39	-26 / -45	-21 / -51	-30 / -60	-42 / -72	-55 / -85	-76 / -106
										-32 / -62	-48 / -78	-64 / -94	-91 / -121
±11	±17	+4 / -18	+10 / -25	+16 / -38	0 / -35	-16 / -38	-10 / -45	-30 / -52	-24 / -59	-38 / -73	-58 / -93	-78 / -113	-111 / -146
										-41 / -76	-66 / -101	-91 / -126	-131 / -166
±12.5	±20	+4 / -21	+12 / -28	+20 / -43	0 / -40	-20 / -45	-12 / -52	-36 / -61	-28 / -68	-48 / -88	-77 / -117	-107 / -147	-155 / -195
										-50 / -90	-85 / -125	-119 / -159	-175 / -215
										-53 / -93	-93 / -133	-131 / -171	-195 / -235
±14.5	±23	+5 / -24	+13 / -33	+22 / -50	0 / -46	-22 / -51	-14 / -60	-41 / -70	-33 / -79	-60 / -106	-105 / -151	-149 / -195	-219 / -265
										-63 / -109	-113 / -159	-163 / -209	-241 / -287
										-67 / -113	-123 / -169	-179 / -225	-267 / -313
±16	±26	+5 / -27	+16 / -36	+25 / -56	0 / -52	-25 / -57	-14 / -66	-47 / -79	-36 / -88	-74 / -126	-138 / -190	-198 / -250	-295 / -347
										-78 / -130	-150 / -202	-220 / -272	-330 / -382
±18	±28	+7 / -29	+17 / -40	+28 / -61	0 / -57	-26 / -62	-16 / -73	-51 / -87	-41 / -98	-87 / -144	-169 / -226	-247 / -304	-369 / -426
										-93 / -150	-187 / -244	-273 / -330	-414 / -471
±20	±31	+8 / -32	+18 / -45	+29 / -68	0 / -63	-27 / -67	-17 / -80	-55 / -95	-45 / -108	-103 / -166	-209 / -272	-307 / -370	-467 / -530
										-109 / -172	-229 / -292	-337 / -400	-517 / -580

五、常用材料及热处理

附表 23　常用的金属材料与非金属材料

名称		牌号	说明	应用举例
黑色金属	灰铸铁 GB/T 9439—2010	HT100	HT—"灰铁"代号 150—抗拉强度（Mpa）	属低强度铸铁。用于外罩、手把、手轮、底板等对强度无要求的零件
		HT150		属中等强度铸铁。用于强度要求不高的一般铸件，如底座、端盖、带轮、工作台等
		HT200		属高强度铸铁。用于强度、耐磨性要求较高的重要零件，如气缸、齿轮、齿条、凸轮、机座、床身、带轮、阀体、联轴器、轴承座等
	球磨铸铁 GB/T 1348—2009	QT450-10	QT—"球铁"代号 450—抗拉强度（MPa） 10—伸长率（%）	具有较高的强度和塑性。广泛用于机械制造业中受磨损和受冲击的零件，如曲轴、气缸套、活塞环、摩擦片、中低压阀门、千斤顶座等
		QT500-7		
		QT600-3		
	铸钢 B/T 11352—2009	ZG200-400	ZG—"铸钢"代号 200—屈服强度（MPa） 400—抗拉强度（MPa）	用于各种形状的零件，如机座、变速箱壳等
		ZG270-500		用于各种形状的零件，如飞轮、机座、机架、水压机工作缸、横梁等
		ZG310-570		用于各种形状的零件，如联轴器、气缸、齿轮及重负荷的机架等
	普通碳素结构钢 GB/T 700—2006	Q215-A	Q—"屈"代号 215—屈服点（MPa） A—质量等级	塑性大、抗拉强度低、易焊接。用于炉撑、铆钉、垫圈、开口销等
		Q235-A		有较高的强度、硬度和伸长率，可焊接，应用广泛，是一般机械上的主要材料。多用于低速轻载齿轮、键、拉杆、螺栓、套圈等
		Q275		
	优质碳素结构钢 GB/T 699—1999	15、15F	15—平均含碳量 （质量分数，万分之几） F—沸腾钢	塑性、韧性、焊接性能和冷冲性能好，但强度低。用于螺钉、螺母、法兰盘、渗碳零件等
		35		不经热理可用于中等载荷的零件，如拉杆、轴、套筒等。经调质处理后适用于强度及韧性要求较高的零件，如传动轴等
		45		用于强度要求较高的零件，如齿轮、机床主轴、花键轴等
		15Mn	15—平均含碳量 （质量分数，万分之几） Mn—含锰量较高	其性能与15钢相似，渗碳后淬透性、强度优于15钢
		45 Mn		用于受磨损的零件，如转轴、心轴、齿轮、花键轴等
有色金属	普通黄铜 GB/T 5231—2001	H59	H—"黄"代号 96—铜的含量 （质量分数）	用于热轧、热压零件，如套管、螺母等
		H68		用于复杂的冷冲零件和深拉伸零件，如弹壳、垫座等
		H96		用于散热器和冷凝器管子等

附表 24 热处理方法及应用

名称	处理方法	应用
退火	将钢件加热到临界温度以上，保温一段时间，然后缓慢地冷却下来（例如在炉中冷却）	用来消除铸、锻、焊零件的内应力，降低硬度，改善加工性能，增加塑性和韧性，细化金属晶粒，使组织均匀。适用于w_c在0.83%以下的铸、锻、焊零件
正火	将钢件加热到临界温度以上，保温一段时间，然后在空气中冷却下来，冷却速度比退火快	用来处理低碳和中碳结构钢件及渗碳零件，使其晶粒细化，增加强度与韧性，改善切削加工性能
淬火	将钢件加热到临界温度以上，保温一段时间，然后在水、盐水或油中急速冷却下来，使其增加硬度、耐磨性	用来提高钢的硬度、强度和耐磨性，但淬火后会引起内应力及脆性，因此淬火后的钢件必须回火
回火	将淬火后的钢件，加热到临界温度以下的某一温度，保温一段时间，然后在空气或油中冷却下来	用来消除淬火时产生的脆性和内应力，以提高钢件的韧性和强度
调质	淬火后进行高温回火（450～650℃）称为调质	可以完全消除内应力，并获得较高的综合机械性能。一些重要零件淬火后都要经过调质处理
表面淬火	用火焰或高频电流将零件表面迅速加热至临界温度以上，急速冷却	使零件表层有较高的硬度和耐磨性，而内部保持一定的韧性，使零件既耐磨又能承受冲击，多用于重要的齿轮、曲轴、活塞销等
渗碳	将低、中碳（$w_c<0.4\%$）钢件，在渗碳剂中加热到900～950℃，停留一段时间，使零件表面增C0.4～0.6mm，然后淬火	增加零件表面硬度、耐磨性、抗拉强度及疲劳极限。适用于低碳、中碳结构钢的中小型零件及大型重负荷、受冲击、耐磨的零件
液体碳氮共渗	使零件表面增加碳与氮，其扩散层深度较浅（0.2～0.5mm）。在0.2～0.4mm层具有高硬度66～70HRC	增加结构钢、工具钢零件的表面硬度、耐磨性及疲劳极限，提高刀具切削性能和使用寿命。适用于要求硬度高、耐磨的中、小型及薄片的零件和刀具
渗氮	使零件表面增氮，氮化层为0.025～0.8mm。氮化层硬度极高（达1200HV）	增加零件的表面硬度、耐磨性、疲劳极限及抗蚀能力。适用于含铝、铬、钼、锰等合金钢，如要求耐磨的主轴、量规、样板、水泵轴、排气门等零件
冰冷处理	将淬火钢件继续冷却至室温以下的处理方法	进一步提高零件的硬度、耐磨性，使零件尺寸趋于稳定，如用于滚动轴承的钢球
发蓝发黑	用加热办法使零件工作表面形成一层氧化铁组成的保护性薄膜	防腐蚀、美观，用于一般紧固件
时效处理	天然时效：在空气中存放半年到一年以上 人工时效：加热到200℃左右，保温10～20h或更长时间	使铸铁或淬火后的钢件慢慢消除其内应力，稳定其形状和尺寸

注：W_c 为 C 的质量分数